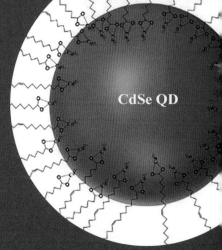

新型显示前沿
科学技术丛书　　孟鸿　著

Colloidal Quantum Dots
Luminescent Materials and Devices

胶体量子点发光

材料与器件

北京大学出版社
PEKING UNIVERSITY PRESS

图书在版编目（CIP）数据

胶体量子点发光材料与器件/孟鸿著.—北京：北京大学出版社，2022.9
（新型显示前沿科学技术丛书）
ISBN 978-7-301-33352-5

Ⅰ.①胶…　Ⅱ.①孟…　Ⅲ.①纳米材料 – 发光二极管　Ⅳ.①TN383

中国版本图书馆 CIP 数据核字（2022）第 170069 号

书　　　　名	胶体量子点发光材料与器件	
	JIAOTI LIANGZIDIAN FAGUANG CAILIAO YU QIJIAN	
著作责任者	孟　鸿　著	
责 任 编 辑	郑月娥　王斯宇　曹京京	
标 准 书 号	ISBN 978-7-301-33352-5	
出 版 发 行	北京大学出版社	
地　　　址	北京市海淀区成府路 205 号　100871	
网　　　址	http://www.pup.cn　新浪微博：@北京大学出版社	
电 子 信 箱	wangsiyu@ pup.cn	
电　　　话	邮购部 010-62752015　发行部 010-62750672　编辑部 010-62764976	
印 　刷　 者	北京九天鸿程印刷有限责任公司	
经 　销　 者	新华书店	
	787 毫米 × 1092 毫米　16 开本　19.75 印张　371 千字	
	2022 年 9 月第 1 版　2022 年 9 月第 1 次印刷	
定　　　价	129.00 元（精装）	

作者简介

孟鸿，北京大学深圳研究生院新材料学院副院长、讲席教授、博士生导师，国家特聘专家，广东省领军人才，深圳市海外高层次人才计划 A 类，享受深圳市政府特殊津贴，2021年入选美国斯坦福大学发布的全球前 2% 顶尖科学家榜单。孟鸿教授师从加利福尼亚大学洛杉矶分校有机光电材料科学家、美国国家科学院院士 Fred Wudl 教授，斯坦福大学有机半导体材料专家、美国国家工程院和美国艺术与科学院院士鲍哲南教授，诺贝尔化学奖获得者、美国国家科学院和工程院院士 Alan J. Heeger 教授。孟鸿教授 30 年来一直从事有机光电材料的研发工作，曾在美国杜邦公司、贝尔实验室和朗讯科技公司从事有机光电材料研究工作。在美国杜邦公司担任高级化学家期间，发明了当时世界上最好的蓝光有机发光二极管（OLED）材料（迄今依然是主要的商业化材料）和红光、绿光有机发光二极管材料。孟鸿教授在固态有机合成法、有机半导体器件工程、有机电子学等科学技术领域，特别是在有机发光二极管、显示技术、有机薄膜晶体管、有机导电聚合物和纳米技术的应用研发方面有着丰富的工作经验与理论基础。截至 2022 年 9月，孟鸿教授发表 SCI 论文 270 余篇，同行引用逾 11 000 次（H-index：53），并申请160 项发明专利（70 余项已授权），其中国际发明专利 45 项（17 项已授权）。出版了 *Organic Light-Emitting Materials and Devices*、*Organic Electronics for Electrochromic Materials and Devices*、《有机薄膜晶体管材料器件和应用》等学术专著。

丛书总序

新型显示技术已成为引领国民经济发展的变革性技术之一,新型显示产业是新一代信息技术产业的核心基础产业之一,不仅体量大、贡献率高,而且技术含量高,具有承上启下的作用,可以大大拉动上游材料、电子装备、智能制造等基础产业的发展。近年来,随着5G、物联网及人工智能等信息技术的发展和新型显示形态的不断涌现,融合催生出VR、可穿戴、超大尺寸及三维显示等一批新型应用场景,正在形成近万亿元的市场规模。当前,中国新型显示产业规模已跃居全球第一,累计投资总额超过1.3万亿元。以京东方、TCL华星、天马、惠科等企业为代表的面板企业,逐步成为面板行业的领头羊,中国新型显示产业的产值已经占据全球显示产业的半壁江山。

当今社会,显示无处不在,从人手一部的手机,到家家户户必有的电视,再到商场里、大街上的各种商用显示屏幕,以及汽车上的车载显示屏,显示屏已成为我们日常生活的重要组成部分,作为我们获取信息、观看世界的一个非常重要的窗口,具有不可替代的重要作用。随着人民美好生活需求的不断提升,对显示面板的品质也提出了更高的要求,各种不同技术的显示屏也经历着更新换代、产品升级,从最初的阴极摄像管(cathode ray tube,CRT)显示器,到薄膜晶体管液晶显示器(thin film transistor liquid crystal display,TFT-LCD),再到当下已经广泛应用的有源矩阵有机发光二极管(active-matrix organic light-emitting diode,AMOLED)显示器,以及目前被大力研究的微型发光二极管(micrometer-scale light-emitting diode,micro-LED)显示器。除此之外,有机电致变色(organic electrochromic,OEC)材料与器件在电子纸、汽车车窗与天窗及玻璃幕墙等低功耗显示领域也具有广泛的应用前景。

随着新材料、新工艺和新型仪器设备的不断涌现,新型显示正朝着超高分辨率、大尺寸、轻薄柔性和低成本方向发展。随着各种半导体发光材料与器件的不断发展,新型显示技术与照明技术结合更加紧密，为未来显示与照明技术的交叉和多元化应用奠定了基础。从器件角度看，新型显示前沿科学技术所对应的显示器件包括：有机电致发光二极管、量子点发光二极管、钙钛矿发光二极管、电致变色材料与器件（作为被动显示器件），以及其他新型半导体发光器件。

"新型显示前沿科学技术丛书"涉及化学、物理、材料科学、信息科学和工程技术等多学科的交叉与融合。尽管我国显示产业非常庞大，但由于我国基础研究起步较晚，依然面临"大而不强"的局面，显示关键材料和核心装备仍然是产业的薄弱环节，产业自主可控性差。而在新型显示前沿科学技术方面，中国的基础研究可与世界水平比肩，新型发光材料与器件及其应用已发展到一定高度，并在一些领域实现了超越。

本丛书作者自 2014 年起，于北京大学深圳研究生院讲授"有机光电材料与器件"课程，本丛书是作者 8 年讲课过程中对新型显示技术的深度思考与总结，系统而全面地整理了新型显示前沿科学技术的科学理论、最新研究进展、存在的问题和前景，能为科研人员及刚进入该领域的学生提供多学科、实用、前沿、系统化的知识，启迪青年学者与学子的思维，推动和引领这一科学技术领域的发展。

"新型显示前沿科学技术丛书"以高质量、科学性、系统性、前瞻性和实用性为目标，内容涉及有机电致发光材料、量子点材料、钙钛矿光电材料、有机电致变色材料等先进的光电功能材料以及相应的光电子器件等方面，涵盖了新型显示前沿科学与技术的重要领域。同时，本丛书也对新型显示的专利情况进行了系统梳理与分析，可为我国新型显示方面的知识产权布局提供参考。

期待本丛书能为广大读者在新型显示前沿科学技术方面提供指导与帮助，加深新型显示技术的研究，促进学科理论体系的建设，激发科学发现，推动我国新型显示产业的发展。

前　言

人类对光的追求,与生俱来,与时俱进,生生不息。从灯具的角度,人类走过了火把、煤油灯、白炽灯、日光灯到发光二极管(LED)的历程。从能量转化的角度,人类经过了利用化学能转化成光能到电能转化成光能的转变。从光的品质角度,人类对人造光提出了新的要求,比如对色温、色域的调控。从火把到煤油灯,从白炽灯到日光灯,再从发光二极管到有机发光二极管(OLED)和量子点发光二极管(QLED),科学家一直在坚持不懈地为发展出高效率、低成本、易加工以及绿色环保的发光材料而努力着。QLED 显示屏的发光效率比液晶和 OLED 还高,具有可溶解加工、色域广、制造成本低、柔性强、响应速度快、视角宽、驱动电压低等技术优势,而且制造成本远低于液晶和 OLED 面板。因此,QLED 或将成为屏幕技术的新宠,市场发展空间巨大,在平板显示和固态照明等领域中得到广泛应用。

量子点光致发光显示产品(量子点背光源,QD-LCD)已经走入消费者市场,终端年销售在 1000 亿元左右,而量子点电致发光(AM-QLED)技术自 2014 年起发展迅速,被认为是下一代显示技术的有力竞争者。目前,量子点材料和量子点显示技术处于中、韩、美三强竞争的格局,而我国在 AM-QLED 显示技术上已经积累了一定的先发优势,重点发展 AM-QLED 显示技术是我国实现显示产业"换道超车"的一个机遇。鉴于新型显示产业的重要性和巨大的市场经济规模,加之对上下游相关产业发展和升级的牵引作用,量子点显示技术对中国正在追求的产业转型和升级具有重大的战略意义。

本书旨在向读者介绍近年来国内外胶体量子点发光材料与器件的发展情况,使读者能了解该领域的最新研究成果。全书分为 12 章,重点阐述了量子点发光二极管关键材料与器件优化方案,探讨材料合成与器件性能的关系。第一章主要介绍胶体量子点发光二极管的结构及其工作原理;第二章主要介绍胶体量子点材料的合成与表征;第三章到第八章梳理了国内外在红光、绿光、蓝光、近红外、白光以及非镉量子点发光材料与器件方面的研究成果;第九章主要介绍交流电驱动的量子点发光二极管的发光原理以及性能优化策略;第十章主要介绍量子点发光二极管的稳定性研究和衰减机理;第十一章主要介绍量子点发光二极管中的电子/空穴注入与传输材料;第十二章总结了量子点产业化发展及专利布局。

在编写过程中,本书著者参考了国内外的最新研究进展和成果,引用了参考文献中的部分内容、图表和数据,在此特向书刊的作者表示诚挚的感谢。此外,书稿形成过程中,著者课题组博士王飞、贺耀武、姚露,硕博研究生白君武、杨标、薛网娟、张鑫康、徐金浩、张泽伟、吴雨亭、纪君鹏、陈经纬、王胧佩、王涛,助理张非及其他科研人员对书稿的形成与定稿做出很大贡献,表示衷心感谢。最后由衷感谢北京大学出版社及编辑郑月娥、曹京京、王斯宇对本书编辑出版的大力支持。本书得到深圳市基础研究项目(No. GXWD20201231165807007-20200810111340001)和深圳市基础研究(学科布局)(JCYJ20170818085627903)的大力资助。在此一并致谢。

本书致力于总结国内外胶体量子点发光材料与器件的最新研究成果和发展趋势,若本书的出版对该行业的发展有积极推进作用,著者将甚感欣慰。由于时间仓促,书中难免存在疏漏及不足之处,敬请广大读者和专家批评指正。

著　者

2021 年 12 月

目 录

绪论

量子点(QD)是一种新型的半导体纳米晶材料,其尺寸小于或接近其块体材料的激子玻尔半径。常见的半导体材料有 Si、Ge、Ⅱ-Ⅵ族化合物(如 CdSe)和Ⅲ-Ⅴ族化合物(如 InP)等。当这些块状半导体材料的尺寸大于其激子玻尔半径时,电子和空穴在块状材料中能够自由独立地运动。然而当量子点的尺寸小于自身的激子玻尔半径时,受到光激发后,其价带上的一个电子会跃迁到导带,留下一个空穴在价带,电子和空穴由于库仑作用形成一个激子,被限域在比激子玻尔半径小的空间中,电子和空穴将量子化,被称为纳米材料的"量子尺寸效应"。这种量子尺寸效应使得量子点具有离散的能级,从而赋予它独特的物理化学性质。[1]胶体半导体纳米晶具有尺寸相关性的粒子特性,同时其表面配体使其具有溶液可加工性,这使得胶体半导体纳米晶具有"粒子-溶液"二象性。

图 0.1(a)展示了分子、量子点和块状半导体材料的能级示意图。其中分子轨道能级图是由最高占据分子轨道(HOMO)/最低未占分子轨道(LUMO)组成,而量子点的能级图由一些离散的能级组成,块状半导体材料则由导带和价带组成。图 0.1(b)展示了块状半导体材料、二维-量子片、一维-量子线和零维-量子点的电子和空穴被限域的空间范围以及各自的能量与电子态密度因材料不同尺寸大小而呈现的函数关系。对于块状半导体材料,其在三个维度上的尺寸都大于自身的激子波尔半径,电子和空穴能够自由独立地在三个维度方向上运动;对于二维的量子片,其在二个维度上的尺寸大于自身的激子玻尔半径,电子和空穴能够自由独立地在两个维度方向上运动;对于一维的量子线,其在一个维度上的尺寸大于自身的激子玻尔半径,电子和空穴能够自由独立地在一个维度方向上运动;而对于零维的量子点,其在三个维度上的尺寸都小于自身的激子玻尔半径,电子和空穴在所有维度上都被限制自由独立运动。一般情况下,量子点是二维的量子片、一维的量子线和零维的量子点的统称。

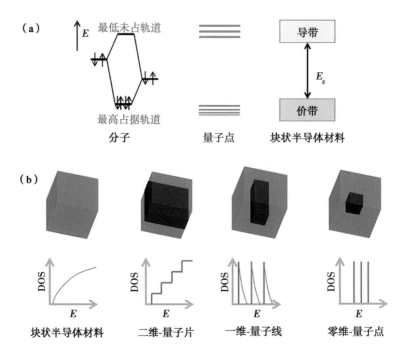

图 0.1 （a）分子、量子点和块状半导体材料的能级示意；（b）块状半导体材料、二维-量子片、一维-量子线和零维-量子点的电子和空穴被限域的空间范围以及各自的能量与电子态密度因材料尺寸不同而呈现的函数关系

0.1 量子点的制备途径

量子点的制备有两种完全不同的途径，即"自上而下"的方法（top-down method）和"自下而上"的方法（bottom-up method），如图 0.2 所示。自上而下的方法是通过减小块状半导体材料的维度和尺寸来制备量子点；自下而上的方法是通过化学合成方法，把原子或分子组合成量子点。前者由于受到超微细加工工艺的限制，目前还不能制备出 10 nm 以下的量子点，量子点的形貌调控也受到很大的限制。后者则主要通过胶体化学合成制备不同尺寸和形貌的胶体量子点。

0.2 量子点的发光特点

量子点的发光特点与量子点的尺寸大小、形貌、有无核壳结构以及其表面化学状况密切相关。通过胶体化学方法可以合成各种尺寸大小、形貌和核壳结构的量子点，如图 0.3 中的透射电子显微镜图片。胶体量子点表面的配体种类和配体浓度对其发光性质也有影响。例如,彭笑刚等人观察到了由脂肪酸镉盐表面配位的 CdSe/CdS 核壳结构量子点在经过脂肪胺进行配体交换处理后,其荧光发射峰峰位有几纳米的偏移。这种不同表面配体配位的 CdSe/CdS 核壳结构量子点在制备成量子点发光二极管器件后,其发光性能指标如外量子产率、使用寿命等更是大为不同[2]。因此我们在研究量子点的发光性质时,应该特别注意其表面化学状态。图 0.4 展示了不同量子点的实际发光峰范围[3]。

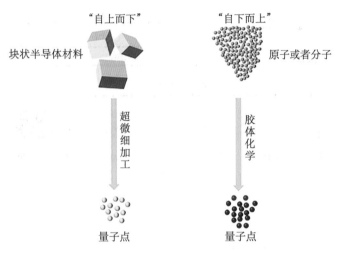

图 0.2 量子点的制备途径,自上而下的方法和自下而上的方法

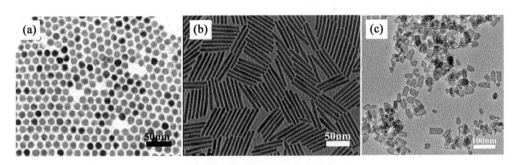

图 0.3 具有各种尺寸大小、形貌的量子点用透射电子显微镜拍摄的照片:(a) 量子点;(b) 量子棒;(c) 量子片

由于量子尺寸效应,电子和空穴受到量子限域效应的影响,会形成量子化的离散能级[4,5],可以得到窄而对称的荧光发射峰,如图 0.5 中 CdSe/ZnS 量子点[6]、CdSe/

CdS 量子棒[7]、CdSe 量子片的吸收和发射光谱[8]所示。有趣的是,量子点和量子棒的荧光发射峰峰位与其第一激子吸收峰的峰位具有较大的斯托克斯位移(Stocks shift),而量子片的荧光发射峰峰位与其第一激子吸收峰的峰位几乎没有斯托克斯位移。此外,在荧光寿命方面,稀土发光材料的荧光寿命是毫秒或微秒级别的[9—11],而量子点的荧光寿命通常在 100 纳秒以下。[12—14]相关研究发现,单颗量子点的荧光发射存在严重的闪烁(Blinking)行为,跨度从几毫秒到几分钟不等,其主要原因是量子点的表面缺陷所引发的非辐射复合过程。[15—17]

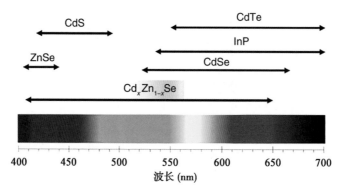

图 0.4　不同量子点的实际发光峰范围[3]

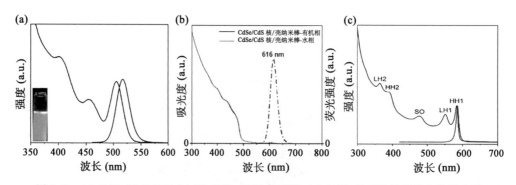

图 0.5　(a) CdSe/ZnS 量子点;(b) CdSe/CdS 量子棒;(c) CdSe 量子片的吸收和发射光谱

0.3　量子点在显示器件上的应用

　　由于量子点具有发射峰可调、色纯度高、荧光量子产率高、可溶液法大量制备和加工、化学稳定性好的优势,在学术界和工业界引起了越来越多的关注,目前已经在液晶显示器(LCD)背光源产品上实现了商业化的应用。[18,19]对于传统 LCD 背光源中的白光发光二极管产品,采用的是黄色荧光粉进行下转换,其色域范围只达到了美国国家电视标准委员会(NTSC)标准的 70％[20]。而用量子点作为背光源的产品可以达到很高的饱和度,色域大于 NTSC 标准的 100％。目前三星、TCL、京东方等国内外显示面板制造商在高端显示面板上都采用了量子点作为背光源的技术方案。

相对于发光二极管背光源液晶显示和 OLED 等其他显示技术而言,设计和制造通过电压来直接驱动的 QLED 在对比度、色域、反应时间和可视角等显示技术指标上具有更大的吸引力和发展潜力。另外,QLED 比 OLED 具有更好的耐温性和耐潮性,在柔性器件领域也具有较好的应用前景。

0.3.1 QLED 的基本结构

QLED 器件结构示意图如图 0.6 所示,为典型的多个功能层叠加在一起的三明治结构,该示意图中玻璃/ITO 材料作为阳极,s-NiO 材料作为空穴传输层,Al_2O_3 材料作为电子阻挡层,量子点(QDs)发光材料作为发光层,ZnO 材料作为电子传输层,Al 材料作为阴极。QLED 在通电压后,电子和空穴分别从阴极和阳极传输到量子点发光层,并在发光层复合,形成电子-空穴对(激子),激子重组产生光子,光子从器件中逃逸出来,形成发光。除此以外,由 Al_2O_3 材料组成的电子阻挡层还需要承担电荷的阻挡作用,以提高 QLED 器件的发光效率。空穴传输层的最低未占分子轨道/导带底需要足够浅,以便空穴传输;电子传输层的最高占据分子轨道/价带顶需要足够深,以便电子传输。

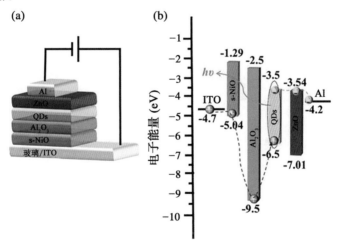

图 0.6 QLED 的基本结构:(a) QLED 器件结构;(b) QLED 器件各功能层的能级

0.3.2 影响 QLED 发光的主要因素

QLED 商业化的主要挑战在于有源矩阵 QLED(AM-OLED)器件难以达到比较高的发光效率和达标的使用寿命。而影响其性能的主要因素包括俄歇复合、荧光共振能量转移、场效应淬灭。

1. 俄歇复合(Auger recombination,AR)

当电子被光子激发到更高的能级时,会同时产生一个空穴,形成电子空穴对;而当电子空穴对复合时,会再次发射出光子。然而,这个过程中,如果有第三载流子存在,能量可以直接传给第三载流子,这个过程叫作俄歇复合[21, 22]。在块状材料中,俄歇复合受到阻碍,因为能量和动量守恒导致了限制俄歇复合速率的阈值。然而在量子点中,动量守恒是宽松的,特别是在强约束区域,如界面或缺陷位点[23],因此量子点通常具有高效的俄歇复合[24]。俄歇复合过程高度依赖于量子点的尺寸,其复合速率与量子点的体积成反比[23]。尽管在直接和间接带隙块状半导体中,俄歇复合过程具有不同的路径,但对于量子点,俄歇复合速率与其体积大小呈线性关系,而与量子点材料的种类无关。在前一种情况下,俄歇复合是一个三粒子过程;而在后一种情况下,光子需要额外的发射或吸收声子来满足动量守恒。相关理论计算也预测了量子点的俄歇复合速率与其体积大小的密切相关[25]。俄歇复合也与量子点的闪烁现象有关。量子点的闪烁现象也称为荧光间歇性,是强发射态(ON)和暗态(OFF)之间的随机切换。这一现象已被许多研究小组研究,建立了不同的理论模型,并且试图从理论模型对该物理现象进行解释[26—31]。其中最被广为接受的理论就是充/放电模型,这个模型将闪烁归因于过量载流子,这些过量的载流子会导致无辐射的俄歇过程,影响整体的发射[27—29]。但这个模型在有些研究中也受到了挑战,在这些研究中并未发现尺寸效应的存在[32],并且无法解释超快的非辐射复合[33,34]。关于俄歇复合过程和闪烁的物理机制还有待进一步研究,因此器件效率下降的俄歇复合机制也有待进一步探究。

2. 荧光共振能量传递

在俄歇复合过程中,激子的能量会传递给缺陷态和第三载流子,而在荧光共振能量传递过程中,激子的能量会传给另外的辐射态[34]。在杂化有机/胶体 QLED 中,激子在量子点膜周围的有机分子中形成,通过共振将激子能量转移到量子点中[35,36]。除了这种层到层的激子能量转移外,还存在另一种点间的荧光共振能量转移现象,这种现象导致了所谓的"自淬灭"[35]。荧光共振能量转移会受到距离的影响,因此其有效范围在纳米级别。通过假设量子点是均匀分布的,可以计算出点与点之间的距离。

而在固态时,发光层通常是封闭的量子点薄膜;由于量子点薄膜中的平均点间的面对面距离通常在一个能量转移窗口内,因此这种结构有利于荧光共振能量转移。点间距也受到量子点表面配体种类和形态的影响。

传统的荧光电泳研究中,利用有机材料、生物材料或无机材料作为溶液中的供体或受体,也被称作同质传递。在同质传递中,能量传递过程发生在相同的材料之间[37,38]。原始的量子点能量转移研究表明,在发射光谱中产生了可识别的红移,这意味着电子能量发生了转移[38,39]。由于量子点的尺寸分布不均匀,非辐射能量转移导致蓝色发光淬灭而红色发光增强;这导致了发射光谱的整体红移。相关理论计算研究了尺寸分布对谱形的影响,发现尺寸非均匀性的增加导致光谱位移增大和光谱变窄。也有报道称,荧光共振能量传递过程可能有助于 QLED 中荧光的自淬灭[40]。虽然所谓的减少自淬灭与点间间距的增加有关,但光栅对降低量子效率贡献的潜在机制仍不确定。

3. 场发射淬灭

通常情况下,随着电流密度的增加,在许多类型的 QLED 中都可以观察到外量子效率(EQE)会持续下降,这种现象被称为效率滚压或效率滚降(Roll-off)[41—43]。有研究专门对电流密度下的效率滚降进行了测量,效率滚降的纵向研究通常通过比较临界电流密度或临界亮度等参数来量化一系列器件,拟合的趋势表明,很难实现效率和亮度之间的理想关系。

为了理解 QLED 中效率滚降的原因,Shirasaki 等人利用了一种智能化的器件设计[44]。研究表明仅电场就可以促进效率滚降,并且可以使用量化的方法预测外量子效率的下降。他们的想法建立在场相关的光谱的偏移和强度之间的关系上。在考虑了电荷泄漏和电荷诱导俄歇复合的贡献后,他们提出高场强是 QLED 发光效率下降的主要因素。通过施加一个反偏场,其他因素保持不变。他们观察了不同电场强度下的发射光谱,然后测量了发射光子的能量转移,并与不同偏置电压下的发光强度进行了比较。通过瞬态荧光发射光谱的分析,他们认为降低的辐射率可能是导致效率滚降的原因。

0.3.3 QLED 的发展历史

20 世纪末,因为 QLED 早期在电致发光显示器中仅表现出极低的外量子效率,很少有人对 QLED 的应用前景保持乐观[45]。然而,随着 2000 年以后 OLED 技术的逐渐成熟,QLED 的发展从 OLED 结构的优化和工作机理中得到了启发。此后,QLED 技术迅速发展,性能不断提高,接近商业化应用的要求。为了对 QLED 显示技术的发展过程有一个直观的认识,我们接下来将简要介绍 QLED 显示技术在发展中的一些代表性技术突破和创新思路。值得注意的是,量子点和电荷传输层材料的不断创新和性能的提高对 QLED 显示技术的发展起着至关重要的作用。

1994 年的第一个 QLED 器件采用了聚合物-量子点的双层结构,CdSe 量子点同时作为 QLED 器件的发光层和电子传输层材料。当时的这些器件只能实现微弱的亮度和极低的外量子效率(<0.01%),这是由于量子点的低电导率和极低的荧光量子产率[46]。将 CdS 壳组装到 CdSe 量子点表面后,QLED 器件的外量子效率峰值可提高到 0.22%。然而在电致发光光谱中,观察到了聚合物有明显的杂散发射,表明激子限制在很薄的量子层结构中。

在 21 世纪初,Coe 等人从 OLED 器件结构的设计中受到启发,他们展示了一种具有类似于 OLED 器件结构的 QLED 器件,采用 OLED 器件中使用的一些有机材料作为 QLED 器件的电子传输层和空穴传输层材料。有机材料作为电荷传输层材料的应用和量子点单层的形成被认为是提高器件效率的原因。在这种类型的 QLED 器件中,激子的形成主要是由荧光共振能量转移(FRET)过程实现的,这与直接电荷注入有很大的不同[4]。对于 Forster 共振能量转移过程,激子首先在供体电子传输层中形成,然后激子的能量通过非辐射偶极-偶极耦合传递到量子点。由于发射过程与电荷输运解耦,这类 QLED 器件可以获得 0.5%~5% 的外量子效率[47,48]。这类器件效率难以提高的原因是很难实现紧密封装的无针孔单层,以防止载流子通过量子点泄漏。此外,有机材料的导电率较低,限制了载流子的注入。

通过用无机材料替代有机的电荷传输层材料,实现了一种新的 QLED 结构设计思路。根据 Caruge 的研究,溅射氧化锌、氧化锡和氧化镍分别可用于 n 型和 p 型电荷传输层材料。由于金属氧化物的导电性优于有机输运材料,这些无机 QLED 器件均表现出较高的电流密度,可达 4 A/cm^2。但是,由于 ZnO:SnO$_2$ 上层溅射过程中对量子点层有损伤以及 NiO$_x$ 与量子点之间的屏障过大导致空穴注入不足,发光效率较低(EQE <0.1%)。此外,激子动力学研究表明,量子点与相邻金属氧化物之间的电荷输运往往自发发生,导致激子淬灭,器件效率降低[49]。然而,这种全无机 QLED 器件仍然具有吸引力,因为金属氧化物优异的固有稳定性有助于提高器件的使用寿命。此外,随着溶胶-凝胶法和纳米晶合成的发展,溶液处理的金属氧化物可以减少对底层量子点的损伤。

近十年来,为了利用 n 型金属氧化物的高导电率和有机材料优越的空穴输运能力,无机电子传输材料层和有机空穴传输材料层的杂化结构设计是 QLED 器件领域的一个研究热点[50-52]。2011 年,Qian 等人推出了基于 ZnO 纳米颗粒电子传输层材料的全溶液处理 QLED,所得到的红光、绿光、蓝光(R/G/B)三种 QLED 具有良好的性能,其外量子效率峰值分别为 1.7%、1.8% 和 0.22%,最大亮度分别为 31000 cd/m² (坎德拉每平方米)、68000 cd/m² 和 4200 cd/m²[53]。此后,ZnO 纳米颗粒由于具有迁移率高、电子结构合适、合成工艺简单等优点,被广泛应用于 QLED 中作为电子传输层材料,使 QLED 器件的性能得到了飞跃式的发展[54,55]。在这种杂化结构下,量子点的底部使用氧化铟锡(ITO)阴极的倒置 QLED 器件达到了 18% 的外量子效率,大大超过了之前的研究结果[56]。2014 年,彭笑刚等人通过在量子点发光层和 ZnO 电子传输层之间采用聚甲基丙烯酸甲酯(PMMA)绝缘层,首次实现了外量子效率超过 20% 的高效杂化 QLED 器件。此后,电荷传输层的改进受到越来越多的关注,并被认为是实现高性能 QLED 器件的有效策略之一[57]。

参 考 文 献

[1] Sun Y, Jiang Y, Sun X W, et al. Beyond OLED: Efficient quantum dot light-emitting diodes for display and lighting application. The Chemical Record,2019,19(8):1729-1752.

[2] Arquer F P G D, Talapin D V, Klimov V I, et al. Semiconductor quantum dots: Technological progress and future challenges. Science,2021,373(6555):eaaz8541.

[3] Pu C, Dai X, Shu Y, et al. Electrochemically-stable ligands bridge the photoluminescence-electroluminescence gap of quantum dots. Nature Communications,2020,11(1):937.

[4] Shu Y, Lin X, Qin H, et al. Quantum dots for display applications. Angewandte Chemie International Edition,2020,59(50):22312-22323.

[5] Shirasaki Y, Supran G J, Bawendi M G, et al. Emergence of colloidal quantum-dot light-emitting technologies. Nature Photonics,2012,7(1):13-23.

[6] Dai X, Deng Y, Peng X, et al. Quantum-dot light-emitting diodes for large-area displays: Towards the dawn of commercialization. Advanced Materials,2017,29(14):1607022.

[7] Shen H, Wang H, Tang Z, et al. High quality synthesis of monodisperse zinc-blende CdSe and CdSe/ZnS nanocrystals with a phosphine-free method. CrystEngComm,2009,11(8):1733-1738.

[8] Lübkemann F, Rusch P, Getschmann S, et al. Reversible cation exchange on macroscopic CdSe/CdS and CdS nanorod based gel networks. Nanoscale,2020,12(8):5038-5047.

[9] Cho W, Kim S, Coropceanu I, et al. Direct synthesis of six-monolayer (1.9 nm) thick zinc-

blende CdSe nanoplatelets emitting at 585 nm. Chemistry of Materials, 2018, 30(20): 6957-6960.

[10] Wang F, Chen B, Pun E Y B, et al. Alkaline aluminum phosphate glasses for thermal ion-exchanged optical waveguide. Optical Materials, 2015, 42: 484-490.

[11] Wang F, Chen B, Pun E Y-B, et al. Dy^{3+} doped sodium-magnesium-aluminum-phosphate glasses for greenish-yellow waveguide light sources. Journal of Non-Crystalline Solids, 2014, 391: 17-22.

[12] Wang F, Chen B J, Lin H, et al. Spectroscopic properties and external quantum yield of Sm^{3+} doped germanotellurite glasses. Journal of Quantitative Spectroscopy and Radiative Transfer, 2014, 147: 63-70.

[13] Pu C, Qin H, Gao Y, et al. Synthetic control of exciton behavior in colloidal quantum dots. Journal of the American Chemical Society, 2017, 139(9): 3302-3311.

[14] Zhang A, Dong C, Liu H, et al. Blinking behavior of CdSe/CdS quantum dots controlled by alkylthiols as surface trap modifiers. The Journal of Physical Chemistry C, 2013, 117(46): 24592-24600.

[15] Omogo B, Aldana J F, Heyes C D. Radiative and nonradiative lifetime engineering of quantum dots in multiple solvents by surface atom stoichiometry and ligands. The Journal of Physical Chemistry C, 2013, 117(5): 2317-2327.

[16] Efros A L, Nesbitt D J. Origin and control of blinking in quantum dots. Nature Nanotechnology, 2016, 11(8): 661-671.

[17] Hohng S, Ha T. Near-complete suppression of quantum dot blinking in ambient conditions. Journal of the American Chemical Society, 2004, 126(5): 1324-1325.

[18] Rabouw F T, Antolinez F V, Brechbühler R, et al. Microsecond blinking events in the fluorescence of colloidal quantum dots revealed by correlation analysis on preselected photons. The Journal of Physical Chemistry Letters, 2019, 10(13): 3732-3738.

[19] Jang E, Jun S, Jang H, et al. White-light-emitting diodes with quantum dot color converters for display backlights. Advanced Materials, 2010, 22(28): 3076-3080.

[20] Ziegler J, Xu S, Kucur E, et al. Silica-coated InP/ZnS nanocrystals as converter material in white LEDs. Advanced Materials, 2008, 20(21): 4068-4073.

[21] Anandan M. Progress of LED backlights for LCDs. Journal of the Society for Information Display, 2008, 16(2): 287-310.

[22] Klimov V I. Multicarrier interactions in semiconductor nanocrystals in relation to the phenomena of Auger recombination and carrier multiplication. Annual Review of Condensed Matter Physics, 2014, 5(1): 285-316.

[23] Klimov V I. Spectral and dynamical properties of multiexcitons in semiconductor nanocrystals.

Annual Review of Physical Chemistry，2007，58(1)：635-673.

［24］Robel I，Gresback R，Kortshagen U，et al. Universal size-dependent trend in Auger recombination in direct-gap and indirect-gap semiconductor nanocrystals. Physical Review Letters，2009，102(17)：177404.

［25］Pietryga J M，Zhuravlev K K，Whitehead M，et al. Evidence for barrierless auger recombination in PbSe nanocrystals：A pressure-dependent study of transient optical absorption. Physical Review Letters，2008，101(21)：217401.

［26］Chepic D I，Efros A L，Ekimov A I，et al. Auger ionization of semiconductor quantum drops in a glass matrix. Journal of Luminescence，1990，47(3)：113-127.

［27］Shimizu K T，Neuhauser R G，Leatherdale C A，et al. Blinking statistics in single semiconductor nanocrystal quantum dots. Physical Review B，2001，63(20)：205316.

［28］Kuno M，Fromm D P，Johnson S T，et al. Modeling distributed kinetics in isolated semiconductor quantum dots. Physical Review B，2003，67(12)：125304.

［29］Frantsuzov P A，Marcus R A. Explanation of quantum dot blinking without the long-lived trap hypothesis. Physical Review B，2005，72(15)：155321.

［30］Tang J，Marcus R A. Diffusion-controlled electron transfer processes and power-law statistics of fluorescence intermittency of nanoparticles. Physical Review Letters，2005，95 (10)：107401.

［31］Frantsuzov P A，Volkan-Kacso S，Janko B. Model of fluorescence intermittency of single colloidal semiconductor quantum dots using multiple recombination centers. Physical Review Letters，2009，103(20)：207402.

［32］Califano M. Off-state quantum yields in the presence of surface trap states in CdSe nanocrystals：the inadequacy of the charging model to explain blinking. The Journal of Physical Chemistry C，2011，115(37)：18051-18054.

［33］Rosen S，Schwartz O，Oron D. Transient fluorescence of the off state in blinking CdSe/CdS/ZnS semiconductor nanocrystals is not governed by Auger recombination. Physical Review Letters，2010，104(15)：157404.

［34］Kagan C R，Lifshitz E，Sargent E H，et al. Building devices from colloidal quantum dots. Science，2016，353(6302).

［35］Anikeeva P O，Madigan C F，Halpert J E，et al. Electronic and excitonic processes in light-emitting devices based on organic materials and colloidal quantum dots. Physical Review B，2008，78(8)：085434.

［36］Xu F，Ma X，Haughn C R，et al. Efficient exciton funneling in cascaded PbS quantum dot superstructures. ACS Nano，2011，5(12)：9950-9957.

［37］Chou K F，Dennis A M. Forster resonance energy transfer between quantum dot donors and quantum dot acceptors. Sensors, 2015, 15(6): 13288-13325.

[38] Xu L, Xu J, Ma Z, et al. Direct observation of resonant energy transfer between quantum dots of two different sizes in a single water droplet. Applied Physics Letters, 2006, 89(3): 033121.

[39] Spanhel L, Anderson M A. Synthesis of porous quantum-size cadmium sulfide membranes: Photoluminescence phase shift and demodulation measurements. Journal of the American Chemical Society, 1990, 112(6): 2278-2284.

[40] Michalet X, Pinaud F F, Bentolila L A, et al. Quantum dots for live cells, in vivo imaging, and diagnostics. Science, 2005, 307(5709): 538-544.

[41] Lingley Z, Lu S, Madhukar A. A high quantum efficiency preserving approach to ligand exchange on lead sulfide quantum dots and interdot resonant energy transfer. Nano Letters, 2011, 11(7): 2887-2891.

[42] Jarosz M V, Porter V J, Fisher B R, et al. Photoconductivity studies of treated CdSe quantum dot films exhibiting increased exciton ionization efficiency. Physical Review B, 2004, 70(19): 195327.

[43] Jing P, Zheng J, Zeng Q, et al. Shell-dependent electroluminescence from colloidal CdSe quantum dots in multilayer light-emitting diodes. Journal of Applied Physics, 2009, 105 (4): 044313.

[44] Shirasaki Y, Supran G J, Tisdale W A, et al. Origin of efficiency roll-off in colloidal quantum-dot light-emitting diodes. Physical Review Letters, 2013, 110(21): 217403.

[45] Tang C W, Vanslyke S A. Organic electroluminescent diodes. Applied Physics Letters, 1987, 51(12): 913-915.

[46] Dabbousi B O, Bawendi M G, Onitsuka O, et al. Electroluminescence from CdSe quantum-dot/polymer composites. Applied Physics Letters, 1995, 66(11): 1316-1318.

[47] Zhao J, Bardecker J A, Munro A M, et al. Efficient CdSe/CdS quantum dot light-emitting diodes using a thermally polymerized hole transport layer. Nano Letters, 2006, 6(3): 463-467.

[48] Anikeeva P O, Halpert J E, Bawendi M G, et al. Quantum dot light-emitting devices with electroluminescence tunable over the entire visible spectrum. Nano Letters, 2009, 9(7): 2532-2536.

[49] Yalcin S E, Yang B, Labastide J A, et al. Electrostatic force microscopy and spectral studies of electron attachment to single quantum dots on indium tin oxide substrates. The Journal of Physical Chemistry C, 2012, 116(29): 15847-15853.

[50] Kim H Y, Park Y J, Kim J, et al. Transparent InP quantum dot light-emitting diodes with ZrO_2 electron transport layer and indium zinc oxide top electrode. Advanced Functional Materials, 2016, 26(20): 3454-3461.

[51] Stouwdam J W, Janssen R a J. Red, green, and blue quantum dot LEDs with solution proces-

sable ZnO nanocrystal electron injection layers. Journal of Materials Chemistry, 2008, 18(16): 1889-1894.

[52] Cho K-S, Lee E K, Joo W-J, et al. High-performance crosslinked colloidal quantum-dot light-emitting diodes. Nature Photonics, 2009, 3(6): 341-345.

[53] Qian L, Zheng Y, Xue J, et al. Stable and efficient quantum-dot light-emitting diodes based on solution-processed multilayer structures. Nature Photonics, 2011, 5(9): 543-548.

[54] Kwak J, Bae W K, Lee D, et al. Bright and efficient full-color colloidal quantum dot light-emitting diodes using an inverted device structure. Nano Letters, 2012, 12(5): 2362-2366.

[55] Sun B, Sirringhaus H. Solution-processed zinc oxide field-effect transistors based on self-assembly of colloidal nanorods. Nano Letters, 2005, 5(12): 2408-2413.

[56] Mashford B S, Stevenson M, Popovic Z, et al. High-efficiency quantum-dot light-emitting devices with enhanced charge injection. Nature Photonics, 2013, 7(5): 407-412.

[57] Dai X, Zhang Z, Jin Y, et al. Solution-processed, high-performance light-emitting diodes based on quantum dots. Nature, 2014, 515(7525): 96-99.

第一章　胶体量子点发光二极管结构与原理

1.1　基本概念

    胶体量子点发光二极管因具有优异的发光性能(如高色纯度)、良好的稳定性以及溶液可加工性而引起了广泛的关注,具有良好的应用前景。本章我们将回顾胶体量子点在显示和照明应用方面的优势,包括色纯度、溶液可加工性和稳定性。此外,本章将从最基本的半导体物理概念出发,介绍半导体物理理论在胶体量子点 LED 结构与原理方面的理论指导和工程技术应用,为后续章节中介绍量子点 LED 器件结构以及性能参数所涉及的知识做好准备。

1.1.1　色纯度

    由于胶体量子点的电子结构取决于量子尺寸效应,因此胶体量子点具有窄带发射,在化学合成时可以通过控制纳米晶体的尺寸大小来进行光谱定位。比如,不同尺寸大小的 CdSe 量子点可以覆盖从蓝色到红色的荧光发射,而较小带隙材料(如 PbS 或 CdTe)量子点则可以覆盖近红外光谱区域的荧光发射。一般胶体化学合成的量子点,其尺寸分布小于 5%,使得其发射峰的荧光半高宽的范围在 $20\sim40$ nm。胶体量子点的窄带发射可以在 CIE 色度图中展现其色调和饱和度的优势,如图 1.1 所示。

    CIE 图的边界是由人眼可感知的不同饱和色调定义的,其波长范围从 380 nm 到 780 nm。颜色越纯,就越接近 CIE 图的边界。色度坐标定义了 CIE 图上发射器的位置。由红、绿、蓝像素显示所覆盖的色域是由单个像素的坐标所定义的三角形。黑色圆点围绕的三角区域是红、绿、蓝三色发射量子点能够显示的色域范围,比国际电信联盟 HDTV 标准(虚线三角形)的色域范围大,展示了量子点发射器在色域范围的巨大优势。

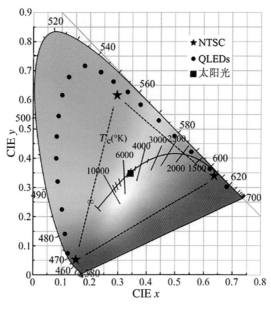

图 1.1　QLED 在 CIE 色度图上的色域范围

1.1.2　溶液可加工性

在合成后量子点表面保留了配体钝化层,这可以阻止它们在溶液中的团聚,使它们能在溶液中进行各种工艺处理。配体通常有一个与量子点表面相配合的极性基团和一个保证量子点在溶液中长期分散的烃链,如图 1.2 所示。合成后,可以将典型的疏水配体如油酸、三辛膦交换为带有胺基或巯基的亲水配体,使量子点与水溶液兼容。配体的选择对量子点的导电性起着重要的作用。金属硫系配合物已被证明是改善量子点粒子间相互作用的良好配体选择,非金属无机配体如 S^{2-}、HS^-,HSe^- 则可以改善载流子在 QLED 中的传输[1],"熵配体"则可以大大增加量子点在溶液中的溶解度。[2]量子点的溶液可加工性是各种低成本、大面积的沉积工艺的必要条件,这些技术都已成功地通过相分离、喷墨打印、雾沉积和微接触打印等方式制备 QLED 器件。可以选择合适的配体,通过正交溶剂连续溶液沉积不同颜色的量子点薄膜,或允许沉积后交联以生成能够承受后续溶剂型沉积步骤的量子点薄膜。

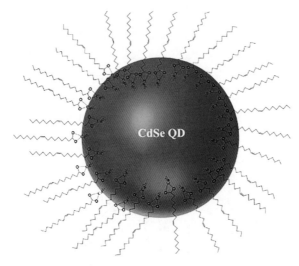

图 1.2　CdSe 量子点及其表面油酸配体层示意

1.1.3　稳定性

相较于有机的发光分子,量子点是由无机半导体组成的,更能抵抗降解和光漂白,在显示和照明应用方面具有更优异的稳定性。单一的 CdSe 量子点表面可能会发生光氧化作用而产生 $CdSeO_x$,而通过在 CdSe 表面覆盖 ZnS 壳层可以提供屏障来阻碍氧的扩散,进而提高量子点纳米晶的光稳定性[3]。此外,核壳结构还可以提供量子点表面的激子与缺陷态的物理分离,这可能导致非辐射复合。厚壳量子点突出了这一点;据报道,即使钝化配体被移除,厚壳量子点也能维持高程度的热应力,并保持发光[4]。此外,这些厚壳量子点可以抑制闪烁,而量子点的闪烁现象与抑制俄歇复合有关,被认为是发光淬灭的一个来源。将胶体量子点发光器件集成到固态器件中的一个问题是有机配体的存在;然而,用金属硫系配体取代量子点上的有机脂肪族配体的工作使得量子点膜完全是无机的,并表现出优异的电子输运性能[5]。核壳结构的量子点具有非常好的稳定性,为制备高性能的 QLED 器件奠定了基础。

1.1.4　量子点的表面态

溶液中和薄膜中的量子点因具有不同的表面态而具有不同的荧光量子产率。当量子点悬浮在溶液中时,其荧光量子产率通常大于 50%;而当量子点沉积在致密的薄膜中时,其荧光量子产率大约下降一个数量级至 5% 或 10%。造成这种现象的一个重要原因是固态薄膜量子点上的暗态或无发射表面态不能像溶液中那样被过量的配体动态钝化。此外,当量子点处于致密薄膜中时,一个量子点上的激子可以将能量转移到任何相邻量子点上的暗激子态。因此,一个单一的缺陷状态会导致周围 5 到 10 个量子点的淬灭发光。通过观察稀溶液的荧光发射光谱和致密薄膜的荧光发射光谱之间的红移,可以很容易地观察到这种 Forster 能量转移。将量子点嵌入绝缘聚合物基体中可以模拟稀溶液的作用,降低封闭量子点结构中观察到的量子点淬灭发光量。然而,宽带隙聚合物的低导电性阻碍了通过这些聚合物复合材料的直流导电性,这使得它们不适合制备具有类似 p-n 结的 QLED 结构。在这种情况下,可以在空间上将激子从表面分离的量子点壳层或者与量子点表面紧密结合的配体,在固态中保持量子点荧光量子产率方面起着重要作用。另外,研究表明,场驱动的 QLED 可以对嵌入在绝缘聚合物复合材料中的量子点簇进行电激发。

1.1.5　能级与能带

如图 1.3(a)所示,对于孤立原子而言,原子核外的电子只会受到原子核与核外其他电子的势场作用,从而进行运动,该电子的能级为分立能级。而在形成晶体的过程中,各原子会不断地靠近。当原子之间的距离很大时,它们之间的相互作用可以忽略,每个原子依然可以看成是孤立的,它们拥有相同的电子能级。如果把这些原子看成一个体系,那么这些电子的能级是简并的。例如:2 个原子构成的系统为二重简并,N 个原子构成的系统就是 N 重简并。而当原子相互靠近形成晶体时,在原子的内外轨道都会形成不同的交叉现象,如图 1.3(b)所示。由于轨道的重叠,这些电子不会局限于本身的能级轨道,而是可以转移到相邻电子的相同轨道上,电子在相邻轨道之间的转移就叫电子的共有化运动。外层电子的共有化运动更强,且电子只能在能量相同的轨道上转移。例如形成晶体后,2 s 能级上的电子只能在相邻原子的 2 s 能级中运动,即各个能级会形成与之对应的共有化运动,如图 1.3(c)所示。与此同时,原子相互靠近的过程中,原子之间的相互作用增强,使原来的简并度消除,原来具有相同能量的能级会分裂成不同能量能级所组成的能带,原子之间的距离越小,相互作用越强,能带宽度更大。对于无机材料而言,原子间作用力大,能带宽度大,能级准连续。对于有机材料而言,范德华力太弱,各个分子之间的能级可以看成是分立的。在每个能带中,每个电子共有化运动形成的电子可能存在的状态被称为允带,而允带之间的电子的转移是禁阻的,称为禁带。允带又可以分为导带、价带以及空带。空带指的是未被电子所占据的允带,导带指的是被电子所占据的不满带,而价带指的是低温条件下被价电子所占满的允带。

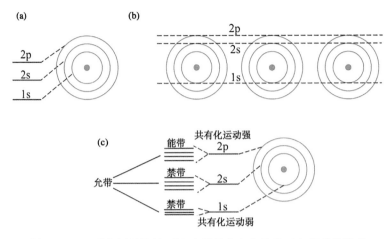

图 1.3　(a) 孤立原子能级;(b) 电子的共有化运动;(c) 能带的形成

1.1.6　金属与半导体

材料按照导电性能的强弱可以分为导体、半导体以及绝缘体,表 1.1 中列出了常见块状半导体的物理参数。将它们区别开的本质是能带结构的不同。总体来说,一个材料能否导电在于是否存在不满带。导体的能带结构如图 1.4(a)所示,对于导体而言,在低温状况下,被电子所占据的最高能级是一个不满带,也就是说,在电场的作用下,不满带中的电子会向空状态处迁移,引起态密度的改变,会对导电产生贡献。对于半导体而言,如图 1.4(b)所示,在低温的状态下,由于禁带的存在,价带中的电子无法跃迁到导带形成不满带,因此导带为空带,而价带为满带。在电场的作用下,虽然价带的电子会随着电场不断地运动,但是并未引起态密度的改变,因此不存在电导现象。而在室温的条件下,由于半导体的禁带宽度窄,其可以通过本征激发使电子跃迁到导带,从而形成两个不满带进行导电。对于绝缘体而言,其禁带宽度太大($\geqslant 5$ eV),因此即使在室温的条件下,电子也无法从价带跃迁到导带形成不满带,无法导电。而在有机半导体中,虽然禁带宽度大,但是通过合理的能级调配,可以从外界电极注入电子,也能形成不满带,从而产生电导现象。

表 1.1　常见的块状半导体物理参数

材料名称	晶体结构类型 (300 K)	种类	E_{gap}(eV)	晶格参数(Å)	密度(g/cm³)
ZnS	闪锌矿	Ⅱ-Ⅵ	3.61	5.41	4.09
ZnSe	闪锌矿	Ⅱ-Ⅵ	2.69	5.67	5.27
ZnTe	闪锌矿	Ⅱ-Ⅵ	2.39	6.10	5.64

续表

材料名称	晶体结构类型 （300 K）	种类	E_{gap}（eV）	晶格参数（Å）	密度（g/cm³）
CdS	纤锌矿	II-VI	2.49	4.14/6.71	4.82
CdSe	纤锌矿	II-VI	1.74	4.3/7.01	5.81
CdTe	闪锌矿	II-VI	1.43	6.48	5.87
InP	闪锌矿	III-V	1.35	5.87	4.79
GaAs	闪锌矿	III-V	1.42	5.65	5.32
PbS	岩盐	IV-VI	0.41	5.94	7.60
PbSe	岩盐	IV-VI	0.28	6.12	8.26
PbTe	岩盐	IV-VI	0.31	6.46	8.22

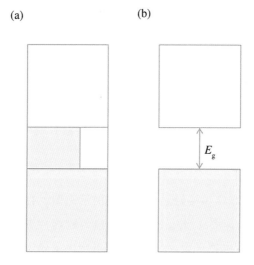

图 1.4 （a）导体的能带；（b）半导体的能带

1.1.7 电子与空穴

在半导体中，导电的载流子有两种，分别为自由电子与空穴。在低温的状态下，由于禁带的存在，半导体价带中的电子无法跃迁到导带形成不满带，因此导带为空带，而价带为满带。而在室温的条件下，由于半导体的禁带宽度窄，其可以通过本征激发使电子跃迁到导带，从而在价带中形成了一个空穴，导带中形成了一个电子。显然，本征激发形成的空穴与电子的数量是相同的，并且由于价带中电子的数量过多，因此分析电子的运动十分复杂。为了将问题简化，空穴就被引入了，空穴被认为是带正电的电荷。空穴是一个假想粒子，代替了价带中的其他电子对于电流密度的贡献。一般电子用 e 来表示，空穴用 h 来表示。

1.1.8 费米分布函数与费米能级

当我们在使用费米分布函数时,需要注意使用的条件,费米-狄拉克统计具有一定的适用性。适用条件为:① 半导体中的电子间相互作用很弱,可被看作是独立体系;② 电子的运动服从量子力学规律,即电子的能量是量子化的,一个量子态被一个电子占据,并且不对其他的量子态进行影响;③ 同一体系中的电子是可互换的,即全同电子系;④ 电子的分布受到泡利不相容原理限制。

$$f_E = \frac{1}{\exp\left(\dfrac{E - E_F}{KT}\right) + 1} \tag{1-1}$$

在热平衡的条件下,能量为 E 的单电子被电子占据的概率为式(1-1)所示。其中的 f_E 被称为费米分布函数,描述了一个电子占据能量为 E 的本征态的概率,其值为 $0\sim1$。K 是玻尔兹曼常数,T 是绝对温度,E_F 是费米能级。费米能级反映了电子在各个能级中分布的函数,反映了电子填充能级的水平。在电子能级图中,电子从低能级跳到高能级,空穴从高能级跳到低能级,所以在越高电子能级上的空穴能量越低。而对于金属而言,在绝对零度的条件下,电子占据的最高能级就是费米能级。

1.1.9 肖特基势垒

图 1.5(a)为金属、半导体接触之前能带图的示意图。在这个图中,我们假设没有界面态与表面态的影响。图中 $q\phi_m$ 是金属的功函数,$q\phi_s$ 是半导体的功函数。如图 1.5(a)所示,$E_{FS} > E_{FM}$,也就是说,半导体中的电子比金属中的占据更高的能级,因此电子会从半导体跃迁到金属,拉平二者的费米能级。此时,由于电子的迁移,半导体中会留下带有正电荷的电离施主离子,因此形成了空间电荷层。而金属一边会积累电子,但是金属中存在大量的自由电子,因此金属中的空间电荷区域很薄,甚至可以忽略不计。而空间电荷区中带有正电的施主离子会产生内建电场,阻止电子的注入,在达到热平衡之后就会形成稳定的电场和内建电势差,从图中可以看出来,内建电势差为 $\psi_0 = \phi_m - \phi_s$,而电子从金属流向半导体需要跨过势垒 $q\phi_b = q\phi_m - \chi_s$,这里的势垒 $q\phi_b$ 就是所谓的肖特基势垒,如图 1.5(b)所示。在 QLED 的器件中,载流子需要克服肖特基势垒才能进行迁移。

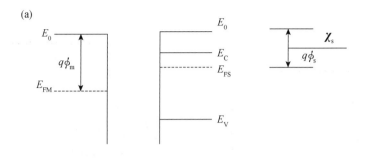

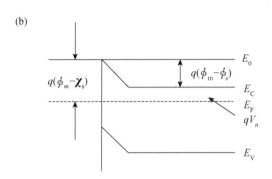

图 1.5　（a）金属、半导体接触之前能带；（b）肖特基接触

1.2　胶体量子点发光器件

1994 年，Colvin 等人发明并制备了第一个胶体量子点发光器件[6]。随后，胶体量子点由于发光效率高、色纯度高、线宽窄以及可大面积柔性加工等特点，成为近年来的研究热点[7—10]。量子点发光二极管的结构设计借鉴了有机发光二极管的结构设计和制备工艺，因此 QLED 的器件结构与 OLED 相近[11]。

1.2.1　QLED 的基本结构

QLED 器件的结构均为三明治的叠层结构，发光层一般位于器件的中心，常见的 QLED 的结构如图 1.6 所示。根据结构的不同，可以分为单层器件［如图 1.6(a)］以及多层器件［如图 1.6(b)］。单层器件虽然制备简单、成本低，但是由于肖特基势垒、注入载流子不平衡以及界面态能级钉扎效应的影响，器件的效率偏低，性能很差。而多层 QLED 可以通过载流子缓冲层实现载流子注入的平衡，提高器件的性能。

QLED 一般分为正型和反型两种器件结构，其主要区别是 ITO 透明电极由注入

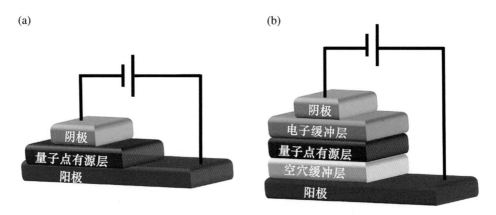

图 1.6 (a) 单层量子点发光器件;(b) 多层量子点发光器件

空穴(正型)转变为注入电子(反型),同时金属电极由注入电子(正型)转变为注入空穴(反型)。正型 QLED 器件将高电导率和高透过率的 ITO 作为器件的阳极,依次制备空穴注入/传输层、量子点发光层、电子传输层及阴极薄膜。反型 QLED 器件将 ITO 作为阴极,依次制备电子传输层、量子点发光层、空穴注入/传输层及阳极薄膜。

正型 QLED 器件至少要打印 4 层,包括空穴注入层、空穴传输层、量子点发光层和电子传输层。而反型器件的空穴传输层和空穴注入层均可采用蒸镀技术,只需要打印两层,大大减弱正交溶剂对材料要求的限制,工艺流程会得到显著改善。同时,空穴传输材料的选择面会增加,其结构优化也相应简单。相比于正型 QLED 器件(1994 年 Alivisatos 首次制备[12]),反型 QLED 起步较晚。Jeonghun Kwak 等人于 2012 年首次制备出反型 QLED 器件,并通过空穴传输材料的优化将红绿蓝三色发光器件的外量子效率分别做到了 7.3%、5.8% 和 1.7%[13],在当时的环境下性能方面基本可以比肩正型 QLED。但在之后的发展中,正型 QLED 在 UV 固化胶中酸作用的特色加成下,器件的效率和寿命大幅加强。反型器件的发展相对缓慢,尤其是寿命方面,其报道寥寥无几,而且大部分集中于红光方面。

直流 QLED 的器件结构一般包括:

(1) 阳极:目前最为广泛使用的阳极为氧化铟锡,由于 QLED 的原理是注入式发光,所以阳极会提供空穴进入有机半导体的 HOMO 能级,为载流子的复合提供条件。

(2) 空穴缓冲层:包括空穴注入层以及空穴传输层。在多层器件中空穴注入层起到的是降低阳极与有源层之间肖特基势垒的作用,增强了载流子的注入,避免了由过多的电荷在界面处积累造成的能量损失以及效率的滚降。常见的 QLED 空穴注入层包括 MoO₃、HAT-CN、CuPc 等。空穴传输层的存在不仅可以增强空穴的传输,平衡载流子在有源区的复合;一般的 p 型空穴传输层还可以起到电子阻挡层的效果,避免了激子在界面处的扩散,有效地减小了效率的滚降。常见的空穴传输材料包括 TAPC、TCTA、NPB 以及 mCP 等。

(3) 发光层:发光层又称为有源层。在 QLED 中,发光层是由壳核结构的量子点纳米晶组成,而与 OLED 不同的是,量子点器件内部激子形成的方式有四种,形成方式如图 1.7 所示。图 1.7(a)展示了在外界高能光子的刺激下形成激子的过程;图 1.7(b)展示了通过缓冲材料注入载流子复合的过程;图 1.7(c)展示了有机分子形成激子后经过 Forster 能量共振转移方式将能量传递给量子点材料;图 1.7(d)展示了在电场作用下,电子从一个量子点离子化到邻近的量子点并产生空穴,在该量子点内部电子空穴对结合形成激子[6]。

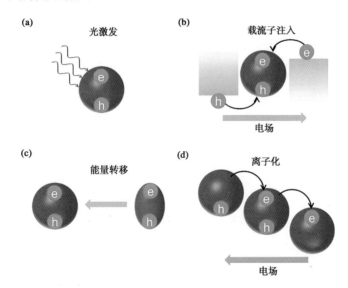

图 1.7　QLED 中激子的形成方式:(a)光激发;(b)载流子注入;(c)能量转移;(d)离子化

(4) 电子缓冲层:包括电子传输层以及电子注入层。电子传输层的存在不仅可以增强电子的传输,平衡载流子在有源区的复合;一般的 n 型电子传输层还可以起到空穴阻挡层的效果,避免了激子在界面处的扩散,有效地减小了效率的滚降。常见的电子传输材料包括 TPBi、TmPyPb 以及 Bphen 等。而电子注入层在多层器件中起到的是降低阴极与有源层之间肖特基势垒的作用,增强了载流子的注入,避免了过多的电荷在界面处积累造成的能量损失以及效率的滚降。常见的 QLED 电子注入层包括 Liq、LiF 等。

（5）阴极：阴极会提供电子，随后进入有机半导体的 LUMO 能级，为激子的复合提供基础。阴极材料一般需要低功函数的金属材料，通常用的材料包括 Al 和 Ag。

1.2.2 QLED 的工作原理

目前对于 QLED 发光机理的解释一般归类于注入载流子复合与能量转移机制，器件在电场的作用下分为载流子的注入、传输、激子的形成以及复合发光四个过程。

（1）载流子的注入：如图 1.8(a)所示，在外加电场的作用下，空穴由阳极通过克服肖特基势垒进入空穴注入层的 HOMO 中，与此同时，电子通过克服势垒从阴极进入电子注入层的 LUMO 中，这个过程被称为是载流子的注入。

（2）载流子的传输：如图 1.8(b)所示，在电场的作用下注入的空穴经过空穴传输层向有源层运动，电子经过电子传输层也向有源层运动。在有机半导体中，空穴的迁移率远大于电子的迁移率，因此合成高迁移率电子传输材料，合理调配能级就十分的重要。

（3）激子的形成：当空穴和电子在发光层中相遇后，它们会形成电子空穴对，随后形成激子，激子为不稳定的高能态的激发态。随后激子通过 Foster 能量转移传递给临近的量子点材料。

（4）激子的复合发光：如图 1.8(c)所示，激子在电场的作用下复合发光，但是在激子复合的过程中是以两种方式复合，包括辐射复合以及非辐射复合；只有经过辐射复合 OLED 器件才能够发光。

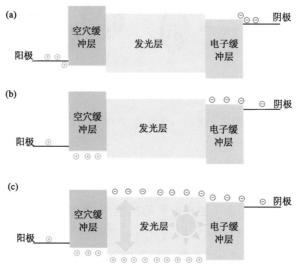

图 1.8 QLED 发光过程

1.2.3 QLED 的工作参数

（1）启亮电压：启亮电压指的是当 QLED 在外加电场的作用下亮度为 1 cd/m² 时所需要的电压。其大小与金属-半导体接触之间的肖特基势垒、不同有机功能材料之间的势垒以及发光材料的本征势垒相关。一般情况下，QLED 器件的启亮电压不会低于器件发光材料的带隙。

（2）发光亮度：在特定的电压下 QLED 器件发光的强弱被称为发光亮度。发光亮度与器件的电流密度成正比，在光学中，发光亮度指的是在单位立体角内所发出的光的通量，单位为 cd/m²。

（3）发光效率：为了实现更加节能、环保、绿色的能源利用，更加高效的 QLED 成为市场上备受欢迎的产品，因此发光效率也成为衡量 QLED 性能必不可少的标准之一。效率主要包括量子效率、功率效率以及电流效率。

量子效率包括外量子效率和内量子效率（IQE）两种，外量子效率指的是 QLED 器件发出的光子数与注入的载流子数之比；而内量子效率指的是激子复合形成的光子数与注入的载流子数之比。由于测量仪器的限制，一般 QLED 的量子效率用外量子效率表示。外量子效率与内量子效率之间的关系是

$$EQE = IQE \times \eta_{out} = (\gamma_{e-h} \times \eta_r \times \phi_p) \times \eta_{out} \tag{1-2}$$

其中 η_{out} 是指光采出率，一般为 20%；γ_{e-h} 指的是在电场作用下，注入的空穴数与电子数之比，计算时一般为 1；η_r 指的是辐射发光激子数占总激子数的比例；ϕ_p 指的是发光材料的荧光量子产率，最大为 100%。

电流效率（CE）指的是单位电流密度的条件下器件的发光强度，单位为坎德拉每安培（cd/A）

$$CE = B/j \tag{1-3}$$

功率效率（PE）是指单位功率 QLED 发光的亮度，单位为流明每瓦（lm/W）

$$PE = \pi \times B \times S/I \times U \tag{1-4}$$

其中 B 为发光亮度，单位是 cd/m²；S 为有效的发光面积，单位为 cm²；I 为电流，单位是 A；U 是器件所加的电压，单位是 V。经过式（1-2）与（1-3）可以推断出 PE 与 CE 之间的关系如下

$$PE = \pi \times CE/U \tag{1-5}$$

PE 是衡量器件在市场中能否具有竞争力的标准，一方面可以通过器件能级结构的搭配降低势垒，增强载流子的注入与迁移从而降低器件的工作电压；另一方面，可

以通过合成新的材料提高发光层的荧光量子产率以及外量子效率,从而提高 QLED 的发光效率。

(4) 发光颜色:在 QLED 器件的测试过程中可以通过电致发光谱图(EL)以及光致发光谱图(PL)来判断发光的峰值从而判断器件的发光颜色;此外还可以通过国际照明委员会提供的色度坐标标准来衡量。CIE 是一种通过光的三原色来衡量色彩的方法,该方法利用 x,y,z 来分别表示红绿蓝的占比率,且 $CIE_x + CIE_y + CIE_z = 1$,一般情况下就可以用$(x,y)$来判断光的颜色。对于白光有机发光二极管而言(WOLED),除了需要用色坐标来衡量颜色的好坏,还需要用显色指数(CRI)以及色温(CCT)来判断白光的纯度。

(5) 发光寿命:发光寿命是目前决定市场中 QLED 能否广泛使用的关键因素。发光的寿命被定义为在恒压恒流条件下,QLED 的发光亮度降低到初始亮度一半时所需要的时间。影响器件寿命的因素包括金属和有机材料之间的电化学腐蚀,水氧对于器件界面稳定性的影响,注入载流子平衡问题以及 QLED 有机材料的本征稳定性。虽然经过近 30 年的发展,QLED 已经得到了很大的改善,但是器件的效率滚降仍然需要大量的研究。造成效率滚降的因素包括激子之间的相互作用、场致淬灭以及热辐射等物理效应。QLED 工作的条件下由于低迁移率以及势垒的影响,界面处会积累大量的载流子,这些载流子会形成内建电场,在内建电场的作用下会造成激子的淬灭。

参 考 文 献

[1] Nag A, Kovalenko M V, Lee J-S, et al. Metal-free inorganic ligands for colloidal nanocrystals: S^{2-}, HS^-, Se^{2-}, HSe^-, Te^{2-}, HTe^-, TeS_3^{2-}, OH^-, and NH^{2-} as surface ligands. Journal of the American Chemical Society, 2011, 133(27): 10612-10620.

[2] Yang Y, Qin H, Jiang M, et al. Entropic ligands for nanocrystals: From unexpected solution properties to outstanding processability. Nano Letters, 2016, 16(4): 2133-2138.

[3] Van Sark W G J H M, Frederix P L T M, Bol A A, et al. Blueing, bleaching, and blinking of single CdSe/ZnS quantum dots. ChemPhysChem, 2002, 3(10): 871-879.

[4] Pal B N, Ghosh Y, Brovelli S, et al. 'Giant' CdSe/CdS core/shell nanocrystal quantum dots as efficient electroluminescent materials: Strong influence of shell thickness on light-emitting diode performance. Nano Letters, 2012, 12(1): 331-336.

［5］ Liu W，Lee J-S，Talapin D V. Ⅲ-Ⅴ nanocrystals capped with molecular metal chalcogenide lig-
ands：High electron mobility and ambipolar photoresponse. Journal of the American Chemical
Society，2013，135(4)：1349-1357.

［6］ Colvin V L，Schlamp M C，Alivisatos A P. Light-emitting diodes made from cadmium selenide
nanocrystals and a semiconducting polymer. Nature，1994，370(6488)：354-357.

［7］ Shu Y，Lin X，Qin H，et al. Quantum dots for display applications. Angewandte Chemie Inter-
national Edition，2020，59(50)：22312-22323.

［8］ Alexandrov A，Zvaigzne M，Lypenko D，et al. Al-，Ga-，Mg-，or Li-doped zinc oxide nanoparti-
cles as electron transport layers for quantum dot light-emitting diodes. Scientific Reports，2020，
10(1)：7496.

［9］ Lee C-Y，Chen Y-M，Deng Y-Z，et al. $Yb:MoO_3/Ag/MoO_3$ multilayer transparent top cathode
for top-emitting green quantum dot light-emitting diodes. Nanomaterials 2020，10(4)：663.

［10］ Tang C W，Vanslyke S A. Organic electroluminescent diodes. Applied Physics Letters，1987，
51(12)：913-915.

［11］ Kwak J，Bae W K，Lee D，et al. Bright and efficient full-color colloidal quantum dot light-emit-
ting diodes using an inverted device structure. Nano Letters，2013，12(5)：2362-2366.

［12］ Shirasaki Y，Supran G J，Bawendi M G，et al. Emergence of colloidal quantum-dot light-emit-
ting technologies. Nature Photonics，2013，7(1)：13-23.

［13］ Jiang X H，Liu G，Tang L P，et al. Quantum dot light-emitting diodes with an Al-doped
anode. Nanotechnology，2020，31(25)：8.

第二章 胶体量子点材料合成与表征

2.1 引　言

量子点的使用可以追溯到 2000 多年前的古希腊罗马时代,当时 PbS 纳米晶体被用作头发染色颜料,如图 2.1 所示[1]。然而,直到 1981 年 Ekimov 和 Onushchenko 等人发现了玻璃中半导体纳米晶体吸收峰的蓝移现象,量子点的科学研究才正式开始[2]。一年后,Efros 等人提出半导体纳米晶体的光学特性受其尺寸的影响[3]。1984 年,Brus 等人报道了胶体 CdS 纳米晶体的光学性质随其尺寸大小的变化[4]。1988 年人们首次使用术语"量子点"来称呼半导体纳米晶体[5]。量子点是其相应块状材料的纳米级碎片,由于量子尺寸效应,当量子点的尺寸小于其激子玻尔半径时,可以连续调控量子点的能带间隙,从而调谐它们的荧光发射峰[6,7]。以 CdSe 胶体量子点为例,可调控的光致发光发射峰可以覆盖可见光谱的主要部分[8—10]。此外,量子点因具有独特的光学特性,例如较宽的吸收带、窄发射峰、较高的荧光量子产率和出色的稳定性,在过去的三十年中引起了科学界和工业界的极大兴趣和关注。

20 世纪 90 年代初期,Bawendi 等人首先在配位溶剂中通过有机金属合成制备了高品质的胶体单分散 CdX(X＝S,Se,Te)纳米晶体。[11]这种方法可以合成直径范围从 1.2 nm 到 11.5 nm 的高度单分散并具有相同晶体结构和表面钝化的胶体量子点。通过进一步对未纯化的原始生长溶液进行尺寸选择沉淀和纯化,可以收集到直径尺寸分布窄且小于 5% 的量子点,这也可以从其清晰的荧光吸收和发射特征峰中判断。但是,这种合成方法使用了剧毒、昂贵、易爆和易燃的化学药品(比如二乙基镉)以及复杂的合成设备(比如手套箱)。因此,开发一种更环保的、通用的胶体量子点合成方法成为当时学术界的关键但非常具有挑战性的任务。庆幸的是,彭笑刚等人在 2001

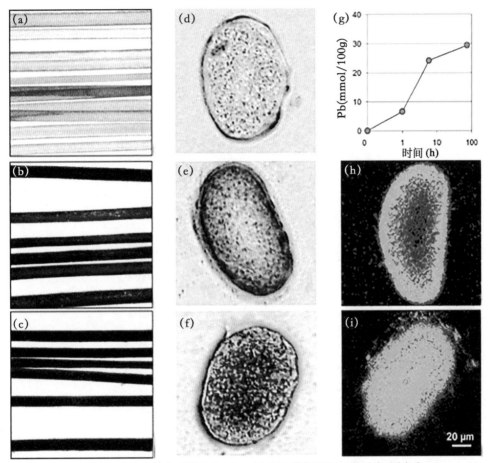

图 2.1　(a)～(c)头发的光学宏观照片和(d)～(f)相应横截面的显微照片(厚度为 10 μm),显示了在石灰和氧化铅水溶液(25℃,pH=12.5)处理期间逐渐发黑。(a)和(d)未处理;(b)和(e)处理后 6 h;(c)和(f)处理后 72 h;(g)通过 X 射线荧光光谱法测量的散装样品中总吸附铅浓度的时间依赖性,这些分析方法对方铅矿不具特异性,但可以显示所有 Pb 种类(主要是铅皂和 PbS);通过 SEM-EDX(h)处理后 6 h,(i)处理后 72 h 获得了各个处理样品的 Pb 图,并显示了从角质层到头发中心的渐进径向固定(浓度从深蓝色变为绿色)[1]

年找到了一种完美的解决方案,并首先介绍了安全、简单、可重现且通用的制备高品质 CdSe 纳米晶体的替代方法。该方法可以实现范围为 1.5 nm 至 25 nm 可调控的直径尺寸,荧光量子产率高达 20％～30％,如图 2.2 所示[12]。由于相对简单的晶体成核和生长方法,这种替代合成方法可以合成直径尺寸分布几乎单分散的量子点,荧光量子产率更是可以接近 100％[13],于是这种合成方法成为后来合成胶体量子点的主流选择[14—20]。同时,使用单分子前驱体合成胶体量子点的方法也得到了相应的发展[21—24]。然而,由于单分子前驱体的制备过程比较复杂和耗时,后面很少广泛地采用并继续研究这种合成量子点的方法。

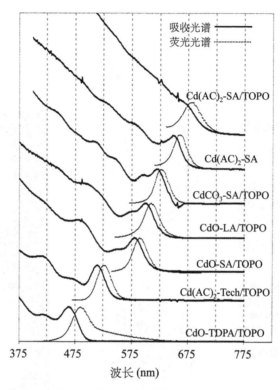

图 2.2　不同尺寸的纤锌矿 CdSe 纳米晶体的紫外-可见(UV-Vis)吸收光谱和 PL 光谱
TDPA：四癸基膦酸[12]

随着对胶体量子点合成化学的广泛研究,精确控制量子点的尺寸和形状已经成功实现,比如具有 1 个(110)晶面,2 个(111)晶面和 3 个(100)晶面的六面体 CdSe 量子点[25],如图 2.3 所示;具有 6 个(100)晶面纳米方块形状的 CdSe 量子点[26],如图 2.4 所示。目前具有高荧光量子产率、窄荧光发射峰的高品质 CdSe 量子点已经应用于各种商业化案例中,例如量子点发光二极管电视机(量子点电视机)、生物成像剂、发光温室薄膜、太阳能窗户和安全油墨。三星和 TCL 等国际显示巨头已经投入了大量的研究人员和资金来完善量子点电视机的制造工艺,并将其商业化且全方位地改善性能。自量子点电视机首次发布以来,具有宽色域和高色纯度的超高清量子点电视机已在每年的国际消费电子展上引起广泛关注,并且在消费者中越来越受欢迎[27—29]。我们相信量子点电视机将在未来十年内逐渐成为主流的电视机产品。另外,Nanoco、UbiQD 和 IQDEMY 等扩展了胶体量子点在生物学、农业、太阳能收集和安全印刷中的商业应用版图。

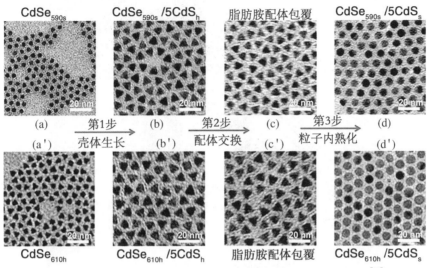

图 2.3　球形 CdSe 量子点与六面体 CdSe 量子点之间的转化过程[25]

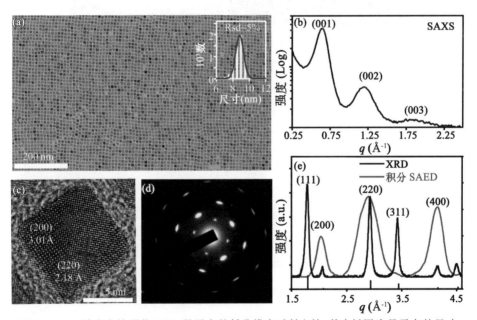

图 2.4　(a) 纳米方块形状 CdSe 量子点的低分辨率透射电镜,其中插图为量子点的尺寸分布直方图;(b) 纳米方块形状 CdSe 量子点的小角 X 射线散射图(SAXS);(c) 纳米方块形状 CdSe 量子点的高分辨率透射电镜;(d) 米方块形状 CdSe 量子点的选区电子衍射;(e) 纳米方块形状 CdSe 量子点的 X 射线衍射图和选区电子衍射的积分强度[26]

图 2.5 （a）三星 8K QLED TV-Q900[30]；（b）Nanoco 的 VIVODOTS™ 纳米颗粒[31]；
（c）UbiGro 发光温室薄膜[32]；（d）UbiQD 太阳能窗户[33]；（e）IQDEMY 安全墨水[34]

本章将概述和讨论量子点的胶体合成方法及相关材料的表征方法。我们旨在带给读者关于胶体量子点的全面理解和基础知识，从而为进一步的研究打下坚实的基础。此外，还将提出胶体量子点未来发展的挑战和瓶颈，以激发和拓宽读者的研究思路和方法。

2.2 胶体量子点的合成及后处理

2.2.1 直接加热法和热注射合成法

胶体量子点的主要合成方法有两种，即直接加热法和热注射合成法。直接加热法的最大优势是易于按比例放大的合成，因为所有反应化学物质均在反应之前混合到反应容器中，并进一步可控地加热以完成胶体量子点的成核和晶体生长，其中唯一的反应控制变量是反应温度。为了合成单分散的胶体量子点，受控的反应前驱体化学性质、配体和加热条件起着关键作用。通过直接加热法设计用来合成高品质量子点的反应非常具有挑战性,尽管其量子点结核和晶体生长的基本原理与热注射合成法相似,因为需要反应前驱体和配体来确保在合适的反应温度下短时间内生成大量晶核,从而适当地分离成核和晶体生长的时间阶段。通过直接加热法进行多元素的三元、四元和合金化胶体量子点的合成更加困难,因为这种合成方法需要匹配每种反应前驱体的反应活性而无法确保多元素量子点所需的元素成分以及量子点的晶相纯度,这阻碍了直接加热法的推广和进一步发展。这种方法需要反应前驱体在低温下保持稳定,但是一旦反应温度达到阈值温度,反应前驱体就分解或迅速反应。通常,配体将参与反应并影响反应前驱体的反应活性。换句话说,配体与反应前驱体之间相互作用的强度会对胶体量子点成核和晶体生长阶段产生较大的影响。配体与反应前驱体之间相互作用的强度可以使用软硬酸碱理论(HSAB)来定性地判断。

对于热注射方法,在适当的温度下将阳离子或阴离子前驱体中的一种注射到另一种中,触发大量晶核的迅速形成,然后设定合适的反应温度,进一步完成纳米晶体的生长。但是,在大规模生产中采用热注射法合成胶体量子点可能会面临以下挑战。首先,阳离子和阴离子前驱体之间的固有混合时间会更长,并且对于按比例放大的批量合成而言是不可预测的,这可能会严重影响胶体量子点的最终合成质量。其次,热注射前驱体后,反应混合物的冷却速率与反应体积不成线性关系,这可能严重干扰反应过程。最后,在很短的时间内将大量的一种前驱体注入另一种前驱体中是不太可行的。应对这些挑战的可能解决方案是巧妙地选择阳离子前驱体和阴离子前驱体以及控制好单批次生产胶体量子点的产量。

图 2.6 展示了直接加热法和热注射合成法中所用的实验装置。该实验装置主要由三颈圆底烧瓶、冷凝管、温控仪及加热套、磁力搅拌子、温度传感器等配件组成。其中温控仪及加热套提供反应热源并决定所能调节的升温范围和升温速率。磁力搅拌子外包覆的材质一般选用聚四氟乙烯或者无机玻璃。需要注意的是聚四氟乙烯磁力搅拌子的最大使用温度为 $260 \sim 280℃$,并不能达到合成所有量子点的反应温度要求,特别是 ZnSe 等量子点的合成。而高硼硅玻璃磁力搅拌子的最大使用温度可以达到 $350℃$ 以上,满足大多数量子点合成的反应温度要求。此外,如果要外延生长壳层量子点,也可能会用到微量注射泵。

2.2.2　前驱体化学

胶体量子点的前驱体化学是决定量子点成核和晶体生长以及实现量子点形状和尺寸控制的关键因素之一。表 2.1 给出了胶体量子点合成反应中常用的前驱体。通常,阳离子和阴离子前驱体之间具有平衡的化学反应活性对于制备单分散胶体量子

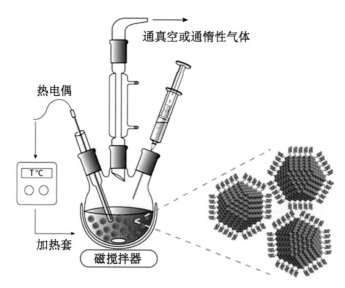

图 2.6 直接加热法和热注射合成法的实验装置示意[35]

点是必需的。另外,使用具有极高反应活性的有机金属前驱体,例如 $Zn(CH_3)_2$ 和 $Cd(CH_3)_2$,难以控制反应过程。金属氧化物(如氧化镉)和金属脂肪酸盐(硬脂酸镉)可用于替代这些有机金属前驱体,因为它们在替代合成途径中与阴离子前驱体(如硒-十八烯溶液)具有平衡的反应活性[12]。

表 2.1 胶体量子点合成反应中常用的前驱体

性质 药品	CAS 号	相对分子质量	密度(g/cm³)	熔点(℃)	沸点(℃)
氧化镉	1306-19-0	128.41	8.15	900	1385
醋酸镉	543-90-8	230.5	2.34	255	N/A
油酸镉	10468-30-1	675.3	N/A	N/A	360
油酸锌	557-07-3	628.3	N/A	70	360
硬脂酸镉	2223-93-0	679.35	1.28	103~110	N/A
硬脂酸锌	557-05-1	632.33	1.095	128~130	N/A
二乙基二硫代氨基甲酸镉	14239-68-0	408.95	1.48	63~69	94.3
二乙基二硫代氨基甲酸锌	14324-55-1	361.93	1.48	178~181	330.6
硒粉	7782-49-2	78.96	4.81	217	684.9
硫粉 S_8	7704-34-9	256.52	2.07	115.21	444.61
1-辛硫醇	111-88-6	146.29	0.843	—49	197~200

其中硫前驱体和硒前驱体一般是通过分别在十八烯(ODE)中加热硫粉和硒粉形成的混合液体,通常分别记为 S-ODE 和 Se-ODE。硫粉和硒粉的浓度、加热时长和加热温度决定着前驱体的反应活性。但是,这种方法制备的硫前驱体和硒前驱体会在

加热过程中导致部分生成的活性硫和硒物质进一步转化成硫化氢和硒化氢逸出,这不仅导致硫前驱体和硒前驱体反应活性降低,而且还导致硫前驱体和硒前驱体的损失。硫前驱体也可以通过超声将硫粉溶解在十八烯中制备,这种方法要相对简便一些。此外,彭笑刚教授课题组发现了一种简便地制备高反应活性硒前驱体的方法。该方法只需将 100 目(目数,即每平方英寸上的孔数目)或者 200 目的硒粉和十八烯进行剧烈震荡或者超声几分钟形成硒粉-十八烯悬浮液(Se-SUS)[36]。需要注意的是,这种硒粉-十八烯悬浮液的稳定性一般只有几分钟,且不同厂家生产的 100 目或者 200 目硒粉的悬浮性大相径庭。其中阿法埃莎(Alfa Aesar)和西格玛奥德里奇(Sigma Aldrich)生产的 200 目纯度为 99.999% 的硒粉在十八烯中的悬浮性较好。作者通过使用硒粉-十八烯悬浮液作为硒前驱体合成了一系列不同直径大小的 CdSe(荧光发射峰从 430 nm 到 660 nm)和 ZnSe(荧光发射峰从 360 nm 到 440 nm)量子点,发射峰荧光半高宽值只有约 85 meV,如图 2.7 所示。这表明硒粉-十八烯悬浮液是一种优良的硒前驱体,能够合成高品质的胶体量子点。

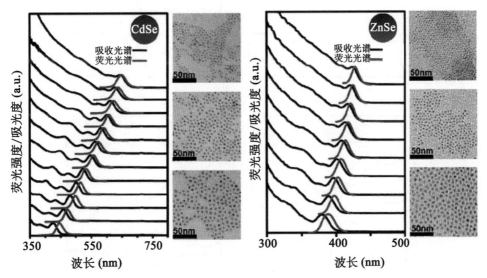

图 2.7　用 Se-SUS 前驱体合成不同直径尺寸 CdSe 和 ZnSe 量子点的紫外-可见光谱、荧光光谱和透射电镜(TEM)图像[36]

此外,作者通过实验还发现使用硒粉-十八烯悬浮液作为硒前驱体可以通过调节前驱体的注射温度、前驱体的注射温度和后续反应温度的温差大小、反应体系中金属羧酸盐与游离脂肪酸的比例以及多次注射硒粉-十八烯悬浮液,实现对量子点的直径尺寸进行精确调控,如图 2.8 和 2.9 所示。图 2.8(a)表明,当 CdSe 量子点合成反应中的后续反应温度固定为220℃时,将硒粉-十八烯悬浮液的注射温度从250℃降低到220℃可以得到更大尺寸的量子点。如图2.8(b)所示,当CdSe量子点合成反应中硒粉-十八烯悬浮液的注射温度固定为250℃时,将后续反应温度从250℃降低到220℃可以得到更小尺寸的量子点。将镉前驱体(硬脂酸镉,CdSt$_2$)和硒前驱体(硒粉-十八烯悬浮液中的硒粉)的物质的量比固定为2∶1时,反应体系中的游离脂肪酸(如硬脂酸,HSt)从0 mmol增加到1 mmol,会得到更大直径尺寸的CdSe量子点,如图2.8(c)所示。将游离脂肪酸(如硬脂酸)和硒前驱体(硒粉-十八烯悬浮液中硒粉)的物质的量比固定为2∶1时,反应体系中镉前驱体(硬脂酸镉,CdSt$_2$)从0.2 mmol增加到1 mmol,会得到更大直径尺寸的CdSe量子点,如图2.8(d)所示。图2.9展示了

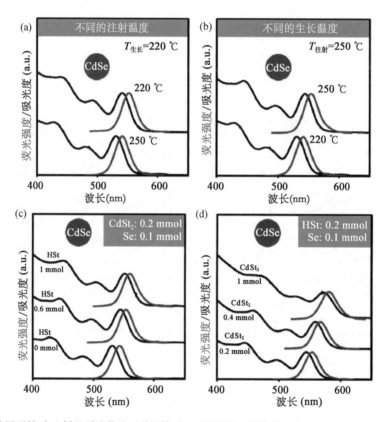

图2.8 使用硒粉-十八烯悬浮液作为硒前驱体可以通过调节不同条件来实现对量子点直径尺寸的精确调控:(a)前驱体的注射温度;(b)前驱体的注射温度和后续反应温度的温差大小;(c)反应体系中金属羧酸盐与游离脂肪酸的物质的量之比固定为2∶1时,将反应体系中脂肪酸(硬脂酸,HSt)从0 mmol增加到1 mmol;(d)反应体系中游离脂肪酸(如硬脂酸)和硒前驱体(硒粉-十八烯悬浮液中硒粉)的物质的量之比固定为2∶1时,将反应体系中镉前驱体(硬脂酸镉,CdSt$_2$)从0.2 mmol增加到1 mmol[36]

CdSe 量子点的紫外可见吸收光谱（黑色曲线）和荧光发射光谱（红色曲线），这证明了反应体系中硬脂酸镉的物质的量会对多次注射硒粉-十八烯悬浮液前驱体所合成 CdSe 量子点的尺寸造成影响。对于这两个反应，除了反应体系中使用的硬脂酸镉的物质的量不同外，其他条件包括如硒粉-十八烯悬浮液的注射次数、硒前驱体注射温度、反应温度是相同的。在反应体系中加入更多的金属脂肪酸盐可以有效地抑制第二次注射硒前驱体所产生的自成核。在荧光发射光谱（红色曲线）中，可以观察到主荧光发射峰（约 560 nm）的高能量一侧出现了一个额外的荧光发射峰（约 520 nm），这表明在反应体系中加入的金属脂肪酸盐不够多时，多次注射硒前驱体会引起 CdSe 量子点的二次成核。虽然不太明显，但吸收光谱中约 500 nm 和约 450 nm 处出现的额外吸收特征（黑色曲线，底部）也可能是多次注入硒粉-十八烯悬浮液引起二次成核的结果。

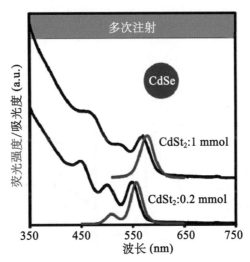

图 2.9　使用硒粉-十八烯悬浮液作为硒前驱体，通过多次注射硒粉-十八烯悬浮液所合成 CdSe 量子点的紫外可见吸收光谱（黑色曲线）和荧光发射光谱（红色曲线）[36]

　　综上所述，对于大尺寸量子点的合成，可以通过优化初始注入条件（如注射温度、后续的反应温度）以生长相对较大尺寸的量子点，随后的二次注入则导致量子点的进一步生长。相反，如果要在一个反应中获得高产率的量子点，则可以通过优化初始注入条件来产生大量晶核并通过降低后续的反应温度来减慢随后的自聚焦过程。在这两种情况下，为了避免二次成核的发生，要求反应体系中具有相对高浓度的游离脂肪酸或金属羧酸盐。这是因为高浓度的游离脂肪酸会溶解二次注入所形成的微小晶核，而纳米晶的溶解度随着它们的尺寸减小而迅速增加。

如图 2.10(a)和(b)所示,使用 Se-ODE 溶液作为硒前驱体时,Se 元素向 CdSe 或 ZnSe 量子点的转化率仅为使用 Se-SUS 作为硒前驱体时进行相应反应的转化率的 50%~60%。为了进行比较,图 2.10(a)中显示的用于合成 CdSe 量子点的两个反应 [或用于合成 ZnSe 量子点,如图 2.10(b)所示]是用相同物质的量的 Cd(或 Zn)、Se 以及其他反应物进行的。此外,将所得量子点的尺寸调整为一样的。以 CdSe 量子点 的合成为例,反应溶液在 320 nm 处的吸光度几乎与 CdSe 量子点尺寸无关,因此可用 来测算溶液中 CdSe 单位产率的指标。用 Se-ODE 溶液作为硒前驱体时的 CdSe 单位 产率总是显著低于用 Se-SUS 作为硒前驱体的值,如图 2.10(c)所示。这表明,Se 粉 末在 180℃下在 ODE 中长时间加热制备 Se-ODE 溶液期间,部分 Se 以某种形式损失 掉了,但是加热过程是将 Se 粉末溶解在 ODE 中以形成 Se-ODE 溶液的必要过程。 Raston 等人的研究证明使用 Se-ODE 溶液作为硒前驱体合成 CdSe 量子点的产率随 着 Se 粉末在 ODE 中加热时间的增加而降低[37],这与图 2.10(a)和(c)中的实验结果 一致。仔细分辨 CdSe 纳米晶体在 320 nm 处的溶液吸光度可以得出结论,Se-ODE 溶液中损失的部分 Se 粉实际上是以更具反应性的形式存在。在对图 2.10(c)中两个 反应的 70 min 吸光度值进行归一化时,两条归一化曲线没有重叠,如图 2.10(d)。归

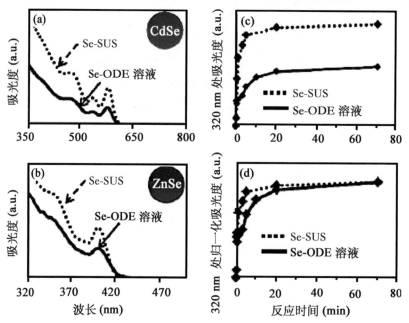

图 2.10　由 Se-SUS 和 Se-ODE 溶液合成的(a) CdSe 和(b) ZnSe 量子点的紫外可见吸收光 谱;(c) 反应溶液在 320 nm 处的吸光度与合成 CdSe 量子点的反应时间的关系;(d) 反应溶液 在 320 nm 处的吸光度归一化与合成 CdSe 量子点的反应时间的关系[36]

一化后，除了起点和归一化点，Se-ODE 溶液相关的反应曲线始终低于 Se-SUS 情况的曲线，这意味着 Se-ODE 溶液中具有反应性的 Se 物质的消耗明显慢于用 Se-SUS 作为硒前驱体所进行的反应。从图 2.10(c)和(d)可以得出结论：与 Se-ODE 溶液相比，Se-SUS 不仅含有多 40%～50% 的可转化 Se 物质，而且还保留了更具反应性的硒物质。

　　尽管是在相对较低的反应温度下合成 ZnSe 量子点，但发现使用 Se-SUS 作为硒前驱体的热注射法合成的 ZnSe 量子点具有更优良的品质。例如，与直接加热法（在室温下混合硒粉、脂肪酸锌盐和 ODE，并一起加热混合物）相比，使用 Se-SUS 作为硒前驱体的热注射法合成 ZnSe 量子点具有巨大的优势。如图 2.11 所示，该方法合成的 ZnSe 量子点的吸收和荧光发射光谱展现出比使用直接加热法合成的 ZnSe 量子点的光谱具有更尖锐的特征峰。此外，与直接加热法所合成的 ZnSe 量子点相比，该方法合成的 ZnSe 量子点的相对荧光量子产率（定义为荧光强度除以激发波长的吸光度）要高 10 倍。ZnSe 量子点的这些光学性质特征由 ZnSe/ZnS 核壳量子点继承。虽然 ZnSe 核量子点的光学品质很高，但这并不能保证壳材料的后续外延生长会成功。这是因为随后的外延生长需要 ZnSe 核量子点的表面结构和配体化学与壳量子点生长的前驱体/反应条件相匹配。例如，基于 CdSe 闪锌矿结构的核壳量子点的合成直到最近仍然是一个挑战[38]，尽管早在 2005 年就已经报道了具有闪锌矿结构的高品质 CdSe 量子点[39]。使用各种壳材料（包括 ZnS、ZnSe 和 CdS）外延生长的实验都表明，通过 Se-SUS 作为硒前驱体合成的闪锌矿核量子点适合制备高品质的核壳量子点。这表明 ZnSe 核量子点在合成高品质 ZnSe/ZnS 核壳量子点的外延壳层生长中起着

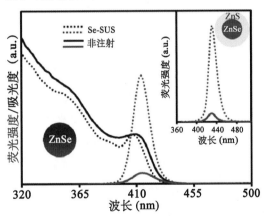

图 2.11　通过 Se-SUS 和非注射方法合成的 ZnSe 量子点的吸收光谱和荧光发射
光谱。插图：ZnSe/ZnS 核壳量子点的荧光发射光谱，具有相同的壳结构，但 ZnSe
核量子点的合成方法不同，Se-SUS 用虚线表示，非注射方法用实线表示[36]

关键作用。当用在两种不同类型的 ZnSe 核量子点(如图 2.11 所示)表面上外延生长 ZnS 壳层的方式得到 ZnSe/ZnS 核壳量子点时,所合成的 ZnSe/ZnS 核壳量子点显示出显著差异的光学品质。通过 Se-SUS 作为硒前驱体合成的 ZnSe 核量子点来进一步制备 ZnSe/ZnS 核壳量子点,其荧光量子产率的范围在 40%～60% 之间。该值是使用直接加热法的十倍(图 2.11 插图)。此外,两种类型的 ZnSe/ZnS 核壳量子点进一步显示出荧光半高宽的显著差异,使用 Se-SUS 作为硒前驱体的方法比直接加热法合成 ZnSe/ZnS 核壳量子点的发射峰荧光半高宽窄约 23%。

图 2.12(a)展示了使用 Se-SUS 作为硒前驱体的方法合成不同壳层厚度的 ZnSe/ZnS 核壳量子点的吸收和荧光发射光谱。吸收和荧光发射光谱揭示了是 ZnS 壳层的外延生长而不是 ZnSe 与 ZnS 合金化后所预期的逐渐蓝移。随着 ZnS 壳层量子点厚度的增加,其相对荧光量子产率也显著增加并达到平台期,如图 2.12(b)中蓝色曲线所示;而带隙发射峰的荧光半高宽是先降低后增加,如图 2.12(b)中黑色曲线所示。这种变化趋势与成功外延生长具有闪锌矿结构的 CdSe/CdS 核壳量子点所展现的相关变化趋势一致[38],并且被认为是近乎完美地通过壳层量子点材料进行外延生长来钝化核量子点。如图 2.12(c)所示,X 射线衍射图表明 ZnSe 核和 ZnSe/ZnS 核壳量子点具有闪锌矿晶体结构。在 5.0 nm ZnSe 核量子点的表面上有 5 个 ZnS 单层时,由于核壳量子点中 ZnS 组分的主要体积分数,核壳纳米晶体的衍射峰转移为纯 ZnS 量子点的衍射峰。这些结果再次与具有闪锌矿结构的 ZnS 壳层成功外延生长到核量子点上一致。图 2.12(d)中显示的透射电镜图像表明,由于 ZnS 壳层的生长,量子点的直径尺寸逐渐增大,但同时核壳量子点的尺寸分布与初始核量子点的尺寸分布几乎一致。这说明在 ZnS 壳层外延生长过程,使用 Se-SUS 作为硒前驱体的方法合成 ZnSe 的核量子点没有发生明显的性质变化。

目前,最常见的壳层量子点是金属硫化物和金属硒化物。对于外延生长金属硫化物,将溶解在 ODE 中的硫粉作为反应前驱体是比较环保的、广泛适用的、高性能的。而硒-有机膦和双(三甲基硅烷基)硒醚作为硒前驱体时,有毒、价格昂贵且不易处理。图 2.13 展示了使用甲酸锌作为锌前驱体和 Se-SUS 作为硒前驱体在 CdSe 核量子点表面上外延生长 ZnSe 壳的过程。对于外延生长 ZnSe 壳,在脂肪酸锌盐和 Se-SUS 中加入一定量的脂肪胺,然后在相对较低的温度进行反应可以避免壳层量子点的自成核,然后将反应温度升高到外延生长单层 ZnSe 所需的反应温度,这个过程被称为热循环[40]。透射电镜图像表面,CdSe/ZnSe 核壳量子点的平均尺寸与壳层量子点的预期增加而一致增长,而核壳量子点的尺寸分布与初始核量子点的尺寸分布相似,如图 2.13(a)所示。图 2.13(b)中紫外可见吸收光谱和荧光发射光谱表明核壳

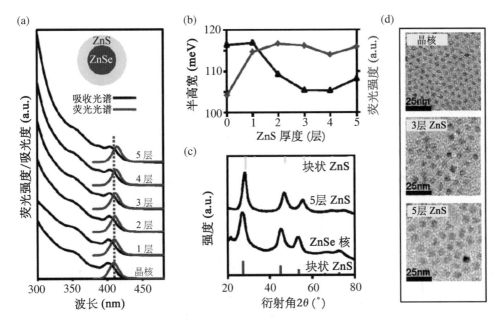

图 2.12 （a）不同壳层厚度的 ZnSe/ZnS 核壳量子点的吸收和荧光发射光谱；（b）ZnS 壳生长过程中相对荧光量子产率和荧光半高宽的变化过程；（c）ZnSe 核和具有 5 个（5 ML）ZnS 单层的 ZnSe/ZnS 核壳量子点的 X 射线衍射；（d）含有 0 个、3 个和 5 个 ZnS 单层的 ZnSe/ZnS 核壳量子点的透射电镜图像，其中 ZnSe 核量子点的直径尺寸为 5.0 nm[36]

量子点随着 ZnSe 壳的外延生长，其带隙吸收特征峰和发射峰发生显著的红移。此外，CdSe/ZnSe 核壳量子点的荧光量子产率在外延生长 ZnSe 壳后显著增加，如图 2.13(b)中插图所示。这些结果符合均匀的外延壳层量子点的生长，而不是合金化量子点的生长。与外延生长的结论一致，图 2.13(d)中的 X 射线衍射图显示 CdSe 核和 CdSe/ZnSe 核壳量子点的晶体结构是闪锌矿。

　　对于 CdSe/ZnSe 核壳量子点，合金化量子点的形成取决于 ZnSe 壳层的外延生长温度。因此，可以通过调节锌前驱体的反应活性来调节 ZnSe 壳层的外延生长所需的反应温度。当使用硬脂酸锌（或油酸锌）作为锌前驱体时，所需的 ZnSe 壳层外延生长温度约为 250℃。据有关报道，在低至 220℃ 下 Cd^{2+} 离子可以和 ZnSe 量子点发生阳离子交换，制备合金化 ZnCdSe 量子点[41]。这与在当前系统中使用硬脂酸锌作为锌前驱体外延生长 ZnSe 壳时观察到量子点的荧光发射峰发射显著蓝移的现象一致，如图 2.14 所示。通过缩短所用脂肪酸盐的碳链长度，使用醋酸锌作为锌前驱体时，可以将外延 ZnSe 壳层生长温度降至 210℃。对于使用甲酸锌作为锌前驱体，该温度进一步可以降低到150℃,并且该相对较低的反应温度可以防止壳层生长过程中的合金化。这些结果充分表明 Se-SUS 是一种非常好的硒前驱体,可以用于降低壳层量子点外延生长所需的反应温度,因为它具有很高的反应活性。

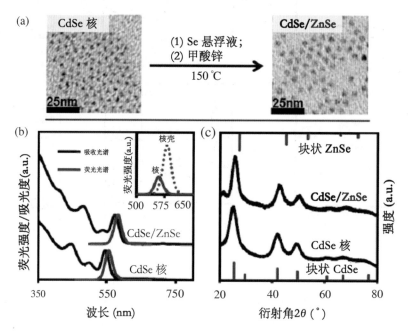

图 2.13 (a) 透射电镜;(b) 紫外可见吸收光谱和荧光发射光谱,插图显示了 CdSe 核量子点(红色实线)和 CdSe/ZnSe 核壳量子点(红色虚线)的荧光强度对比[36];(c) CdSe 核和 CdSe/ZnSe 核壳量子点的 X 射线衍射

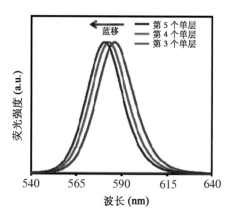

图 2.14 在使用硬脂酸锌作为锌前驱体外延生长不同的 ZnSe 单层壳时,CdSe/ZnSe 核壳量子点的荧光发射光谱[36]

　　Vela 等人通过化学计算的方法研究了不同膦-硫属化合物（$R_3P=E$，$E=S$ 或 Se）前驱体的反应活性[42]。作者通过化学计算研究了膦-硫属化合物键周围的几何和电子特性。该工作得出的结论是其中亚磷酸三苯酯（TPP）、二苯丙基膦（DPP）、三丁基膦（TBP）、三辛基膦（TOP）和六乙基磷三酰胺（HPT）与硫元素或者硒元素形成的膦-硫属化合物前驱体的反应活性依次减弱，这是因为膦-硫属化合物中的 $P=S$ 或 $P=Se$ 化学键的键强依次增大，如图 2.15 所示。

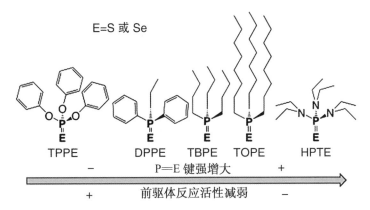

图 2.15　不同膦-硫属化合物前驱体的反应活性[42]

　　表 2.2 列出了在室温下进行 $R_3P+E \longrightarrow R_3P=E$（$E=S$ 或 Se）反应的相对能量参数，包括零点能量校正（$\Delta E_{ZPE}^{\ominus}$）、焓（$\Delta H^{\ominus}$）和自由能校正（$\Delta G^{\ominus}$）。在优化的几何结构中，$P=S$ 键长从 TPPS 的 1.921 Å 略微增加到 DPPS 的 1.974 Å、TBPS 的 1.978 Å、TOPS 的 1.978 Å 和 HPTS 的 1.982 Å。类似地，$P=Se$ 键长从 TPPSe 的 2.073 Å 略增加到 DPPSe 的 2.129 Å、TBPSe 的 2.131 Å、TOPSe 的 2.131 Å 和 HPTSe 的 2.141 Å。然而，作者不认为这是 $P=E$（$E=S$ 或 Se）键相对强度的指示，而是膦取代基的尺寸和空间体积的结果，如该系列中三种膦可用的锥角分布为 128°（TOP），132°（TBP）和 136°（DPP）[43—45]。从表 2.2 中可以看出，在室温下进行 $R_3P+E \longrightarrow R_3P=E$（$E=S$ 或 Se）反应是放热的（$\Delta G<0$）；也就是说，所有的膦-硫属化合物（$R_3P=E$）在热力学上都比反应物（R_3P+E）更稳定。作者认为负的 $\Delta G^{\ominus}$ 或 $\Delta E^{\ominus}$ 是 $P=E$ 键相对强度和前驱体反应活性的可靠预测指标。例如，进行 $TOP+E \longrightarrow TOP=E$（$E=S$ 或 Se）的反应，计算得到的负 $\Delta E^{\ominus}$ 值分别约为 87 和 73 kcal/mol（1 cal=4.18 J）。这些值与之前的研究结果（$P=S$ 和 $P=Se$ 的键强度分别为 96 和 75 kcal/mol）大致相同[46]。膦-硫属化合物 TPPE 和 HPTE 之间的 $\Delta E^{\ominus}$ 差异分别约为 13 kcal/mol 和 14 kcal/mol（E 分别为 S 和 Se）。负的 $\Delta G^{\ominus}$ 和 $\Delta E^{\ominus}$ 清楚地表明，相

对于游离膦和硫族元素的释放,膦-硫属化合物的稳定性以 TPPE<DPPE<TBPE<
TOPE<HPTE 的顺序增加。使用具有 6-311G* 和 cc-pVTZ 基组,优化几何结构的单点
能量 $\Delta E^{\ominus}$ 计算结果反映了这一趋势。膦-硫属化合物前驱体的反应活性,即释放硫属元
素的能力,按 TPPE>DPPE>TBPE>TOPE>HPTE(E=S,Se)的顺序显著降低。

表 2.2　在室温下进行 $R_3P+E \longrightarrow R_3P =E(E=S$ 或 $Se)$ 反应的相对能量参数(kcal/mol)[42]

物质 \ 能量参数	$\Delta E^{\ominus}$ 6-311G*	$\Delta E^{\ominus}_{ZPE}$	$\Delta H^{\ominus}$	$\Delta G^{\ominus}$	$\Delta E^{\ominus}$ cc-pVTZ
TPP+S⟶TPPS	−76.20	−74.06	−74.87	−64.66	−79.55
DPP+S⟶DPPS	−75.21	−73.35	−74.01	−63.91	−80.03
TBP+S⟶TBPS	−79.88	−77.71	−78.41	−68.38	−83.42
TOP+S⟶TOPS	−82.86	−80.99	−81.57	−71.60	−86.95
HPT+S⟶HPTS	−89.77	−86.71	−87.57	−77.60	−91.78
TPP+Se⟶TPPSe	−62.42	−60.84	−61.40	−51.67	−63.77
DPP+Se⟶DPPSe	−62.96	−61.63	−62.07	−52.10	−65.98
TBP+Se⟶TBPSe	−67.04	−65.43	−65.87	−56.23	−69.75
TOP+Se⟶TOPSe	−70.07	−68.60	−68.99	−59.10	−72.98
HPT+Se⟶HPTSe	−76.81	−74.38	−75.00	−65.22	−77.52

也可以通过添加脂肪胺等活化剂进一步调整前驱体的反应活性[47—50]。彭笑刚
等人选择脂肪胺作为活化羧酸锌前驱体的试剂。他们观察到当脂肪胺和羧酸锌前驱
体之间的比率大于 6 时,在高温下注射硒前驱体之前会在反应溶液中出现白色沉淀
(可能是 ZnO)。而对于羧酸镉,这个比率可能更高,因为反应在较低的温度下进行。
如图 2.16(c)、(d)和(e)所示,可以观察到羧酸锌前驱体被脂肪胺活化。与只使用纯
脂肪酸作为配体的相关反应相比,如图 2.16(a)和(b)中所示,在脂肪胺的活化作用
下,ZnSe 量子点的起始尺寸要小得多,且量子点的浓度更高。此外,通过带隙吸收峰
的锐度可以得知 ZnSe 量子点的尺寸分布发生显著的改善。这些实验结果表明羧酸
锌前驱体在脂肪胺的活化作用下,该反应体系中量子点的成核和生长在一定程度上
实现了平衡。

羧酸锌前驱体可以被脂肪胺活化的结论还可以通过在相对较低的反应温度下观
察 ZnSe 量子点的生长动力学来进一步验证。图 2.17 表明,在大约 200℃反应温度
下,如果没有将脂肪胺添加到反应体系中,则在反应进行大约 10 min 后,通过所取样
品的紫外可见吸收光谱可以判断没有 ZnSe 量子点的形成。相反,在添加脂肪胺到反
应体系后,注入硒前驱体,几乎立即观察到 ZnSe 量子点的吸收特征。此外,如果没有
脂肪胺的存在,ZnSe 量子点的生长也会慢得多,如图 2.17 中第一激子吸收峰的红移
速率所示。根据这些实验观察,脂肪胺似乎可以攻击羰基以释放与羧酸根键合的锌。

如果不注入硒前驱体,脂肪胺和羧酸锌会反应生成氧化锌纳米晶。作者认为 ZnSe 量子点的形成可能经历了一些氧化物中间体,例如氧化锌单体或非常小的簇。

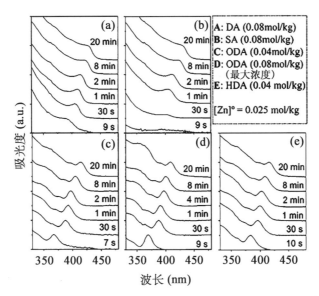

图 2.16　具有不同配体的 ZnSe 量子点的生长动力学。初始 Zn/Se 摩尔比为 1∶6。注射/生长温度分别为 330/310℃。癸酸:DA;硬脂酸:SA;十六胺: HDA;十八胺:ODA。[Zn]°表示反应初始锌前驱体浓度[50]

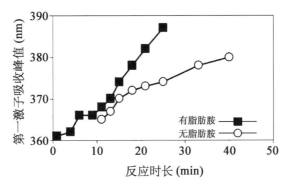

图 2.17　第一激子吸收峰随反应时间的时间演变。除了在一个反应中存在 ODA 外,其他反应条件相同[50]

由于脂肪胺和羧酸锌的混合物在加热时不稳定,作者提出了一种将脂肪胺引入反应体系的替代方法,即在硒前驱体溶液中添加脂肪胺。而且,脂肪胺在硒前驱体中的浓度也可以在大范围内进行调整。更为重要的是,该反应系统非常稳定,这使得反应具有可重现性。此外,反应温度可以降低到 300℃以下,这样就不需要用二十四烷作为反应溶剂,减小反应完成后对样品进行纯化的难度,因为二十四烷在室温下是固体并且在室温下难以去除。

此外,反应体系中前驱体的性质对量子点的晶相也有影响[16]。图 2.18 展示了在不同油胺浓度下(0～0.6 mmol/L)合成 CdSe 量子点(所有尺寸均约为 5 nm)的一系列粉末 X 射线衍射(XRD)图案。在所有反应体系中,镉前驱体(硬脂酸镉)是由 0.1 mmol CdO 和 0.4 mmol HSt 在 4 mL ODE 中反应形成的,硒前驱体则是通过将硒粉溶解在十八烯和油胺中制成的硒前驱体溶液。作者发现在硒前驱体中引入油胺有利于控制反应体系中镉前驱体的稳定性。为了使所有反应具有可比性,反应温度控制在 280℃到 300 ℃之间,直到 CdSe 量子点的尺寸达到 5 nm。图 2.18 中的 XRD 图案显示,随着油胺浓度的增加,CdSe 量子点的晶体结构从闪锌矿逐渐转化成纤锌矿。图 2.18 中的所有衍射峰都支持这一趋势。随着反应体系中油胺浓度逐渐增加,由于(100)、(002)和(101)三个晶面衍射峰的重叠,闪锌矿结构中(111)晶面位于约 26°的衍射峰演变成一个较宽的复合峰。当反应体系中油胺的浓度较高时,纤锌矿结构 CdSe 量子点在(102)、(103)和(203)的三个特征衍射峰在图 2.18 中非常明显。而当反应体系中没有油胺时,CdSe 量子点的 X 射线衍射图(如图 2.18 中的最下方的 X 射线衍射图)与标准的闪锌矿结构 CdSe 的衍射图案非常匹配。需要提醒的是,与标

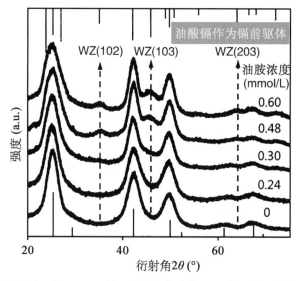

图 2.18　用不同浓度(0 到 0.6 mmol/L)的油胺合成的 CdSe 量子点(尺寸均约为 5 nm)的 X 射线衍射图案。虚线箭头[WZ(102)、WZ(103)和 WZ(203)]表示纤锌矿结构的三个独特的衍射峰。顶部(底部)的短线条代表块状纤锌矿(闪锌矿)CdSe 结构的衍射[16]

准纤锌矿衍射图相比，即使反应体系处在最高的油胺浓度下，CdSe 量子点的衍射图案也存在明显的闪锌矿晶体衍射峰。将反应体系中的油胺浓度进一步增加，这些晶体缺陷仍然没有完全消除。

当反应体系中的镉前驱体由硬脂酸镉改为十二烷基膦酸镉且不存在油胺的反应条件下，可以得到没有闪锌矿晶体缺陷的纤锌矿 CdSe 量子点，如图 2.19 所示。但在该反应体系中存在油胺时，CdSe 量子点的晶体结构会出现明显的闪锌矿缺陷。

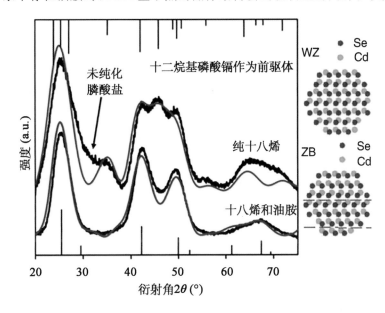

图 2.19　使用十二烷基膦酸镉[Cd(DDPA)$_2$]作为镉前驱体，反应体系中使用（底部）和不使用（顶部）油胺（NH$_2$Ol）合成的 2.5 nm CdSe 量子点的 X 射线衍射。其中的红线是计算模拟的结果。应用于计算模拟的原子堆叠序列显示在右侧，是 ABABABA(ABC ∗ BAC ∗ A)，对应于没有（有）油胺的合成条件[16]

2.2.3　配体化学和非配位溶剂

配体和非配位溶剂在胶体量子点的合成中起着不同的作用。不同的配体（例如叔膦、脂肪酸、烷基胺、膦酸和三辛基膦氧化物）与量子点表面的阳离子和阴离子原子具有不同的键合强度，从而影响胶体量子点不同晶面的生长速率、荧光量子产率和晶相。相反，非配位溶剂既不参与反应也不充当单胶体量子点的配体。它们充当反应介质，通过在反应过程中改变前驱体的浓度来帮助调整单体的反应活性。此外，可通过调节配体强度和浓度来控制前驱体的化学反应活性，在成核过程和量子点生长过程之间提供必要的平衡，从而成为合成尺寸分布窄的高品质胶体量子点的关键因素。

长链烷烃和烯烃由于不直接参与反应、在高温下呈液态且具有良好的稳定性,可以承受量子点合成的反应温度因而被用作典型的非配位溶剂,例如1-十八碳烯、正二十四烷和1-二十碳烯等已用于各种胶体量子点的合成制备。1-十八碳烯(ODE)因在室温下呈液态,并且在低于300 ℃的高温下具有稳定的化学性质,而被广泛用作量子点合成体系中的非配位溶剂。此外,由于1-十八碳烯在室温下呈液态且具有非极性结构,也易于在合成反应后的样品纯化过程中的去除。此外,十四烷在低于200 ℃的反应温度下是一种极好的溶剂,这是因为十四烷在操作温度下可作为高纯度试剂使用,并且与1-十八碳烯相比具有较低的黏度[51]。

　　由于与量子点表面原子配位的表面无机或有机配体与表面原子或溶剂的相互作用,量子点的表面化学性质会影响其电子结构、荧光量子产率和胶体稳定性。与Green 提出的共价键分类(CBC)方法一致,配体可以通过三种基本类型的相互作用键合到金属中心,并根据这些相互作用的性质和数量对配体进行分类。符号Z、X 和 L 代表三种相互作用类型,并且根据化学键的分子轨道表示法进行了清晰区分,如图2.20 所示。L 型相互作用是通过定性共价键与金属中心相互作用的键,其中两个电子均由 L 型配体提供。这些 L 型配体是具有孤对电子的路易斯碱,例如伯胺(RNH_2)和三烷基膦(R_3P)。X 型相互作用是一个通过正常的 2 电子共价键与金属中心相互作用的键,该键由一个金属给的电子和一个来自 X 型配体的电子组成。对于 Z 型相互作用,它们还通过与金属提供的两个电子的配位共价键与金属中心相互作用。Z 型配体是具有空轨道的路易斯酸,可以接受来自金属的一对电子。

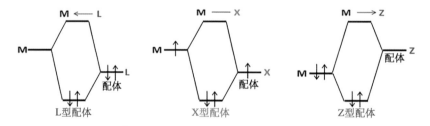

图 2.20　金属中心和配体之间相互作用的三种基本类型的分子轨道

　　Owen 等人用共价键分类(CBC)方法解释了胶体量子点的表面化学,并给出了如图 2.21 所示共价键分类方法的纳米晶体与配体之间结合规则[52]。他们还通过核磁共振光谱表征方法研究了金属硫属元素化物量子点的化学计量和配体交换,发现相对位移能力主要取决于几种因素,例如空间效应、螯合以及与镉离子的软/硬度匹配情况。此外,他们发现大多数配位不足的悬挂原子不会形成表面陷阱,并且 X 型和 L

型配体有利于胶体量子点的电子结构稳定性。Z 型配体将诱导中间能隙状态，该状态位于 2 配位硫族化物表面原子的 4p 孤对电子上。

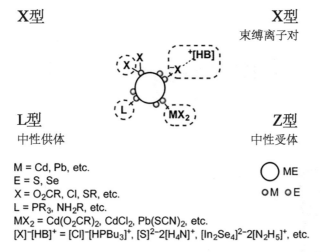

图 2.21　根据共价键分类方法的纳米晶体与配体之间结合规则[52]

表 2.3　胶体量子点合成或者后处理过程所用的部分配体

配体	配体类型
油胺	L
三丁基膦	L
三辛基膦	L
油酸	X
硬脂酸	X
三正辛基氧膦	X
硬脂酸镉	Z
氯化铟	Z
氯化镉	Z
溴化镉	Z

　　胶体量子点可以通过液相或者固相配体交换的方法，将表面原有的配体完全交换或者部分交换成 Z 型配体的金属卤素盐（如氯化镉、氯化铟、氯化锌、溴化镉）来改善胶体量子点的发光性质和电子传输性质[53—57]。Ithurria 等人研究了在室温下用溴化镉和油胺作为配体来交换 CdSe 纳米片表面的油酸和醋酸根配体对其光学性质和形貌的影响[53]。配体交换后，CdSe 纳米片的特征吸收峰发生了约 80 meV 的显著红移，见图 2.22(e)和(f)。配体交换过程中，CdSe 纳米片的光致发光强度先快速变弱，其特征吸收峰出现宽红尾。20 min 后，新的特征吸收峰出现在约 530 nm 处，并带有红色拖尾。该特征吸收峰的峰值略微蓝移并随时间变尖。同时，CdSe 纳米片的光致发光强

度逐渐恢复。几个小时后，光学特征稳定下来。配体交换完成后，CdSe 纳米片的发射峰峰值从 514 nm 红移到 527 nm，荧光半高宽从 9 nm 到 12 nm（从 42 meV 到 53 meV）略有增加，荧光量子产率显著增强，而形貌没有发生变化，如图 2.22(g) 和 (h) 所示。

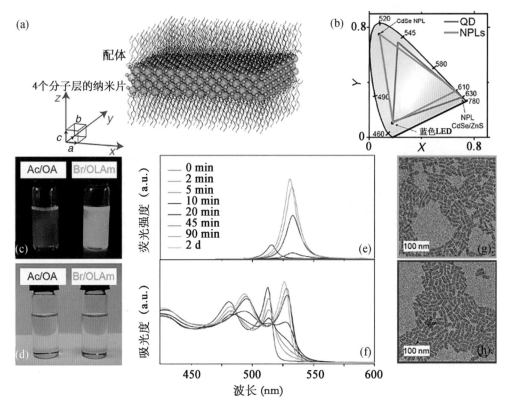

图 2.22　(a) 顶面和底面由 X 型配体作为配体的 4 个 CdSe 分子单层的纳米片模型；(b) 使用蓝色 InGaN 发光二极管结合 CdSe 纳米片作为绿色光源和 CdSe/ZnS 核壳结构纳米片作为红色光源获得的色度。为方便比较，也添加了由球形量子点的荧光发射范围可获得的色域；(c) 在紫外光下，4 个 CdSe 分子单层纳米片分散在甲苯溶液中的荧光发射照片，该溶液由乙酸盐和油酸盐（左侧）或溴化物和油胺（右侧）作为表面配体；(d) 由乙酸盐和油酸盐（Ac-OA，左侧）或溴化物和油胺（Br-OLAm，右侧）作为表面配体的 4 个 CdSe 分子单层纳米片溶液；(e) 光致发光强度的演变和 (f) 从乙酸盐和油酸盐（Ac-OA）到溴化物和油胺（Br-OLAm）进行配体交换过程中的吸收光谱变化；具有由 (g) 乙酸盐和油酸盐（Ac-OA）和 (h) 溴化物和油胺（Br-OLAm）作为表面配体的 4 个 CdSe 分子单层纳米片的透射电镜图像[53]

　　由于单独的金属溴化物配体不足以确保 CdSe 纳米片在非极性溶剂中的胶体稳定性，所以采用金属溴化物和油胺（Br-OLAm）双配体的方案。在这种条件下，CdSe 纳米片能形成高度稳定的胶体。红外吸收光谱显示，配体交换完成后羧酸盐在

1527 cm^{-1} 和 1416 cm^{-1} 处的特征吸收消失,但在 3180 cm^{-1} 到 3310 cm^{-1} 处出现了属于伯胺的特征吸收峰(—NH 键伸缩振动),如图 2.23(a)。采用不同的金属卤化物与油胺作为双配体进行配体交换之后,特征激子吸收峰和带隙荧光发射峰都发生了红移,如图 2.23(b)和(c)。这表明镉原子与纳米片表面的硒原子可能形成了化学键,从而增加了纳米片的厚度。此外,油胺通过氢原子和表面卤素原子的孤对电子形成氢键,这与 3180 cm^{-1} 到 3310 cm^{-1} 之间的宽峰符合。图 2.23(d)和(e)分别展示了金属氯化物和油胺(Cl-OLAm)与金属碘化物和油胺(I-OLAm)作为表面配体的 4 个 CdSe 分子单层纳米片的透射电镜图像。CdSe 纳米片与表面配体的结构示意图包括一层卤化物来保证 CdSe 纳米片的电中性,卤化物再与油胺形成氢键,如图 2.23(f)所示。

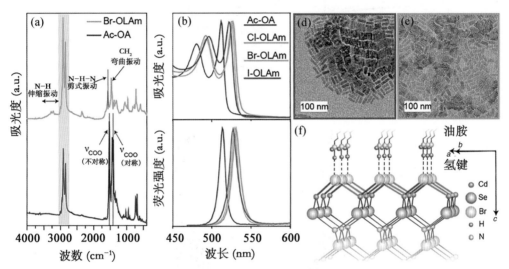

图 2.23　(a) 4 个 CdSe 分子单层纳米片的傅里叶变换红外(FTIR)光谱,绿色为乙酸盐和油酸盐(Ac-OA)作为表面配体,橙色为金属溴化物和油胺(Br-OLAm)作为表面配体;(b) 归一化后的第一个激子吸收峰;(c)归一化后的带隙荧光发射峰;(d) 由金属氯化物和油胺(Cl-OLAm)和(e)金属碘化物和油胺(I-OLAm)分别作为表面配体的 4 个 CdSe 分子单层纳米片的透射电镜图像;(f) 4 个 CdSe 分子单层纳米片的表面示意,其中卤化物与油胺充当 X-L 配体,卤化物与油胺之间通过氢键键合(虚线)[53]

　　Jang 等人使用 ZnCl$_2$ 作为配体对量子点进行液相和固相配体交换,研究了量子点光电性质的变化[57]。通过两步配体交换,他们将量子点(标记为 C/S/S)表面的油酸根离子(OA)配体部分取代氯离子。第一步液相配体交换后的量子点标记为 C/S/S-Cl(l);第二步固相配体交换后(即洗膜处理)的量子点标记为 C/S/S-Cl(f),如图 2.24(a)所示。由于氯离子能提供比油酸根更好的表面缺陷钝化,第一步液相配体交换后的量子点 C/S/S-Cl(l)具有高达 100% 的荧光量子产率,如图 2.24(b)所示。为解释

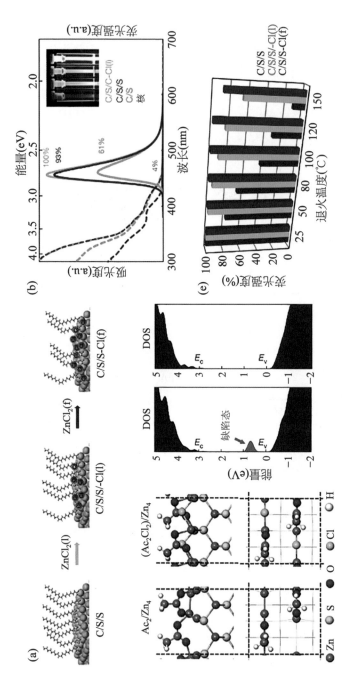

图 2.24 （a）量子点（C/S/S）在液相中与 ZnCl$_2$ 进行配体交换得到配体钝化后的量子点 C/S/S-Cl(l)，并通过洗膜处理进一步配体交换得到表面被更多氯离子钝化的量子点 C/S/S-Cl(f)；（b）量子点的吸收光谱和光致发光光谱，插图为在 365 nm 光照下拍摄的照片，从左到右：核，C/S，C/S/S 和 C/S/S-Cl(l)；（c）ZnS(100) 晶面的松弛构型，配体为欠钝化（Ac$_2$/Zn$_4$）和完全钝化（Ac$_2$Cl$_2$/Zn$_4$）的状态；（d）计算所得 Ac$_2$/Zn$_4$ 和（Ac$_2$Cl$_2$）/Zn$_4$ 表面的态密度（DOS），E_v，价带最大值，E_c，导带最小值；（e）退火温度对不同量子点薄膜的光致发光稳定性的影响[57]

氯离子钝化量子点表面的机制，他们通过密度泛函理论（DFT）进行了相关化学计算。为减少计算工作量，他们使用短碳链的乙酸根离子（Ac^-）来代表油酸根离子，计算了 ZnS(100)晶面的松弛构型，配体为欠钝化（Ac_2/Zn_4）和完全钝化（Ac_2Cl_2/Zn_4）的状态，如图 2.24(c)所示。假设闪锌矿 ZnS 的(100)晶面只有 Zn 原子且阴离子与表面 Zn 原子悬键结合来稳表面能，计算表明对于所有可能的配位，氯离子配体要优于醋酸根离子。因为每个 Zn 原子都有两个带有 0.5 个电子的悬键，它与一个阴离子配体结合以实现完全钝化，形成单齿或双齿桥。当醋酸根离子配体覆盖率超过 50% 时，由于空间位阻，结合能开始降低。态密度计算表明，位于价带顶附近带隙内的缺陷态在表面由 Ac_2/Zn_4 钝化的情况，可以被额外的 Cl 离子形成 Ac_2Cl_2/Zn_4 钝化所消除，如图 2.24(d)。这解释了进行配体交换后，量子点的光致发光量子强度得到显著的提高。此外，经过 Cl 离子表面钝化的量子点薄膜的热稳定性显著提高。未进行 Cl 离子表面钝化的量子点（标记为 C/S/S）薄膜，在 150 ℃烘烤后仅保留了初始光致发光强度的 19%，而经过 Cl 离子表面钝化的量子点 C/S/S-Cl(l)和 C/S/S-Cl(f)薄膜因为 Cl 离子与量子点表面锌离子的强结合分别保持初始光致发光强度的 76% 和 90%，如图 2.24(e)所示。为了阐明氯离子钝化对量子点发光二极管（QLED）的影响，他们制备了单载流子器件对其光电效应进行研究，如图 2.25 所示。结果表明，量子点在氯离子钝化后，其电子和空穴电流均显著增加。这表明，经过 Cl 离子表面钝化的量子点，其电荷传输性能得到显著提高。

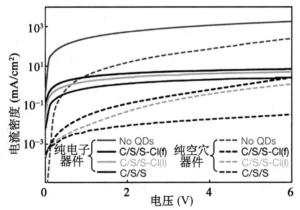

图 2.25　纯电子器件和纯空穴器件的电流密度-电压特性曲线。没有量子点层（No QD）、没有氯离子钝化的量子点（C/S/S）、经过液相配体交换后被氯离子钝化的量子点[C/S/S-Cl(l)]和经过固相配体交换后的量子点[C/S/S-Cl(f)][57]

　　胶体量子点的溶液可加工性是可溶液处理的光电、生物医学标记和可印刷电子等应用的关键所在。彭笑刚等人从物理化学的角度出发，提出了"熵配体"的概念来代表使胶体量子点具有出色溶解性的一类配体[58]。这类配体分子中 C—C σ 键的弯曲和旋转熵可以使分子内的熵效应最大化,从而使各种胶体量子点的溶解度得到显著的提高。对于碳氢为骨架的有机分子,熵配体可以通过引入叔碳、季碳以及双键等结构来实现。图 2.26(a)表明所有具有这些熵配体的量子点都是极易溶解的,其溶解度约为正链烷酸根配体的 1000 到 10000 倍。量子点上不同类型正链烷酸根配体的

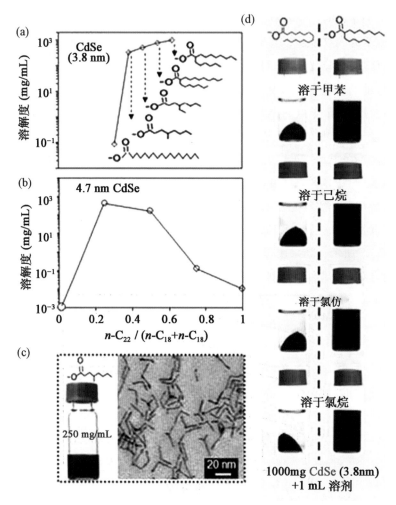

图 2.26 (a) 3.8 nm CdSe 量子点在 303 K 下以五种不同的烷酸根作为配体时的对数溶解度;(b) 4.7 nm CdSe 量子点在 303 K 以不同比例的肉豆蔻酸根(标记为 C_{14})和二十二烷酸根(标记为 C_{22})作为配体时的对数溶解度,X 轴是二十二烷酸根和总正链烷酸根的物质的量之比;(c) 以 4-甲基辛酸根作为配体的 CdSe 纳米棒的透射电镜图像,插图为 303 K 下饱和溶液的数码照片和 4-甲基辛酸根配体的分子结构;(d) 3.8 nm CdSe 量子点在 303 K 下以硬脂酸根(左列)和 2-己基-癸酸根(右列)作为配体时,在四种常见有机溶剂中的溶解情况,所有照片均在高速离心沉淀不溶性固体后拍摄[58]

混合也有助于释放溶液中的构象自由度。在室温下,4.7 nm CdSe-肉豆蔻酸根复合物是几乎不溶的($<$0.001 mg/mL),但通过将肉豆蔻酸与 25％～75％的二十二烷酸混合,其溶解度增加了约 $10^2\sim10^6$ 倍,如图 2.26(b)所示。其中,4-甲基辛酸根可以将几乎单分散的 CdSe 纳米棒的溶解度提高到 250 mg/mL,如图 2.26(c)所示。图 2.26(d)展示了 CdSe 量子点在 303 K 下以硬脂酸根(左列)和 2-己基-癸酸根(右列)作为配体时,在四种常见有机溶剂中的溶解情况。

　　通过用异硬脂酸根代替硬脂酸根,Fe_3O_4 纳米晶-配体复合物的溶解度在室温下从 6 mg/mL 增加到 340 mg/mL,如图 2.27(a)所示。此外,2-乙基-己硫醇被作为合成后表面改性的熵配体。对于 4.7 nm CdSe 纳米晶体,2-乙基-己硫醇配体与具有硬脂酸根或十八烷硫醇根配体相比,在普通溶剂中的溶解度增加了约 10^5 倍,如图 2.27(b)所示。熵配体同样也适用于金属纳米晶和核壳结构的纳米晶。Ag 纳米晶体以 2-乙基-己硫醇根作为配体时,其溶解度高达 150 mg/mL,是以十八烷硫醇根作为配体时的 17850 倍。当 2-乙基-己硫醇根作为 CdSe/CdS 核壳纳米晶体的配体时,其在正己烷和十二烷中的溶解度大于 100 mg/mL,可用于制备可印刷发光二极管所需的墨水,如 2.27(c)所示。

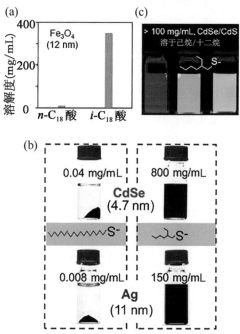

图 2.27　(a) 用硬脂酸(用 n-C_{18} 酸表示)和异硬脂酸(用 i-C_{18} 酸表示)合成的 12 nm Fe_3O_4 纳米晶在 295 K 下的溶解度;(b) 在 303 K 下 4.7 nm CdSe 和 11 nm Ag 纳米晶以正十八烷硫醇根(左)和 2-乙基己硫醇根(右)作为配体在 CCl_4 中的溶解度;(c) 以 2-乙基-己硫醇根作为配体的 CdSe/CdS 核壳量子点墨水在 295 K 下被紫外线辐射后的数码照片[58]

最近,彭笑刚课题组发现量子点表面配体的电化学稳定性对其电致发光过程影响非常大[59],而这一因素在之前的研究过程中被忽略了。他们以 CdSe/CdS-Cd(RCOO)₂ 量子点为研究模型,该量子点是由 3 nm 的 CdSe 核量子点和 7 nm 厚(10 个 CdS 单层)的 CdS 壳量子点组成,并包覆有两种类型的脂肪酸根配体。这两种配体是结合在极性面上表面镉位点上的羧酸盐配体和弱吸附在非极性面上的镉-羧酸根配体,如图 2.28(a)所示。通过配体交换,可以将 CdSe/CdS-Cd(RCOO)₂ 量子点表面的配体转化为仅具有脂肪胺配体的量子点 CdSe/CdS-RNH₂。这两种具有不同配体的 CdSe/CdS 核壳量子点,无论是在溶液还是在薄膜中,都表现出几乎相同、稳定和高效的光致发光,如 2.28(b)和(c)所示。然而,它们的 QLED 却有完全不同的电致发光性能,如图 2.28(d)～(g)所示。QLED 的器件结构如图 2.28(d)所示,除发光层使用具有不同表面配体的量子点以外,其他功能层的材料和厚度等器件制备条件完全相同。使用 CdSe/CdS-RNH₂ 量子点作为发光层材料的 QLED 器件,其电流密度和亮度同时在约 1.65 V 处急剧增加,外量子效率高达 20.2%,如图 2.28(e)和(f)所示。加速因子为 1.8 时,器件寿命(T_{50},亮度下降 50% 的时间)在 100 cd/m² 下估计约为 90000 个小时,如图 2.28(g)所示。而使用 CdSe/CdS-Cd(RCOO)₂ 量子点作为发光层材料的 QLED 器件在电流升高的阈值电压和发光的启亮电压之间具有 0.8 V 的电压间隙;而对于使用 CdSe/CdS-RNH₂ 量子点作为发光层材料的 QLED 器件,该电压间隙几乎为零,如图 2.28(e)所示。在 100 cd/m² 下,使用 CdSe/CdS-Cd(RCOO)₂ 量子点作为发光层材料的 QLED 器件,其外量子效率只有 0.2;加速因子为 1.8 时,器件寿命(T_{50},亮度下降 50% 的时间)在 100 cd/m² 下估计约为 0.3 h。这表明在使用 CdSe/CdS-Cd(RCOO)₂ 量子点作为发光层材料的 QLED 器件时,注入的电荷大部分以非辐射形式进行复合。

为解释量子点表面配体的电化学稳定性对其电致发光过程的影响,作者监测了不同工作电压下 QLED 中 CdSe/CdS 核/壳量子点光致发光效率的相对变化。当对 QLED 器件施加偏压从 0～2 V 扫描时,发光层材料选用 CdSe/CdS-RNH₂ 量子点的情况下,其相对电致发光效率几乎恒定。相比之下,发光层材料选用 CdSe/CdS-Cd(RCOO)₂ 量子点时,当偏置高于 1.2 V 时,电致发光效率迅速降低,如图 2.29(a)所示。当零偏压或负偏压(数据未显示)应用于 QLED 时,电致发光效率的降低不会恢复,如图 2.29(b)所示。这说明可能的氧化还原产物在没有外部电场的情况下是稳定的,多余的空穴要么被远程捕获在空穴注入/空穴传输层中,要么产生稳定的氧化产物。发光二极管的电流在负偏压下可以忽略不计,这意味着在 QLED 中很难通过

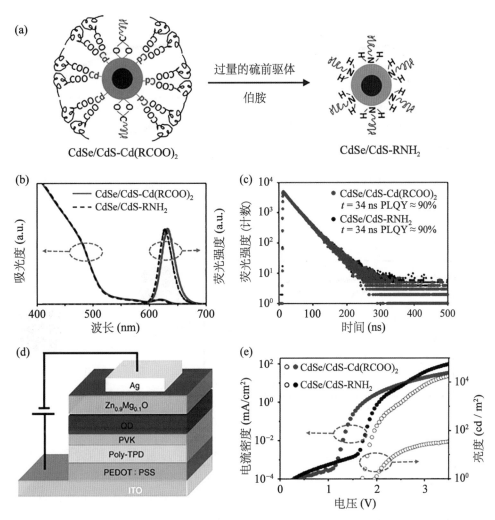

图 2.28　CdSe/CdS-Cd(RCOO)$_2$ 和 CdSe/CdS-RNH$_2$ 量子点的光致荧光发射和电致荧光发射特性。(a) CdSe/CdS 量子点的表面配体从羧酸镉和少量带负电荷的羧酸根到伯胺的配体交换过程；(b) 吸收和稳态光致发光光谱；(c) 具有单指数的荧光衰减寿命曲线和量子产率 (PLQY)；(d) QLED 的器件结构：氧化铟锡(ITO)/聚(乙撑二氧噻吩)：聚苯乙烯磺酸盐 (PEDOT：PSS,厚度约为 35 nm)/聚[N, N9-双(4-丁基苯基)-N, N9-双(苯基)-联苯胺] (poly-TPD,厚度约为 30 nm)/聚(9-乙烯基咔唑)(PVK,约 5 nm)/量子点(厚度约为 40 nm)/ Zn$_{0.9}$Mg$_{0.1}$O 纳米晶(厚度约为 60 nm)/Ag；(e) QLED 的电流密度和亮度与驱动电压特性；(f) QLED 的外量子效率与驱动电压特性；(g) QLED 在恒定电流密度为 100 mA/cm^2 下的电致发光稳定性[59]

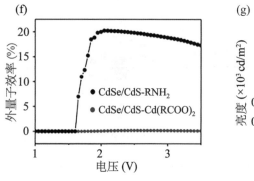
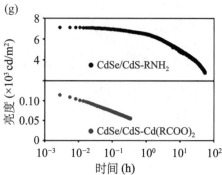

图 2.28　续

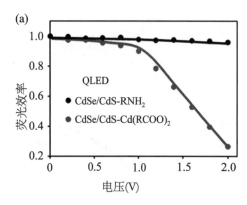
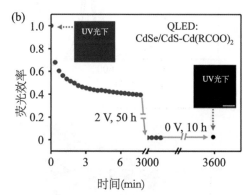

图 2.29　CdSe/CdS-Cd(RCOO)₂ 量子点的原位电化学还原。(a) QLED 中量子点的相对荧光效率与驱动电压的函数关系;(b) QLED 中 CdSe/CdS-Cd(RCOO)₂ 量子点的相对荧光效率(以 2 V 的恒定电压驱动 50 h,然后以 0 V 驱动 10 h),插图是设备在紫外线照射下的相应照片(比例尺：0.5 mm);(c) 纯电子器件[ITO/1,3,5-三(1-苯基-1H-苯并咪唑-2-基)苯(TPBi,厚度约为 25 nm)/量子点(厚度约为 40 nm)/Zn₀.₉Mg₀.₁O(厚度约为 60 nm)/Ag,以 10 mA/cm² 的恒定电流密度驱动]中量子点的相对荧光效率。插图：纯空穴器件[氧化铟锡(ITO)/聚(乙撑二氧噻吩)：聚苯乙烯磺酸盐(PEDOT：PSS,厚度约为 35 nm)/聚[N,N9-双(4-丁基苯基)-N,N9-双(苯基)-联苯胺](poly-TPD,厚度约为 30 nm)/聚(9-乙烯基咔唑)(PVK,约 5 nm)/量子点(厚度约为 40 nm)/4,4′-双(N-咔唑基)-1,1′-联苯(CBP,厚度约为 25 nm)/MoOₓ/Au]中量子点的相对荧光效率,与主图共用相同的坐标轴。纯空穴器件以 30 mA/cm² 的恒定电流密度驱动,以确保只有空穴(而不是电子)注入器件中;(d) 两种 CdSe/CdS 核壳量子点和油酸镉的伏安曲线。不同条件下,QLED 中 CdSe/CdS-Cd(RCOO)₂ 量子点的(e)荧光发射光谱和(f)微分螺旋电子光谱。顶部电极通过胶带分层,氧化物电子传输层通过醋酸的稀乙腈溶液(一种已知的量子点惰性溶液)进行蚀刻[59]

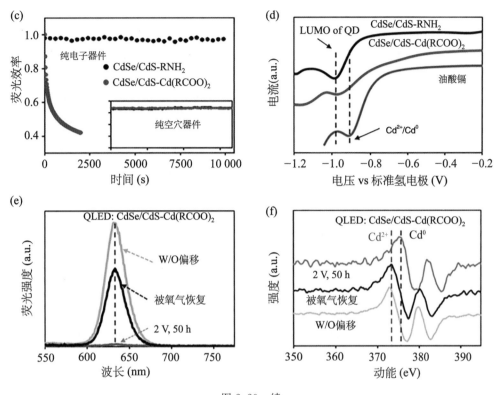

图 2.29　续

施加负偏压来扭转 Cd^{2+} 离子被还原成金属 Cd 原子。这证明在正偏压（>1.2 V）下，注入器件的电子而非空穴导致发光层材料为 CdSe/CdS-Cd（RCOO）$_2$ 量子点的 QLED 的电致发光效率降低，因为发生了羧酸镉配体的 Cd^{2+} 离子还原反应。进一步，可以通过单载流子器件以区分这两种类型的电荷载流子的影响。结果确实表明，CdSe/CdS-Cd（RCOO）$_2$ 量子点的电致发光效率在以 10 mA/cm^2 恒定电流密度运行的纯电子器件中发生下降；而在纯空穴器件中以 30 mA/cm^2 的恒定电流密度下运行时，电致发光效率一直保持不变。这与预期一致，基于 CdSe/CdS-RNH$_2$ 量子点的 QLED，其电致发光效率在纯电子器件或纯空穴器件中都是稳定的，如图 2.29（c）所示。在无水四氢呋喃中对 CdSe/CdS-RNH$_2$ 量子点、游离羧酸镉和 CdSe/CdS-Cd（RCOO）$_2$ 量子点进行伏安测量，如图 2.29（d）所示，验证了文献中记录的势能对齐。CdSe/CdS-RNH$_2$ 量子点在约 0.89 V（相对于普通氢电极 NHE）处表现出一个明确的阴极峰，对应于它们的最低未占分子轨道。相比之下，羧酸镉的还原峰电位负值较小。CdSe/CdS-Cd（RCOO）$_2$ 量子点的特性表现出羧酸镉和 CdSe/CdS-RNH$_2$ 量子点的综合特征。这些数据表明,在将电子注入 CdSe/CdS 核壳量子点的最低未占分子轨道之前,羧酸镉配体应该具有电化学活性。作者确认了原位还原反应的产物是镉原子 Cd^0。基于 CdSe/CdS-Cd(RCOO)$_2$ 量子点的 QLED 在 2 V 下偏置约 50 h。通过移除该 QLED 器件的顶部电极和电子传输层以暴露出量子点层,如图 2.29(e) 和(f)所示。虽然暴露在氮气中的量子点仍然是非荧光发射的,但将它们置于氧化环境(过氧化二苯甲酰或氧气溶液)后,它们的光致发光效率可以在很大程度上得以恢复,如图 2.29(e)所示。重要的是,恢复后的量子点光致发光光谱与施加偏置电压之前的量子点的电致发光光谱相同。可以通过俄歇电子能谱进一步研究经历还原(在 QLED 中)-氧化(在氧中)循环的量子点,这是因为俄歇电子能谱对表面原子(衰减长度<1.0 nm)敏感,并且可以很容易地区分镉价态(Cd^0 和 Cd^{2+})。结果表明在施加 2 V 偏置电压后,量子点表面的镉物质显示出 Cd^0 的信号。相反,其他量子点表面上的镉物质,在偏置电压之前或被氧气氧化之后是 Cd^{2+}。

图 2.30 中的结果证实,对于具有羧酸锌配体的量子点[CdSe/CdS/ZnS-Zn(RCOO)$_2$],其光致发光和电致发光性质存在显著的差异。而对于具有胺配体的量子点(CdSe/CdS/ZnS-RNH$_2$),则不存在该差异。CdSe/CdS/ZnS-Zn(RCOO)$_2$ 和 CdSe/CdS/ZnS-RNH$_2$ 量子点在薄膜中具有相同的荧光量子产率,约为 80%。在基于 CdSe/CdS/ZnS-Zn(RCOO)$_2$ 量子点的 QLED 和纯电子器件中,其相对电致发光效率逐渐降低,而在基于 CdSe/CdS/ZnS-RNH$_2$ 量子点的 QLED 和纯电子器件中能够提供稳定和高效的电致发光,如图 2.30(a)和(b)所示。基于 CdSe/CdS/ZnS-Zn(RCOO)$_2$ 量子点的 QLED 显示出 2.7%±0.5% 的低平均外量子效率和可忽略的器件寿命,但基于 CdSe/CdS/ZnS-RNH$_2$ 量子点的 QLED 表现出高性能的电致发光特性,平均外量子效率高达 17.8%±0.4% 和出色的工作寿命,典型的 T_{95} 寿命(亮度下降到原始值的 95% 的时间)在 1000 cd/m^2 下约为 600 h,如图 2.30(c)和(d)所示。除了上面讨论的羧酸镉和伯胺配体之外,胶体量子点还有一些其他常见的配体类型,比如有机膦、金属膦酸盐和硫醇。图 2.30(e)列出了具有不同表面配体的 CdSe/CdS 核壳和 CdSe/CdS/ZnS 核壳壳量子点的光致发光-电致发光效率比较。

表 2.4 列出了不同量子点薄膜的荧光量子产率及其 QLED 的电致发光效率和器件寿命。电中性的膦酸镉配体会对量子点膜的光致发光性能和 QLED 的电致发光性能造成巨大的性能差异,这类似于羧酸镉配体对量子点的光致发光性能和电致发光性能造成的差异。硫醇配体几乎不影响 CdSe/CdS-RNH$_2$ 量子点的光致发光和电致发光,暗示硫醇配体具有优异的电化学性质。在消除光致发光和电致发光性能差异

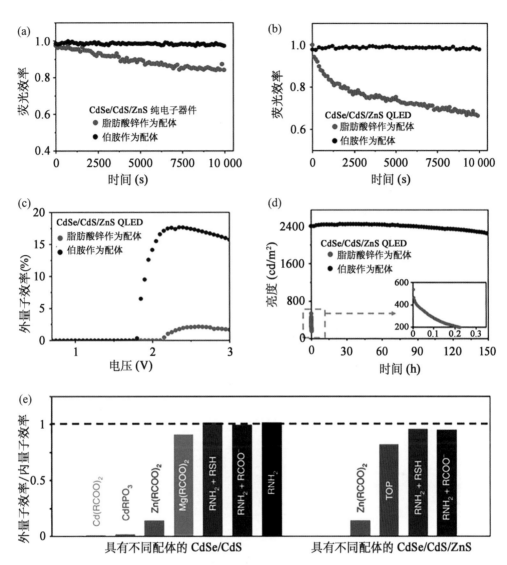

图 2.30　不同配体的红光量子点的电化学稳定性和 QLED 性能。(a) 纯电子器件中 CdSe/CdS/ZnS 核壳壳量子点的相对荧光效率[ITO/1,3,5-三(1-苯基-1H-苯并咪唑-2-基)苯(TPBi,厚度约为 25 nm)/量子点(厚度约为 40 nm)/Zn$_{0.9}$Mg$_{0.1}$O(厚度约为 60 nm)/Ag];(b) 在 100 mA/cm^2 的恒定电流密度下驱动的基于 CdSe/CdS/ZnS-RNH$_2$ 和 CdSe/CdS/ZnS-Zn(RCOO)$_2$ 量子点 QLED 的相对荧光效率;(c) 基于 CdSe/CdS/ZnS-RNH$_2$ 和 CdSe/CdS/ZnS -Zn(RCOO)$_2$ 量子点 QLED 的外量子效率与工作电压的关系;(d) 基于 CdSe/CdS/ZnS-RNH$_2$ 和 CdSe/CdS/ZnS-Zn(RCOO)$_2$ 量子点 QLED 的器件寿命,插图为虚线方框内数据的放大图;(e) 具有不同表面配体的 CdSe/CdS 核壳和 CdSe/CdS/ZnS 核壳壳量子点的光致发光-电致发光效率比较[59]

方面,电中性的三辛基膦(TOP)配体的效果与伯胺配体的效果非常相似。用羧酸锌代替羧酸镉作为配体会减小 CdSe/CdS 量子点的光致发光和电致发光性能差异。而羧酸镁[$Mg(RCOO)_2$]配体在很大程度上消除了量子点的光致发光-电致发光性能差异,这是因为 Mg^{2+} 离子具有较高的还原电位,难以被注入的电子还原成 Mg 原子。除了 CdS 和 ZnS,锌和镉硫属化合物合金有时也用作量子点的外壳材料。基于 CdSe/CdZnSe/CdZnS 核壳壳量子点的实验结果表明,当羧酸锌作为配体时,存在明显的光致发光和电致发光性能差异。用三辛基膦替换中性羧酸锌作为配体会导致器件在 1000 cd/m² 下表现出 3800 h 的极长运行 T_{95} 寿命,超过了 QLED 的稳定性记录[60]。上述结果表明,与脂肪胺类似,电中性的有机膦也是 QLED 中核壳量子点的电化学惰性配体。而对于 Cd/Zn 基的羧酸盐配体,无论是什么阴离子基团(膦酸盐、羧酸盐或硫醇盐),它们都是电化学非惰性配体,对 QLED 的电致发光性能有害。从羧酸镉、羧酸锌到羧酸镁,CdSe/CdS 量子点对电致发光的不利影响逐渐减轻。只要是电化学惰性配体,所有常见类型的壳层量子点在 QLED 中都是电化学惰性的。综上所述,量子点表面配体的原位电化学反应诱导的降解通道对 QLED 的性能至关重要。

表 2.4　具有不同核壳结构和表面配体的量子点的光致发光和电致发光性能[59]

量子点	配体	量子点膜的 PLQY(%)	QLED 的 EQE(%)	器件寿命 T_{50}(h)
CdSe/CdS	$Cd(RCOO)_2$	77±2	0.25±0.08	约 0.3
	Cd(RPOOO)	70±3	0.1~0.3	约 1
	$Zn(RCOO)_2$	75±2	2~4	约 5~7
	$Mg(RCOO)_2$	42±3	8~9	约 8000
	RNH_2/RSH	77±2	18~20	约 90000
	RNH_2	76±2	18.6±0.6	约 90000
CdSe/CdS/ZnS	$Zn(RCOO)_2$	80±2	2.7±0.5	约 3~5
	TOP	79±2	15.4±0.6	T_{95}@1000nits,约 400
	RNH_2	79±2	17.8±0.4	T_{95}@1000nits,约 600
	RNH_2/RSH	78±2	17~19	T_{95}@1000nits,约 550
CdSe/CdZnSe/CdZnS	$Zn(RCOO)_2$	74±2	5~7	T_{95}@1000nits,约 80
	TOP	75±2	15.8±0.9	T_{95}@1000nits,约 3800

2.2.4　胶体量子点的成核与生长机理

全面了解量子点的成核过程和生长机理对控制量子点的尺寸、形状和成分至关重要。如图 2.31 所示,根据 1950 年建立的 LaMer 图,量子点的形成包括三个不同的阶段：预成核（Ⅰ阶段）、成核（Ⅱ阶段）和晶体生长（Ⅲ阶段）[35]。LaMer 开创性地研究了胶体量子点从均相反应溶液形成过程的各个阶段，这表明必须暂时分离成核和晶体生长过程，以获得单分散的胶体量子点。通常，热注射合成法用于实现快速暴发地形成晶核和晶体生长期的时间分离。在预成核阶段，前驱体将转化为单体，当单体浓度将超过临界浓度 C_{crit} 时，触发成大量晶核的瞬间形成。随后，随着单体浓度下降至 C_{crit}，开始了晶体生长阶段。

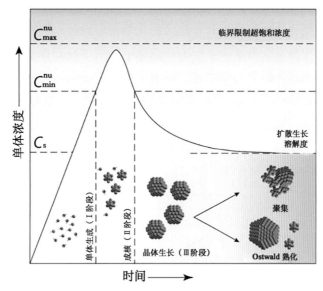

图 2.31　LaMer 模型中预成核（Ⅰ阶段）、成核（Ⅱ阶段）和晶体生长（Ⅲ阶段）的三个阶段，描绘单体浓度随时间变化的生长。单体浓度在第一阶段增加，成核发生在第二阶段，纳米晶体在第三阶段生长，直至平衡成立[35]

　　当前，热注射合成法是最广泛使用的合成单分散胶体量子点的方法。另一种合成方法是直接加热法，其中反应混合物从室温升高到反应温度。与热注射合成法方法相比，直接加热法的预成核和成核周期要长得多。2006 年，Hyeon 等人发现 $CdCl_2$-脂肪胺复合物可以作为软胶体模板来合成二维的纤锌矿纳米片[61]。通过将氯化镉与辛胺混合制备具有双层模板结构的阳离子前驱体，然后将阴离子前驱体（辛基硒代氨基甲酸铵）注入阳离子前驱体中，在合适的反应温度下可以形成纤锌矿 CdSe 纳米片。随后，Buhro 等人发现，可以使用软胶体模板方法合成两个魔幻纳米簇系列，并且魔幻纳米簇可以作为晶核生长为二维的纳米晶体，例如胶体量子点纳米片和纳米带[62]。

胶体单分散高质量量子点的形成取决于所谓的尺寸分布的聚焦原理。通常,可控制的合成需要快速注入前驱体,使得大量晶核迅速形成,然后进行相对缓慢而较长时间的晶体生长过程[49]。最初,将形成具有相对窄尺寸分布的晶核,然后缓慢的生长阶段将提供足够的时间以调控纳米晶体的生长。在给定的单体浓度下,平衡时有一个临界尺寸值。另外,当纳米晶的尺寸小于临界尺寸值时,纳米晶体将具有负生长速率,而较大的纳米晶将强烈依赖于其尺寸的速率生长。当尺寸大于临界尺寸值时,尺寸较小的纳米晶体将比尺寸较大的纳米晶体生长快得多,这是因为它们对于反应控制的或扩散控制的生长过程具有更大的化学反应活性,使得最终的纳米晶体具有狭窄的尺寸分布范围。当单体浓度由于晶体生长的消耗而降低后,临界尺寸值将变得大于当前纳米晶体的平均尺寸值。随着尺寸较小的纳米晶体溶解然后消失,纳米晶体的尺寸分布范围将变宽,但较大的纳米晶体仍将生长,这称为尺寸分布散焦或奥斯特瓦尔德熟化。但是,尺寸分布的范围可以通过在生长温度下额外注入单体而重新聚焦。因此,根据单体浓度的变化,可以通过改变初始单体浓度来调节纳米晶体的聚焦时间和聚焦尺寸。

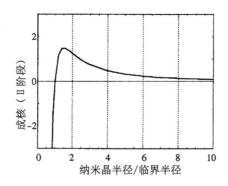

图 2.32 根据 Sugimoto 模型,晶体生长率与晶体尺寸之间函数的关系[49]

量子点的生长机理对于完善结晶学理论以及量子点的合成化学具有重要的意义,但目前的量子点生长机理只能解释有限的实验现象。虽然不同的量子点生长机理已经被提出来了,但这些机理只在各自特定的实验条件下解释一些量子点的生长行为。因此,发展一个普适的理论模型兼容这些生长机理并对量子点的生长过程进行完整描述,显得意义重大。最近,李炯昭等人以 CdS 量子点的生长系统为模型,建立了一个简单普适的量子点生长过程的理论框架及其配套的合成和表征实验方法,尝试对量子点的生长机理进行更充分的解释[63]。他们选取 CdS 量子点的合成体系作为研究对象,这是因为该反应体系中的各类反应前驱体的性质稳定而且溶解性好。

此外,他们开发了一次性封闭式毛细管反应装置,如图 2.33 所示。该反应装置能对反应体系中的各种目标物质进行高时间分辨的采集,从而准确地收集到量子点生长过程中的动力学数据。

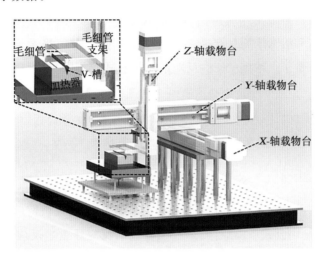

图 2.33　一次性封闭式毛细管反应装置[63]

因为反应体系中所有量子点含有的组成单体数量应当始终等于反应前驱体生成的组成单体数量,根据反应前驱体的物料守恒,他们建立以下了数学关系公式

$$[M]_{total} = [M]_{NC} + [M]_{cluster} \qquad (2\text{-}1)$$

其中,$[M]_{total}$ 表示反应前驱体转化生成的量子点组成单体的总浓度,这里的量子点组成单体是指量子点的最小重复单位,对于 CdS 量子点,其组成单体就是一个镉原子和一个硫原子;$[M]_{NC}$ 表示所有量子点含有的组成单体浓度;$[M]_{cluster}$ 表示所有纳米簇含有的组成单体浓度。

假设量子点的尺寸分布通常在整个生长过程中均呈现出较好的单分散水平,可以对公式(2-1)中所有量子点含有的组成单体浓度$[M]_{NC}$进行平均化处理得到以下数学关系

$$[M]_{total} = \frac{[NC]N_A V_{NC}}{V_m} + [M]_{cluster} \qquad (2\text{-}2)$$

其中,$[NC]$和 V_{NC} 分别是量子点的浓度和平均体积。V_m 是量子点的摩尔体积,对于大部分量子点来说,该数值与其体相材料相同。N_A 是阿伏伽德罗常数。$[M]_{cluster}$ 表示所有纳米簇含有的组成单体浓度。需要特别注意的是,上述$[M]_{NC}$平均化处理只适用于尺寸分布单分散的量子点。不过,该理论模型同样可以用于尺寸分布非单分

散的量子点,只需要在上述公式的基础上用实际的尺寸分布函数进行校正。

通过量子点单体的物料守恒原则,可以将量子点合成体系中存在的三类基本物质,即反应前驱体、量子点和纳米簇有效地关联起来。进一步利用量子点的平均体积进行简化处理,可以将量子点的体积和浓度这两个生长过程中的核心参数引入等式中,与反应前驱体和纳米簇联系起来。从上述公式可以判断,当量子点在生长过程中体积不断变大时,量子点浓度[NC],反应前驱体总转化量$[M]_{total}$和纳米簇含有的组成单体浓度$[M]_{cluster}$三个变量中必然有一个或几个变量同时发生变化。为了探究这三个变量是如何随反应时间变化影响量子点生长过程的,将公式(2-2)两边对时间求导并进行简单的数学整理,就可以得到以下数学关系

$$[NC]\frac{dV_{NC}}{dt} = \frac{V_m}{N_A}\frac{d[M]_{total}}{dt} - V_{NC}\frac{d[NC]}{dt} - \frac{V_m}{N_A}\frac{d[M]_{cluster}}{dt} \tag{2-3}$$

其中,$[NC]dV_{NC}/dt$ 表示所有量子点体积的生长速率,是研究员们研究量子点生长机理时最关心的指标。公式(2-3)右侧第一项对应的反应通道是反应前驱体转化生成的单体直接生长到量子点上,使其体积增大。"Focusing of size distribution"就是描述这一类反应通道的一种生长机理,该通道简称为 FG 反应通道。公式(2-3)右侧的第二项对应的反应通道是部分量子点溶解形成的单体生长到剩余的量子点上使其体积增大,简称为 NC 反应通道。因为量子点的溶解过程使得其浓度减小,所以这一项前面是负号。公式(2-3)右侧的第三项对应的反应通道是纳米簇溶解形成的单体生长到量子点上使其体积增大,简称为 clusters 反应通道。与第二项类似,这一项前面也是负号。很显然,量子点之间的"self-focusing of size distribution"和量子点与纳米簇之间的"self-focusing of size distribution"分别属于后两个反应通道。除此之外,任何使得量子点和纳米团簇浓度下降的生长机理都可以归为这类反应通道,例如纳米粒子之间的拼接(包括量子点之间以及量子点和纳米簇之间的拼接)。虽然这些过程中量子点或者纳米簇并没有发生溶解,但是纳米粒子之间的拼接最终导致二者的浓度下降并且量子点体积增大,所以也满足后两个反应通道的特征。需要注意的是,这三个反应通道对量子点的生长在一些极端条件下同样也可以出现相反的贡献,例如量子点溶解生成反应前驱体(FG 反应通道),量子点溶解二次成核(NC 反应通道)或者量子点溶解生成纳米簇(clusters 反应通道)等。

为了直观定量地反应出各反应通道在量子点生长过程中的影响力,对公式(2-3)两边同时除以量子点体积的生长速率($[NC]dV_{NC}/dt$),得到三个基本反应通道各自贡献所占的比例,简称通道比例(channel ratio)

$$1 = \left(\frac{V_{\mathrm{m}}}{N_{\mathrm{A}}} \frac{\mathrm{d}[\mathrm{M}]_{\mathrm{total}}}{\mathrm{d}t} \right) \Big/ \left([\mathrm{NC}] \frac{\mathrm{d}V_{\mathrm{NC}}}{\mathrm{d}t} \right) - \left(V_{\mathrm{NC}} \frac{\mathrm{d}[\mathrm{NC}]}{\mathrm{d}t} \right) \Big/ \left([\mathrm{NC}] \frac{\mathrm{d}V_{\mathrm{NC}}}{\mathrm{d}t} \right)$$

$$- \left(\frac{V_{\mathrm{m}}}{N_{\mathrm{A}}} \frac{\mathrm{d}[\mathrm{M}]_{\mathrm{cluster}}}{\mathrm{d}t} \right) \Big/ \left([\mathrm{NC}] \frac{\mathrm{d}V_{\mathrm{NC}}}{\mathrm{d}t} \right) = R_{\mathrm{FG}} + R_{\mathrm{NC}} + R_{\mathrm{cluster}} \tag{2-4}$$

对公式(2-4)右侧的三项进行数学化简后,三个反应通道的通道比例计算公式分别如下

$$R_{\mathrm{FG}} = \frac{V_{\mathrm{m}}}{N_{\mathrm{A}}} \frac{\mathrm{d}[\mathrm{M}]_{\mathrm{total}}}{[\mathrm{NC}]\mathrm{d}V_{\mathrm{NC}}} \tag{2-5}$$

$$R_{\mathrm{NC}} = - \frac{[\mathrm{NC}]}{[\mathrm{NC}]\mathrm{dln}(V_{\mathrm{NC}})} \tag{2-6}$$

$$R_{\mathrm{cluster}} = - \frac{V_{\mathrm{m}}}{N_{\mathrm{A}}} \frac{\mathrm{d}[\mathrm{M}]_{\mathrm{cluster}}}{[\mathrm{NC}]\mathrm{d}V_{\mathrm{NC}}} \tag{2-7}$$

其中 R_{FG} 是反应前驱体转化生成的单体直接生长到量子点上的通道比例, R_{NC} 是部分量子点溶解形成的单体生长到剩余量子点上的通道比例, R_{cluster} 是纳米簇溶解形成的单体生长到量子点上的通道比例。由于在该理论模型中有且仅有这三个反应通道,因此在公式(2-4)中三个反应通道的比例之和应该等于 1。

总的来说,作者以 CdS 量子点合成体系为研究模型,设计了一系列合成实验,并通过实验方法测得四个变量的数值,即量子点的体积(V_{NC})、反应前驱体总转化量($[\mathrm{M}]_{\mathrm{total}}$)、量子点的浓度($[\mathrm{NC}]$)和纳米簇含有的组成单体浓度($[\mathrm{M}]_{\mathrm{cluster}}$),探究了该理论模型在 CdS 量子点合成体系中应用的可行性。相关实验数据表明,该理论模型能很好地解释实验结果。

2.2.5　晶种引导的生长和纳米晶体的定向附着生长

晶种引导的生长和纳米晶体的定向附着生长是两种非常有趣的晶体生长方式。Stoykovich 等人通过使用 $2 \sim 3 \ \mathrm{nm}$ 的纤锌矿 CdSe 纳米晶作为晶种,成功生长出了 CdSe 纳米片、纳米方块和纳米棒,如图 2.34 所示[64]。魔幻纳米簇和纳米晶体都可以用作晶种。Buhro 等人研究了由 $(\mathrm{CdSe})_{34}$ 魔幻纳米簇转化为二维的具有纤锌矿晶体结构的 CdSe 纳米片的晶体生长过程[65,66]。

从某种意义上讲,纳米晶体的定向附着生长是更广泛意义上的晶种介导的生长方式。在二维和一维胶体量子点的不同合成中,例如 CdSe 纳米片、PbS 纳米片、CdSe 纳米棒和 ZnSe 纳米线,人们广泛地观察到了定向附着生长方式发生在纳米片的合成过程中。定向附着生长的发生是由于某些晶面的高表面能以及纳米晶沿着某些晶向的偶极-偶极相互作用。Banfield 等人使用分子能量计算研究了纳米粒子的定向附着

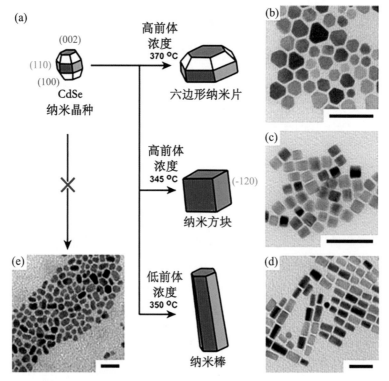

图 2.34 （a）纤锌矿 CdSe 纳米晶种介导的合成中产生的纳米晶体的几何形状和边界晶面（彩色）之间的关系；纤锌矿 CdSe 纳米晶体的透射电镜图像，其形状分别为（b）六角形纳米片，（c）纳米方块，（d）纳米棒；（e）在不使用 CdSe 纳米晶种的情况下进行的相似合成所得到的纳米晶体的透射电镜图像，比例尺分别对应于 50 nm [64]

和不对称晶体形成的过程。研究发现，定向特定的远程原子间相互作用以及表面能的减少可以预测晶体形态的发展，并解释定向吸附如何产生比初始材料对称性低的晶体。此外，结果表明，库仑相互作用代替范德华相互作用控制了离子纳米晶体的定向附着生长，如图 2.35（a）所示[67]。2008 年 Weller 等人发现 PbS 纳米晶可以通过（001）晶面上的油酸配体驱使在二维平面定向附着生长形成超薄的 PbS 纳米片，如图 2.35（b）所示[68]。最近，据彭笑刚等人报道，直径在 1.7 nm 到 2.2 nm 之间的 CdSe 纳米晶体可以被用作晶种来生长二维的具有闪锌矿晶体结构的 CdSe 纳米晶体，并辅以乙酸镉形成单点中间体，然后定向附着生长[69]。首先，晶种通过粒子内熟化生长为单点中间体，然后这些单点中间体通过附着变成二维的晶胚。接下来，通过定向附着和二维晶胚的粒子内熟化来形成二维纳米晶体。合成过程如图 2.35（c）所示。

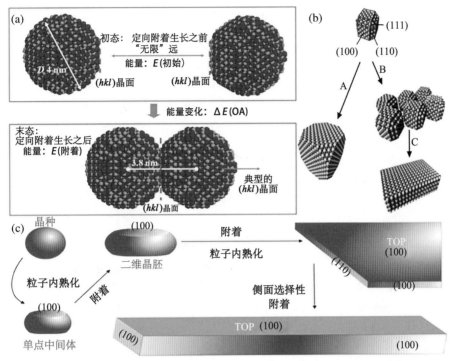

图 2.35 （a）定向附着生长过程,其中两个直径为 4 nm 的粒子附着在(hkl)晶面上[67];（b）由小 PbS 量子点形成的大颗粒(A)和薄片形成(B,C)的示意[68];（c）闪锌矿 CdSe 纳米片的晶种介导生长[69]

2.2.6 核壳量子点的带隙调控工程及合成方法

由于胶体量子点的表面原子不能被有机配体完全钝化,因此去除纳米晶体的表面陷阱并提高荧光量子产率和调整胶体量子点电子结构的另一种方法是在胶体量子点表面上外延生长无机钝化层,形成核壳异质结构。另外,由于带隙匹配,在量子点核上的另一半导体的无机壳可以在空间上操纵电荷载流子。裸核、I 型和 II 型核壳异质结构量子点的电子结构如图 2.36 所示。对于没有其他半导体外壳的量子点,可能会有一些表面陷阱,这会使其发出的光的能量小于核量子点的带隙能量。对于 I 型核壳量子点,由于核量子点的价带和导带能量比壳量子点的价带和导带能量都要低,空穴和电子都限制在核量子点中。因此,发射光的能量等于核量子点的带隙能量。相反,电子和空穴分别被限制在核和壳量子点中,这使得II型核壳量子点的带隙能量小于裸核和I型核壳量子点的带隙能量。图 2.37 给出了代表性量子点的带隙能级。I 型核壳量子点的简单示例包括 ZnTe/ZnS、ZnSe/ZnS、CdSe/ZnS。II型核壳的简单例子包括 ZnSe/ZnTe 和 CdSe/CdTe;以及准II型核壳,包括 CdSe/CdS 和 CdTe/CdS。

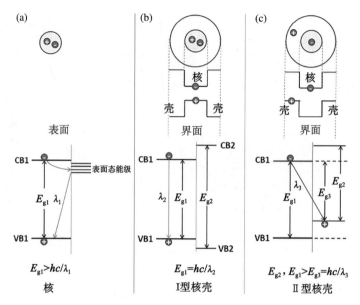

图 2.36 （a）裸核；（b）Ⅰ型和（c）Ⅱ型核壳异质结构的电子结构

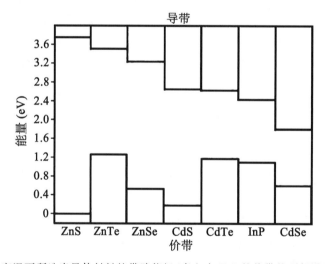

图 2.37 室温下所选半导体材料的带隙能级（真空中 ZnS 的价带的顶部设置为 0 eV）

　　合成核壳量子点通常有四种途径，分别为一锅法（one pot），连续离子层吸附和反应法（successive ion layer adsorption and reaction，SILAR）、热循环耦合单前驱体法（thermal-cycling coupled single-precursor，TC-SP）和缓慢滴加前驱体法（slow dropping），如图 2.38 所示。其中最简单的合成途径是所谓的一锅法，合成核壳量子点所需的全部前驱体在加热以形成目标核壳量子点之前混合。但是，这种合成途径不能非常理想地控制核壳量子点的结构。而其他的三种合成途径能够为壳量子点的外延生长提供必要的控制。连续离子层吸附和反应法是目前所有四种方案中应用最多的一种，该方法是通过交替添加阳离子和阴离子前驱体来实现受控的壳量子点外延生长。热循环耦合单前驱体法是应用单前驱体，并且对反应温度进行调控以避免单前驱体在加热过程中自成核来实现受控的外延生长壳量子点方法。缓慢滴加前驱体法是为了避免自成核而通过缓慢滴加稀释的前驱体溶液来实现受控的外延生长壳量子点方法。由于存在各种偏差，这三种方法中的每一种都产生了具有近乎理想和稳定的光致发光特性的核壳量子点。从工业生产角度来看，这三种方法的放大合成都不难。

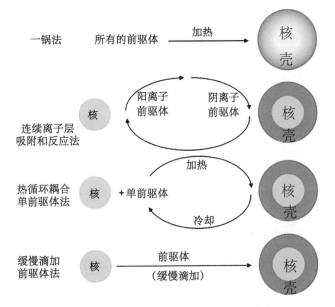

图 2.38　合成核壳量子点的四种途径[70]

Reiss 等人利用前驱体之间不同的反应活性，通过一锅法合成了 InP/ZnS 核壳量子点，其荧光发射范围为 480～590 nm，荧光量子产率可达 50%～70%，并表现出较好的光稳定性[71]。Li 等人借鉴在固态基板上通过连续离子层吸附和反应法来沉积薄膜的思路，在液相中成功实现了在直径为 3.5 nm 的 CdSe 核量子点上通过连续离子层吸附和反应法来外延生长不同厚度的 CdS 壳量子点，而且能够放大到克级的合成。在 2010 年，Chen 等人报道了一种合成高品质核壳量子点的新方法，即热循环耦合单前驱体法。他们成功合成了色纯度好、几乎单分散、无合金化、稳定的 CdS/ZnS 核壳量子点，其荧光发射峰在 375 nm 和 475 nm 之间可调。而且通过该方法比通过连续离子层吸附和反应法合成的核壳量子点的品质更为优异[72]。Demir 等人通过缓慢滴加前驱体法成功在 CdSeS 合金纳米片上外延生长了 CdZnS 合金壳层量子点,制备了 CdSeS/CdZnS 合金核壳纳米片。

2.2.7 量子点的缺陷态及其应对策略

量子点的缺陷态分为内部和表面缺陷态,是影响量子点本征发射的主要因素。内部缺陷态主要是由量子点内部晶格缺陷造成的,比如层错和孪晶。这类晶格缺陷常见于六方晶系中,产生的晶格应力非常小,缺陷的能量很低,绝大部分纤锌矿 CdSe 量子点都或多或少存在这一类晶格缺陷。表面缺陷态主要是由量子点表面原子有 1~3 个没有配位的表面悬键造成的。由于表面悬键的能量很高,因此会引入带间缺陷。根据缺陷态与能带间隙的相对位置,又可以将量子点的缺陷态分为带间缺陷态和带内缺陷态。带间缺陷态发生在导带和价带之间,如图 2.39。根据能量最低原理,位于导带(价带)上的电子(空穴)在弛豫到带边后必定会落入带间缺陷态。处于该状态下的电子或空穴很难再回到带边,造成量子点本征发射的淬灭。带内缺陷态处于导带或价带内,高能态的电子或空穴在弛豫过程中可能落入带内缺陷态,位于带边的电子或空穴也可能受热激发进入位置较接近的带内缺陷态。处于带内缺陷态的电子或空穴也有机会回到带边,因此对量子点本征发射的淬灭作用不如带间缺陷态。带间缺陷态和带内缺陷态上的电子(空穴)都可能与自由的空穴(电子)复合,然后以光或热的形式释放能量。

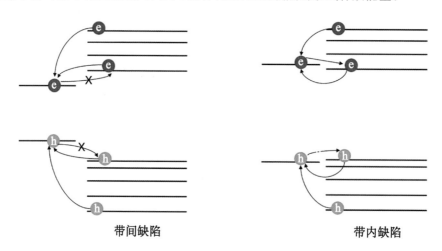

带间缺陷　　　　　　　　　　　　　带内缺陷

图 2.39　量子点的缺陷态对其发光的影响

表面缺陷态的位置与表面悬键的来源有关。通常,量子点表面的金属阳离子在配位未饱和时会处于缺电子状态,在靠近导带底位置形成捕获电子的缺陷态;阴离子会在配位未饱和时处于多电子状态,在靠近价带顶位置形成捕获空穴的缺陷态。这些由未配位表面原子带来的缺陷态对量子点本征发射的淬灭作用非常强,这是因为量子点的尺寸很小,表面原子数占比非常高,相对表面悬键数量很大。此外,量子点内部距离表面很近,电子和空穴会离域在整个量子点内,极易造成被表面缺陷态捕获。

　　消除量子点的缺陷态是提高其发光性能的关键之一。内部缺陷态和表面缺陷态对量子点本征发射的影响非常大,因此必须消除量子点的缺陷态。对于内部缺陷态,提高量子点的结晶性是消除内部缺陷态的关键。Ⅱ-Ⅵ和Ⅲ-Ⅴ族的半导体材料都能够以纤锌矿和闪锌矿两种晶体结构存在。而这两种晶体结构都是六方密堆积的,其原子也都是四面体配位的。由于堆砌方式很接近,因此很容易出现层错或者孪晶。此外,对于体相硒化镉,纤锌矿相是热稳定相,闪锌矿相被认为是动力学稳定相,而两者每个 CdSe 单元的能量差仅为 1.4 meV。因此,通常认为在成核阶段,由于闪锌矿对称性较高,闪锌矿相的硒化镉较容易先形成。而在高温下,当量子点生长到一定尺寸后,处于亚稳态的闪锌矿硒化镉会发生相变转化为纤锌矿硒化镉。彭笑刚等人认为影响硒化镉量子点晶型的主要因素极有可能不是温度,而是表面配体[16]。这是因为,以 2 nm 硒化镉纳米晶为例,大约包含 80 个 CdSe 单元,两种晶相间的能量差只有约 0.11 eV。如此微小的能量差比起单个氢键的能量(0.21 eV)还要小不少。如果以羧酸根为配体,完全覆盖其表面需要 40~50 个或者更多的羧酸根。考虑到不同表面配体对同种表面的配位能的差别可以达到 1 eV/个的数量级,因此表面配体对晶体能量的影响应该远大于温度。这促使他们设计了一系列实验来研究表面配体对硒化镉量子点晶型控制的影响。研究表明,表面配体是影响硒化镉纳米晶结晶性的决定因素[16]。在成核和生长阶段,膦酸根和羧酸根配体分别倾向于稳定纤锌矿相和闪锌矿相硒化镉。脂肪胺作为次要配体,能够弱化酸根配体对晶型的选择性。当脂肪胺作为单一配体时,则倾向于稳定纤锌矿相硒化镉。反应速度对硒化镉晶型的选择性没有影响。在外延生长中,核量子点的晶型对外延生长的壳量子点的晶型没有影响。

　　对于表面缺陷态,选择合适的表面配体与量子点表面原子的悬键成键使得表面原子达到配位饱和是消除表面缺陷态最直接而有效的方法。定性地来讲,表面配体的数目越多,表面缺陷就越少,量子点的本征发射就越强。而不同种类的表面配体对配位原子的选择性不同,能够消除的表面缺陷态也不相同。通常,量子点的表面同时包含阴离子和阳离子,其比例会随合成方法和后处理手段的不同而变化。因此,使用表面配体来完全消除表面缺陷态时,同时使用多种配体是必要的选择,而且配体的比例也需要与表面原子的比例相对应。除了使用表面配体来消除表面缺陷态之外,在量子点表面外延生长宽禁带壳量子点保护层,也能够有效减少表面缺陷态对量子点本征发射的影响。使用表面配体与包覆壳量子点保护层的本质区别在于前者是消除表面缺陷态,后者是隔离表面缺陷态。选择合适的壳量子点保护层,可以有效地将激子限制在核量子点中,增加激子与量子点表面的距离,从而达到屏蔽表面缺陷态的目的。对于实际应用而言,核壳结构的量子点有着明显的优势。但是,壳量子点保护层的引入会在核壳之间形成新的界面,处理不当会引入新的缺陷态。

2.3　材料表征

用于量子点的材料表征技术主要包括紫外-可见(UV-Vis)吸收光谱、荧光光谱、核磁共振(NMR)波谱、傅里叶变换红外(FTIR)光谱、透射电子显微镜(TEM)、X 射线光电子能谱(XPS)和粉末 X 射线衍射(XRD)。这些丰富的表征方法和技术可以帮助研究人员研究量子点的光学性质、化学组成、晶体结构和形貌以及量子点与其表面配体之间的相互作用等等。

2.3.1　紫外-可见吸收光谱和荧光光谱

紫外-可见吸收光谱测量物质从基态到激发态的跃迁,这与记录从激发态到基态转变的荧光光谱法互补,如图 2.40 所示。通常,使用紫外-可见吸收光度计记录胶体量子点的吸收光谱,从中可以得出能带带隙并评估胶体量子点的尺寸分散性,并知道是否存在来自量子点表面缺陷的吸收峰。彭笑刚等人基于两种独立方法的吸收光谱,根据朗伯-比尔定律确定了 CdX(X=Te、Se 和 S)纳米晶体的摩尔吸光系数,发现胶体量子点的摩尔吸光系数在强量子限制尺寸范围内,量子点的尺寸近似与立方函数的平方成正比[73]。一旦确定了胶体量子点的摩尔吸光系数,我们就可以从紫外-可见吸收光谱中得出摩尔浓度,这使我们能够定量分析相关数据。另外,基于镉的量子点的消光系数似乎也与表面封端基团的性质、溶剂的折射率、荧光量子产率以及用于合成量子点的合成方法无关。同样,在 CdSe 量子棒[74]、$CuInS_2$ 量子点[75]和基于铅的量子点[76-78]中的其他研究也证实了量子点的尺寸与摩尔吸光系数之间的关系。最近,彭笑刚等人还确定了测试闪锌矿 ZnX(X=S,Se)量子点的每个 ZnX(X=S,Se)单元消光系数的方法,研究发现以 Zn 原子表面终止的 Zn-ZnSe 量子点消光系数的大小与量子点尺寸之间是简单的指数关系,与量子限制效应描述的一致;但对于以 Se 原子表面终止的 Se-ZnSe 量子点,消光系数的大小与量子点尺寸之间的关系多一个二次项[79]。有趣的是,在 ZnSe 量子点具有相同尺寸的情况下,发现 Se-ZnSe 量子点的单位消光系数始终大于 Zn-ZnSe 量子点的消光系数,最终无限地接近相同尺寸下 ZnSe 的极限值,如图 2.41 所示。

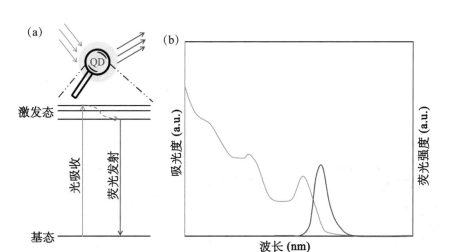

图 2.40 （a）胶体量子点吸收能量和发射荧光的示意和能级跃迁示意；
（b）胶体量子点的紫外-可见吸收光谱和荧光发射光谱

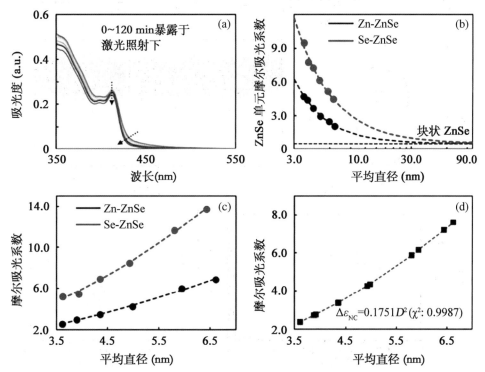

图 2.41 （a）环境条件下暴露于激光照射下，Se-ZnSe 胶体量子点的紫外-可见吸收光谱的演
变；（b）Zn-/Se-ZnSe 胶体量子点的单位消光系数的收敛；（c）ZnSe 胶体量子点的纳米晶体的
摩尔吸光系数与其尺寸的关系；（d）ZnSe 胶体量子点的表面态吸光系数与其尺寸的关系。图
中的所有虚线对应于正文中记录的拟合函数[79]

　　荧光光谱仪用于测量胶体量子点发射出的荧光。从胶体量子点的荧光光谱中,可以确定发射峰的波长和半高宽(FWHM),这可以帮助我们分析与胶体量子点相关的光学性质。对于二维的量子点(或称为量子点纳米片或纳米带),吸收和发射峰波长之间的偏移几乎为零[69,80—82]。从荧光光谱的形状,我们也可以判断是否存在胶体量子点表面缺陷造成的荧光发射。借助时间分辨荧光光谱仪,胶体量子点的瞬态荧光光谱可以用于研究整体中单个胶体量子点的闪烁行为和荧光寿命,如图 2.42 所示[83,84]。

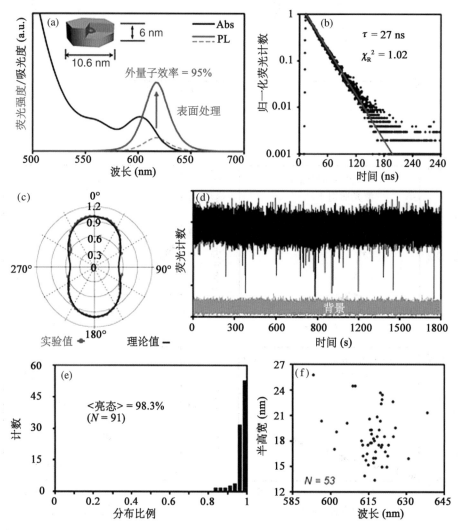

图 2.42　(a) CdSe@CdS 点/片核壳结构量子点在整体情况下的紫外-可见吸收/荧光发射光谱;(b) 瞬态荧光光谱;(c) 量子点薄膜在不同角度下的荧光强度,以 0 度的荧光值设为 1;(d) 具有代表性的荧光强度轨迹;(e) 单个 CdSe@CdS 点/片核壳结构量子点的"亮"态时间分布;(f) 半峰全宽值和荧光发射峰位的统计[83]

2.3.2　核磁共振波谱

核磁共振波谱仪是一种强大的分析仪器,用于记录物质的 NMR 谱图。溶液核磁共振波谱已用于观察和定量分析胶体量子点表面配体的结合动力学[85—89]。例如,根据核磁共振波谱和荧光光谱的测量和分析,发现 CdSe-胺纳米晶配体吸附/解吸过程的化学平衡常数约为 50~100,如图 2.43 所示[90]。Owen 等人发现表面脂肪胺修饰的 CdSe 纳米晶可与油酸、正十八烷基膦酸或二氧化碳反应,形成表面结合的油酸正烷基铵盐、膦酸根和氨基甲酸酯离子对,其亲和力高于伯正烷基胺[91]。此外,全方位的固态核磁共振(SSNMR)方法被用来精确量化纳米晶表面上的原子排列和配体-配体相互作用,如图 2.44 和图 2.45 所示[92]。通过使用动态核极化增强的 PASS-PIETA NMR 光谱仪可以对 CdSe/CdS 核壳结构量子点的核和壳之间的结构进行分析和区分[93]。

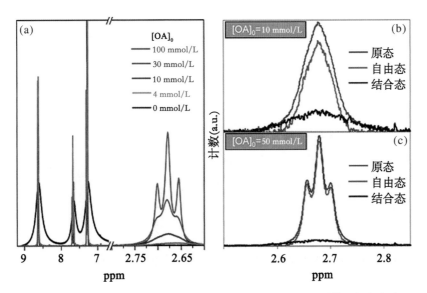

图 2.43　(a) 在给定油胺浓度平衡后,吡啶处理的 CdSe 纳米晶体(光密度为 10)的 ^{1}H NMR 谱图;(b)(c) NMR 谱图在与油胺的 R 氢有关的光谱范围内的拟合[90]

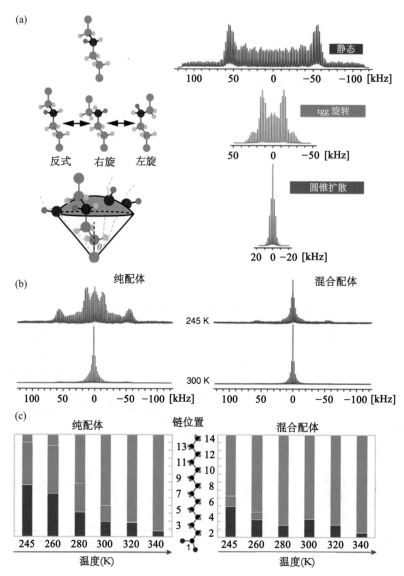

图 2.44　^{2}H NMR 的线形和链柔性。(a) 在 2 kHz 魔角旋转下,亚甲基单元的三种不同动态模式以及相应的^{2}H NMR 模式,这些动态模式可能出现在不同温度或不同位置的烃链中,例如中间链段或自由端;(b) 带有纯配体($f_{He}=0$)的纳米晶体-配体配合物($f_{He}=0.68$)和具有氘化的肉豆蔻酸盐的纳米晶体-配体配合物($f_{He}=0.68$)的^{2}H NMR 谱图;(c) 在不同温度下沿肉豆蔻酸酯配体的亚甲基柔性基于^{2}H 模式的反卷积直方图,蓝色、绿色、灰色条分别表示静态氘、反式邻位交叉旋转和圆锥扩散[92]

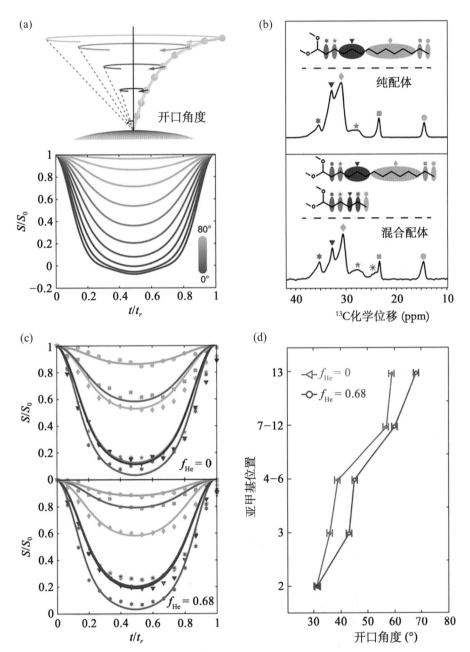

图 2.45 ¹H-¹³C 换挡结果和开口角度。(a) 不同开口角度下亚甲基的锥扩散模型和模拟的换挡曲线;(b) 在 300 K 下获得的¹³C 固态 NMR 谱图,峰对应用相同符号标记的链段;(c) 换挡结果(点)和相应的拟合曲线(实线),颜色对应于(b)中标记的链段;(d) 假设锥扩散运动,肉豆蔻配体每个链段的张开角,拟合标准偏差小于 1°[92]

2.3.3 傅里叶变换红外光谱

傅里叶变换红外光谱记录物质的红外吸收光谱,是一种非常有用的光谱分析技术。非谐振荡器模型描述了分子中的红外振动模式,其中基本弯曲和拉伸模式的频率 v 由以下公式推导

$$v = 1303 \sqrt{\frac{F}{\mu}}, \mu = \frac{1}{\mu_1} + \frac{1}{\mu_2}$$

其中 F 是力常数;μ_1 和 μ_2 是所涉及原子的质量。红外光谱分为五个主要的光谱区域,即低于 1000 cm^{-1}(平面模式,例如 CX: X=Cl,Br,I 和较重的原子)、1000~1500 cm^{-1}(EX 单键: E=B,C,N,O,变形、摇摆模式)、1500~2000 cm^{-1}(EX 双键: E=X=C,N,O)、2000~2700 cm^{-1}(EX 叁键: E=X=C,N,O)和 2700~4000 cm^{-1}(EH 拉伸,E=B,C,N,O)。当分子吸收红外辐射时,其偶极矩必须发生净变化,从而导致振动或旋转运动。这些振动根据黏结长度和黏结角度是否变化而分为两类,即弯曲(剪切、摇摆和扭曲)和拉伸(对称和不对称)。根据不同官能团所具有特征吸收峰,可以分析判断纳米晶表面配体所含有的官能团种类。

2.3.4 X射线光电子能谱

X 射线光电子能谱是一种表面敏感的定量光谱分析技术,用于研究元素的化学态和电子态下的元素组成。通过用 X 射线束照射样品并测量从样品表面逸出电子的数量和动能来记录 XPS 光谱。根据不同元素之间所具有的特征吸收峰,可以分析判断纳米晶表面和配体的元素组成以及价态。XPS 可用于分析样品表面从 0 到 10 nm 的元素组成。图 2.46 所示的是核壳结构量子点在三个光电子动能处的 XPS 信号与量子点尺寸之间[94]。图 2.47 所示是闪锌矿和纤锌矿 CdSe 的 Cd 3d 电子 Se 3d 电子的 XPS 谱图[95]。

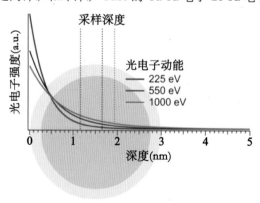

图 2.46 核壳结构量子点在三个光电子动能处的 XPS 信号与量子点尺寸之间的示意[94]

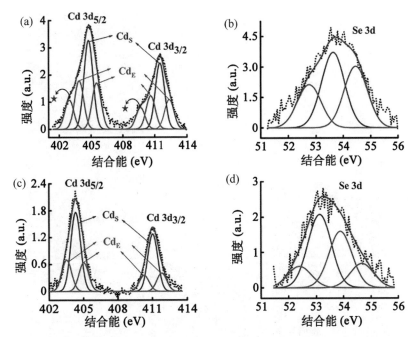

图 2.47　(a) 闪锌矿 CdSe 的 Cd 3d 电子；(b) 闪锌矿 CdSe 的 Se 3d 电子；(c) 纤锌矿 CdSe 的 Cd 3d 电子；(d) 纤锌矿 CdSe 的 Se 3d 电子的 XPS 谱。实验数据以黑色虚线表示，并反卷积为高斯分量；红色轨迹代表高斯拟合结果

2.3.5　透射电子显微镜

透射电子显微镜根据加速电压的大小可以分为 120 kV 低分辨率和 200 kV 高分辨率（HRTEM）的电子显微镜。此外还有高角度环形暗场扫描（HAADF-STEM）、选择区域电子衍射（SAED）和能量色散 X 射线光谱等技巧可用来分析样品的形貌、晶体结构和元素分布，如图 2.48 所示。常见的电子透射显微镜品牌有 FEI 和 JEOL。

2.3.6　小角 X 射线散射和宽角 X 射线散射

小角 X 射线散射（Small Angle X-ray Scattering，SAXS）是指当 X 射线透过试样时，在靠近原光束 2°到 5°的小角度范围内发生的散射现象。该材料表征方法可用于分析特大晶胞物质的结构以及测量粒度在几十个纳米以下的超细粒子或固体物质中的超细空穴的大小、形状及分布。对于高分子材料，该实验表征方法可用来测量高分子粒子的大小和形状、共混高聚物的相结构、分子链的长度及玻璃化转变温度。

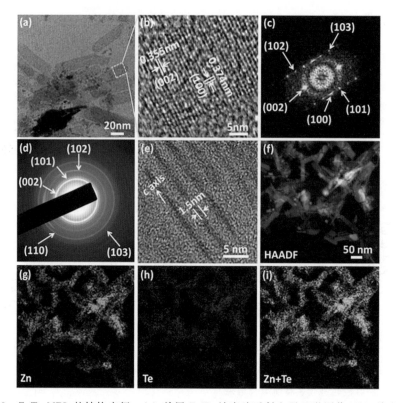

图 2.48　ZnTe NPL 的结构表征。(a) 单层 ZnTe 纳米片透射电子显微图像;(b) 单个 ZnTe
纳米片透射电子显微高分辨图像;(c) 单个 ZnTe 纳米片透射电子显微高分辨图像的快速傅
里叶变换;(d) ZnTe 纳米片的选择区域电子衍射模式;(e) 竖立的 ZnTe 纳米片的透射电子
显微图像;(f)～(i) ZnTe 纳米片高角度环形暗场扫描图像和能量色散 X 射线光谱元素[96]

在量子点的材料表征过程中,小角 X 射线散射可用来分析其粒径大小和分布。
Pulcinelli 等人通过记录 ZnO 纳米晶在合成过程中的原位和同步时间分辨监测紫外-
可见吸收光谱,结合小角 X 射线散射以及 X 射线吸收精细结构谱图,分析了该合成
过程中的前驱体种类。胶体 ZnO 纳米晶的形成是由四个主要阶段组成的:① ZnO
量子点的成核和生长;② 致密 ZnO 量子点团聚体的生长;③ 分形团聚体的生长;
④ 二次成核和分形团聚体的增长,如图 2.49 所示[97]。

2.3.7　X 射线衍射仪

X 射线衍射(XRD)是当 X 射线透过试样时原光束在 2θ 从 $5°～165°$ 角度范围内
发生的衍射现象,是基于布拉格定律分析晶体结构的最有力的分析方法。布拉格定

律由晶体散射的 X 射线干涉图案通过公式 $n\lambda = 2d_{hkl}\sin\theta$ 来解释[98,99]。其中 λ 是入射 X 射线的波长；n 为正整数；d_{hkl} 是晶体的晶面间距，如图 2.50 所示。

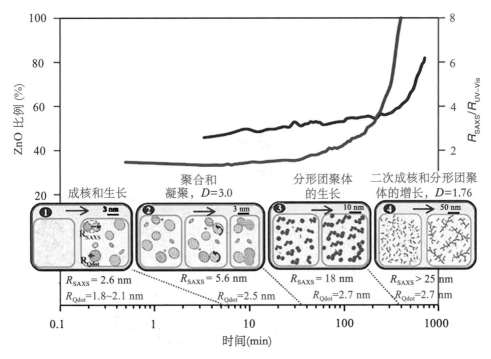

图 2.49　胶体 ZnO 纳米晶的形成过程[97]

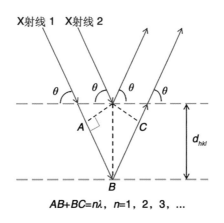

图 2.50　布拉格定律

晶体的尺寸大小可以通过 Scherrer 公式 $\tau = K\lambda/\beta\cos\theta$ 来估算确定，其中 τ 是有

序或结晶区域的平均尺寸,小于或等于晶粒尺寸;λ 是 X 射线波长;K 被称为无量纲形状因子或 Scherrer 常数,其值接近 0.9;β 是衍射峰扣除以弧度为单位的仪器线展宽后的半高宽;θ 是布拉格角。对于尺寸小于 20 nm 的胶体量子点,由于减小的晶体尺寸,衍射峰展宽相当有序。尽管如此,由于选择区域电子衍射(SAED)技术能够隔离单晶的衍射图样,它对估计特别小的胶体纳米晶的晶体结构更为准确。

图 2.51 所示的是块状粒径在 1 μm 的纤锌矿 CdS 的模拟和索引的粉末 X 射线衍射图。(100)、(002)和(101)晶面分别由不同的颜色标识出来。

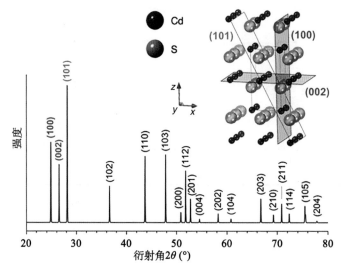

图 2.51　块状(1 μm)纤锌矿 CdS 的模拟和索引粉末 X 射线衍射。插图显示了纤锌矿 CdS 的晶体结构,突出了(100)、(002)和(101)晶面[100]

2.3.8　荧光量子产率的测量

分子或材料的荧光量子产率被定义为发射的光子数与吸收的光子数的比值,是发光材料的重要特征,用于理解许多关键材料的分子行为和相互作用。图 2.52 是一套典型的荧光量子产率测量装置,由积分球光纤耦合的荧光计组成。

2.4　总结与展望

在过去的几十年中,胶体量子点的独特性质引起了人们的极大关注,这使得胶体量子点的合成(包括零维的纳米点,一维的纳米棒或纳米线以及二维的纳米片或纳米

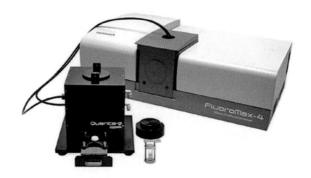

图 2.52　荧光量子产率测量装置

带)成为当今科学界最热门的研究主题之一。胶体量子点在胶体合成、材料表征方法、物理和化学基本概念方面的逐步发展和改进,将量子点推向显示和照明、生物医学成像、农业、太阳能收集和安全打印等大规模商业化。本章旨在给读者带来对胶体量子点的广泛而基本的理解。

胶体量子点的未来发展,需要解决的挑战如下:

第一,完善无镉和无重金属胶体量子点的合成化学,使胶体量子点具有窄的荧光半高宽、良好的稳定性和高荧光量子产率,涵盖整个可见光谱的荧光发射带,尤其是蓝光区域;

第二,通过能带带隙工程实现量子点的各种激子调控;

第三,解决量子点在发光二极管中作为发光层使用时,出现的发光性能退化的问题。

参 考 文 献

[1] Walter P, Welcomme E, Hallégot P, et al. Early use of PbS nanotechnology for an ancient hair dyeing formula. Nano Letters, 2006, 6(10): 2215-2219.

[2] Ekimov A I, Onushchenko A A. Quantum dimensional effect in three-dimensional microcrystals of semiconductors. Pis'ma v Zhurnal Eksperimental'noi i Teoreticheskoi Fiziki, 1981, 34(6): 363-366.

[3] Efros A L. Interband absorption of light in a semiconductor sphere. Soviet Physics Semiconductors-Ussr, 1982, 16, 772.

[4] Rossetti R, Ellison J L, Gibson J M, et al. Size effects in the excited electronic states of small

colloidal CdS crystallites. The Journal of Chemical Physics, 1984, 80(9): 4464-4469.

[5] Reed M A, Randall J N, Aggarwal R J, et al. Observation of discrete electronic states in a zero-dimensional semiconductor nanostructure. Physical Review Letters, 1988, 60(6): 535-537.

[6] Li L-S, Hu J, Yang W, et al. Band gap variation of size- and shape-controlled colloidal CdSe quantum rods. Nano Letters, 2001, 1(7): 349-351.

[7] Brus L. Electronic wave functions in semiconductor clusters: Experiment and theory. The Journal of Physical Chemistry, 1986, 90(12): 2555-2560.

[8] Chen F, Lin Q, Shen H, et al. Blue quantum dot-based electroluminescent light-emitting diodes. Materials Chemistry Frontiers, 2020, 4(5): 1340-1365.

[9] Zhang F, Wang S, Wang L, et al. Super color purity green quantum dot light-emitting diodes fabricated by using CdSe/CdS nanoplatelets. Nanoscale, 2016, 8(24): 12182-12188.

[10] Son D I, Kim H H, Hwang D K, et al. Inverted CdSe-ZnS quantum dots light-emitting diode using low-work function organic material polyethylenimine ethoxylated. Journal of Materials Chemistry C, 2014, 2(3): 510-514.

[11] Murray C B, Norris D J, Bawendi M G. Synthesis and characterization of nearly monodisperse CdE (E=sulfur, selenium, tellurium) semiconductor nanocrystallites. Journal of the American Chemical Society, 1993, 115(19): 8706-8715.

[12] Qu L, Peng Z A, Peng X. Alternative routes toward high quality CdSe nanocrystals. Nano Letters, 2001, 1(6): 333-337.

[13] Wang O, Wang L, Li Z, et al. High-efficiency, deep blue ZnCdS/Cd$_x$Zn$_{1-x}$S/ZnS quantum-dot-light-emitting devices with an EQE exceeding 18%. Nanoscale, 2018, 10(12): 5650-5657.

[14] Coropceanu I, Rossinelli A, Caram J R, et al. Slow-injection growth of seeded CdSe/CdS nanorods with unity fluorescence quantum yield and complete shell to core energy transfer. ACS Nano, 2016, 10(3): 3295-3301.

[15] Tessier M D, Mahler B, Nadal B, et al. Spectroscopy of colloidal semiconductor core/shell nanoplatelets with high quantum yield. Nano Letters, 2013, 13(7): 3321-3328.

[16] Gao Y, Peng X. Crystal structure control of CdSe nanocrystals in growth and nucleation: Dominating effects of surface versus interior structure. Journal of the American Chemical Society, 2014, 136(18): 6724-6732.

[17] Fedin I, Talapin D V. Colloidal CdSe quantum rings. Journal of the American Chemical Society, 2016, 138(31): 9771-9774.

[18] Dabbousi B O, Rodriguez-Viejo J, Mikulec F V, et al. (CdSe)ZnS core-shell quantum dots: Synthesis and characterization of a size series of highly luminescent nanocrystallites. The Journal of Physical Chemistry B, 1997, 101(46): 9463-9475.

[19] Cui J, Panfil Y E, Koley S, et al. Colloidal quantum dot molecules manifesting quantum cou-

pling at room temperature. Nature Communications，2019，10(1)：5401.

[20] Ithurria S，Bousquet G，Dubertret B. Continuous Transition from 3D to 1D confinement observed during the formation of CdSe nanoplatelets. Journal of the American Chemical Society，2011，133(9)：3070-3077.

[21] Trindade T，O'brien P，Zhang X-M. Synthesis of CdS and CdSe nanocrystallites using a novel single-molecule precursors approach. Chemistry of Materials，1997，9(2)：523-530.

[22] Nair P S，Scholes G D. Thermal decomposition of single source precursors and the shape evolution of CdS and CdSe nanocrystals. Journal of Materials Chemistry，2006，16(5)：467-473.

[23] Duan T，Lou W，Wang X，et al. Size-controlled synthesis of orderly organized cube-shaped lead sulfide nanocrystals via a solvothermal single-source precursor method. Colloids and Surfaces A：Physicochemical and Engineering Aspects，2007，310(1)：86-93.

[24] Cumberland S L，Hanif K M，Javier A，et al. Inorganic clusters as single-source precursors for preparation of CdSe，ZnSe，and CdSe/ZnS nanomaterials. Chemistry of Materials，2002，14(4)：1576-1584.

[25] Zhou J，Zhu M，Meng R，et al. Ideal CdSe/CdS core/shell nanocrystals enabled by entropic ligands and their core size-，shell thickness-，and ligand-dependent photoluminescence properties. Journal of the American Chemical Society，2017，139(46)：16556-16567.

[26] Lv L，Li J，Wang Y，et al. Monodisperse CdSe quantum dots encased in six (100) facets via ligand-controlled nucleation and growth. Journal of the American Chemical Society，2020，142(47)：19926-19935.

[27] https：//www. Digitaltrends. Com/Home-Theater/Vizio-Oled-4k-Tvs-Ces-2020/.

[28] https：//News. Samsung. Com/Global/Samsung-Electronics-Unveils-2020-Qled-8k-Tv-at-Ces.

[29] https：//www. Businessinsider. Com/Best-Tvs-Ces-2020.

[30] https：//www. Techradar. Com/Best/Best-8k-Tv.

[31] https：//www. Nanocotechnologies. Com/Products-Applications/Vivodots-Tm-Nanoparticles/.

[32] https：//Ubiqd. Com/Agriculture/.

[33] https：//Ubiqd. Com/Solar/.

[34] https：//Ubiqd. Com/Security/.

[35] Ghosh S，Manna L. The many "facets" of halide ions in the chemistry of colloidal inorganic nanocrystals. Chemical Reviews，2018，118(16)：7804-7864.

[36] Pu C，Zhou J，Lai R，et al. Highly reactive，flexible yet green Se precursor for metal selenide nanocrystals：Se-octadecene suspension (Se-SUS). Nano Research，2013，6(9)：652-670.

[37] Bullen C，Van Embden J，Jasieniak J，et al. High activity phosphine-free selenium precursor solution for semiconductor nanocrystal growth. Chemistry of Materials，2010，22(14)：4135-4143.

[38] Nan W, Niu Y, Qin H, et al. Crystal structure control of zinc-blende CdSe/CdS core/shell nanocrystals: Synthesis and structure-dependent optical properties. Journal of the American Chemical Society, 2012, 134(48): 19685-19693.

[39] Mohamed M B, Tonti D, Al-Salman A, et al. Synthesis of high quality zinc blende CdSe nanocrystals. The Journal of Physical Chemistry B, 2005, 109(21): 10533-10537.

[40] Blackman B, Battaglia D, Peng X. Bright and water-soluble near IR-emitting CdSe/CdTe/ZnSe type-II/type-I nanocrystals, tuning the efficiency and stability by growth. Chemistry of Materials, 2008, 20(15): 4847-4853.

[41] Zhong X, Feng Y, Zhang Y, et al. A facile route to violet- to orange-emitting $Cd_xZn_{1-x}Se$ alloy nanocrystals via cation exchange reaction. Nanotechnology, 2007, 18(38): 385606.

[42] Ruberu T P A, Albright H R, Callis B, et al. Molecular control of the nanoscale: Effect of phosphine-chalcogenide reactivity on CdS-CdSe nanocrystal composition and morphology. ACS Nano, 2012, 6(6): 5348-5359.

[43] Chin M, Durst G L, Head S R, et al. Molecular mechanics (MM2) calculations and cone angles of phosphine ligands. Journal of Organometallic Chemistry, 1994, 470(1): 73-85.

[44] Min W J, Jung S, Lim S J, et al. Collision-induced dissociation of II-VI semiconductor nanocrystal precursors, Cd^{2+} and Zn^{2+} complexes with trioctylphosphine oxide, sulfide, and selenide. The Journal of Physical Chemistry A, 2009, 113(35): 9588-9594.

[45] White D, Coville N J, Quantification of steric effects in organometallic chemistry. Advances in Organometallic Chemistry. 1994, 36: 95-158.

[46] Mcdonough J E, Mendiratta A, Curley J J, et al. Thermodynamic, kinetic, and computational study of heavier chalcogen (S, Se, and Te) terminal multiple bonds to molybdenum, carbon, and phosphorus. Inorganic Chemistry, 2008, 47(6): 2133-2141.

[47] Sun M, Yang X. Phosphine-free synthesis of high-quality CdSe nanocrystals in noncoordination solvents: "Activating agent" and "nucleating agent" controlled nucleation and growth. The Journal of Physical Chemistry C, 2009, 113(20): 8701-8709.

[48] Manna L, Scher E C, Alivisatos A P. Synthesis of soluble and processable rod-, arrow-, teardrop-, and tetrapod-shaped CdSe nanocrystals. Journal of the American Chemical Society, 2000, 122(51): 12700-12706.

[49] Peng X, Wickham J, Alivisatos A P. Kinetics of II-VI and III-V colloidal semiconductor nanocrystal growth: "Focusing" of size distributions. Journal of the American Chemical Society, 1998, 120(21): 5343-5344.

[50] Li L S, Pradhan N, Wang Y, et al. High quality ZnSe and ZnS nanocrystals formed by activating zinc carboxylate precursors. Nano Letters, 2004, 4(11): 2261-2264.

[51] Li Y, Pu C, Peng X. Surface activation of colloidal indium phosphide nanocrystals. Nano Re-

search，2017，10(3)：941-958.

[52] Anderson N C，Hendricks M P，Choi J J，et al. Ligand exchange and the stoichiometry of metal chalcogenide nanocrystals：Spectroscopic observation of facile metal-carboxylate displacement and binding. Journal of the American Chemical Society，2013，135(49)：18536-18548.

[53] Dufour M，Qu J，Greboval C，et al. Halide ligands to release strain in cadmium chalcogenide nanoplatelets and achieve high brightness. ACS Nano，2019，13(5)：5326-5334.

[54] Kirkwood N，Monchen J O V，Crisp R W，et al. Finding and fixing traps in II-VI and III-V colloidal quantum dots：The importance of Z-type ligand passivation. Journal of the American Chemical Society，2018，140(46)：15712-15723.

[55] Purcell-Milton F，Chiffoleau M，Gun'ko Y K. Investigation of quantum dot-metal halide interactions and their effects on optical properties. The Journal of Physical Chemistry C，2018，122 (43)：25075-25084.

[56] Kim T，Kim K-H，Kim S，et al. Efficient and stable blue quantum dot light-emitting diode. Nature，2020，586(7829)：385-389.

[57] Yang Y，Qin H，Jiang M，et al. Entropic ligands for nanocrystals：From unexpected solution properties to outstanding processability. Nano Letters，2016，16(4)：2133-2138.

[58] Pu C，Dai X，Shu Y，et al. Electrochemically-stable ligands bridge the photoluminescence-electroluminescence gap of quantum dots. Nature Communications，2020，11(1)：937.

[59] Cao W，Xiang C，Yang Y，et al. Highly stable QLEDs with improved hole injection via quantum dot structure tailoring. Nature Communications，2018，9(1)：2608.

[60] Joo J，Son J S，Kwon S G，et al. Low-temperature solution-phase synthesis of quantum well structured CdSe nanoribbons. Journal of the American Chemical Society，2006，128(17)：5632-5633.

[61] Liu Y-H，Wang F，Wang Y，et al. Lamellar assembly of cadmium selenide nanoclusters into quantum belts. Journal of the American Chemical Society，2011，133(42)：17005-17013.

[62] Li J，Wang H，Lin L，et al. Quantitative identification of basic growth channels for formation of monodisperse nanocrystals. Journal of the American Chemical Society，2018，140(16)：5474-5484.

[63] Rice K P，Saunders A E，Stoykovich M P. Seed-mediated growth of shape-controlled wurtzite CdSe nanocrystals：Platelets，cubes，and rods. Journal of the American Chemical Society，2013，135(17)：6669-6676.

[64] Wang Y，Zhou Y，Zhang Y，et al. Magic-size Ⅱ-Ⅵ nanoclusters as synthons for flat colloidal nanocrystals. Inorganic Chemistry，2015，54(3)：1165-1177.

[65] Zhou Y，Jiang R，Wang Y，et al. Isolation of amine derivatives of (ZnSe)$_{34}$ and (CdTe)$_{34}$. Spectroscopic comparisons of the (Ⅱ-Ⅵ)$_{13}$ and (Ⅱ-Ⅵ)$_{34}$ magic-size nanoclusters. Inorganic

Chemistry，2019，58(3)：1815-1825.

[66] Zhang H，Banfield J F. Energy calculations predict nanoparticle attachment orientations and asymmetric crystal formation. The Journal of Physical Chemistry Letters，2012，3(19)：2882-2886.

[67] Schliehe C，Juarez B H，Pelletier M，et al. Ultrathin PbS sheets by two-dimensional oriented attachment. Science，2010，329(5991)：550.

[68] Chen Y，Chen D，Li Z，et al. Symmetry-breaking for formation of rectangular CdSe two-dimensional nanocrystals in zinc-blende structure. Journal of the American Chemical Society，2017，139(29)：10009-10019.

[69] Shu Y，Lin X，Qin H，et al. Quantum dots for display applications. Angewandte Chemie International Edition，2020，59(50)：22312-22323.

[70] Li L，Reiss P. One-pot synthesis of highly luminescent InP/ZnS nanocrystals without precursor injection. Journal of the American Chemical Society，2008，130(35)：11588-11589.

[71] Li J J，Wang Y A，Guo W，et al. Large-scale synthesis of nearly monodisperse CdSe/CdS core/shell nanocrystals using air-stable reagents via successive ion layer adsorption and reaction. Journal of the American Chemical Society，2003，125(41)：12567-12575.

[72] Cheng K Y，Anthony R，Kortshagen U R，et al. Hybrid silicon nanocrystal-organic light-emitting devices for infrared electroluminescence. Nano Letters，2010，10(4)：1154-1157.

[73] Altintas Y，Liu B，Hernández-Martínez P L，et al. Spectrally wide-range-tunable，efficient，and bright colloidal light-emitting diodes of quasi-2D nanoplatelets enabled by engineered alloyed heterostructures. Chemistry of Materials，2020，32(18)：7874-7883.

[74] Yu W W，Qu L，Guo W，et al. Experimental determination of the extinction coefficient of CdTe，CdSe，and CdS nanocrystals. Chemistry of Materials，2003，15(14)：2854-2860.

[75] Shaviv E，Salant A，Banin U. Size dependence of molar absorption coefficients of CdSe semiconductor quantum rods. ChemPhysChem，2009，10(7)：1028-1031.

[76] Xia C，Wu W，Yu T，et al. Size-dependent band-gap and molar absorption coefficients of colloidal CuInS$_2$ quantum dots. ACS Nano，2018，12(8)：8350-8361.

[77] Dai Q，Wang Y，Li X，et al. Size-dependent composition and molar extinction coefficient of PbSe semiconductor nanocrystals. ACS Nano，2009，3(6)：1518-1524.

[78] Moreels I，Lambert K，Smeets D，et al. Size-dependent optical properties of colloidal PbS quantum dots. ACS Nano，2009，3(10)：3023-3030.

[79] Peters J L，De Wit J，Vanmaekelbergh D. Sizing curve，absorption coefficient，surface chemistry，and aliphatic chain structure of PbTe nanocrystals. Chemistry of Materials，2019，31(5)：1672-1680.

[80] Lin S，Li J，Pu C，et al. Surface and intrinsic contributions to extinction properties of ZnSe

quantum dots. Nano Research，2020，13(3)：824-831.

[81] Chen D，Gao Y，Chen Y，et al. Structure identification of two-dimensional colloidal semicon-ductor nanocrystals with atomic flat basal planes. Nano Letters，2015，15(7)：4477-4482.

[82] Ithurria S，Tessier M D，Mahler B，et al. Colloidal nanoplatelets with two-dimensional elec-tronic structure. Nature Materials，2011，10(12)：936-941.

[83] Bertrand G H V，Polovitsyn A，Christodoulou S，et al. Shape control of zincblende CdSe nano-platelets. Chemical Communications，2016，52(80)：11975-11978.

[84] Wang Y，Pu C，Lei H，et al. CdSe@CdS dot@platelet nanocrystals：Controlled epitaxy，mo-noexponential decay of two-dimensional exciton，and nonblinking photoluminescence of single nanocrystal. Journal of the American Chemical Society，2019，141(44)：17617-17628.

[85] Qin H，Niu Y，Meng R，et al. Single-dot spectroscopy of zinc-blende CdSe/CdS core/shell nanocrystals：Nonblinking and correlation with ensemble measurements. Journal of the Ameri-can Chemical Society，2014，136(1)：179-187.

[86] Hens Z，Moreels I，Martins J C. In situ ^{1}H NMR study on the trioctylphosphine oxide capping of colloidal InP nanocrystals. ChemPhysChem，2005，6(12)：2578-2584.

[87] Owen J S，Park J，Trudeau P-E，et al. Reaction chemistry and ligand exchange at cadmium-selenide nanocrystal surfaces. Journal of the American Chemical Society，2008，130(37)：12279-12281.

[88] Gomes R，Hassinen A，Szczygiel A，et al. Binding of phosphonic acids to CdSe quantum dots：A solution NMR study. The Journal of Physical Chemistry Letters，2011，2(3)：145-152.

[89] Hens Z，Martins J C. A solution NMR toolbox for characterizing the surface chemistry of col-loidal nanocrystals. Chemistry of Materials，2013，25(8)：1211-1221.

[90] Anderson N C，Owen J S. Soluble，chloride-terminated CdSe nanocrystals：Ligand exchange monitored by ^{1}H and ^{31}P NMR spectroscopy. Chemistry of Materials，2013，25(1)：69-76.

[91] Ji X，Copenhaver D，Sichmeller C，et al. Ligand bonding and dynamics on colloidal nanocrystals at room temperature：The case of alkylamines on CdSe nanocrystals. Journal of the American Chemical Society，2008，130(17)：5726-5735.

[92] Chen P E，Anderson N C，Norman Z M，et al. Tight binding of carboxylate，phosphonate，and carbamate anions to stoichiometric CdSe nanocrystals. Journal of the American Chemical Socie-ty，2017，139(8)：3227-3236.

[93] Pang Z，Zhang J，Cao W，et al. Partitioning surface ligands on nanocrystals for maximal solu-bility. Nature Communications，2019，10(1)：2454.

[94] Piveteau L，Ong T-C，Walder B J，et al. Resolving the core and the surface of CdSe quantum dots and nanoplatelets using dynamic nuclear polarization enhanced PASS-PIETA NMR spec-troscopy. ACS Central Science，2018，4(9)：1113-1125.

［95］Clark P C J，Flavell W R. Surface and interface chemistry in colloidal quantum dots for solar applications studied by X-Ray photoelectron spectroscopy. The Chemical Record，2019，19(7)：1233-1243.

［96］Subila K B，Kishore Kumar G，Shivaprasad S M，et al. Luminescence properties of CdSe quantum dots：Role of crystal structure and surface composition. The Journal of Physical Chemistry Letters，2013，4(16)：2774-2779.

［97］Jia G，Wang F，Buntine M，et al. Atomically thin cadmium-free ZnTe nanoplatelets formed from magic-size nanoclusters. Nanoscale Advances，2020，8(2)：3316-3322.

［98］Caetano B L，Santilli C V，Meneau F，et al. In situ and simultaneous UV-vis/SAXS and UV-vis/XAFS time-resolved monitoring of ZnO quantum dots formation and growth. The Journal of Physical Chemistry C，2011，115(11)：4404-4412.

［99］Patterson A L. The Scherrer formula for X-ray particle size determination. Physical Review，1939，56(10)：978-982.

第三章　红光量子点发光二极管

3.1 引　言

　　红光量子点发光二极管(620~760 nm)和蓝光以及绿光 QLED 都是量子点发光二极管覆盖可见光谱的重要组成部分。图 3.1 显示了红光 QLED 从发明以来的进展,其中横轴表示年份,纵轴表示红光 QLED 的外量子效率,图中各颜色的圆圈中心点为某器件的外量子效率和发表年份。从图中可以看出,红光 QLED 的最高外量子效率从 1997 年不到 0.2%,到 2018 年的 23.1%,有了飞跃式的发展。从图中也可以看出,在 2015 年左右,QLED 的外量子效率有了快速的增长,这主要是源于器件结构的创新,采用无机氧化物(ZnO/SnO$_2$ 等)作为电子传输层。至此,QLED 器件的效率和亮度等性能迅速提升。

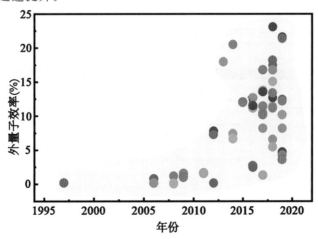

图 3.1　红光 QLED 的外量子效率发展

在本章中,笔者将详细介绍红光 QLED 材料和器件的相关基础知识和最新进展。我们将从几个主要方面对其进行介绍:首先,红光 QLED 的常用发光材料(CdSe,CdTe)及其物理化学性质,以及优化材料性能的策略,例如表面配体修饰、形成核壳结构等。其次,重点介绍红光 QLED 器件结构的演变与发展。最后,结合当前的研究进展,总结和分析红光 QLED 所面临的挑战和机遇。

3.2 红光量子点材料

量子点发光二极管的核心部分为量子点发光材料,其中的量子点通常指的是在溶液中进行合成和处理的纳米尺寸的晶体[1],称之为胶体量子点,能均匀地分散在溶液中,并有一层有机配体覆盖在量子点的表面,配体通过配位键连接到量子点表面。

最常见的量子点是由 II-VI 族(CdSe,CdS,ZnSe,CdS,PbS,PbSe)、III-VI 族(InP,InAs)或 I-III-VI 族(CuInS$_2$,AgInS$_2$)组成的半导体纳米颗粒。通过调控量子点的尺寸、成分以及形貌,可以得到一系列不同带隙的量子点,从而发出不同波长的光[2,3]。常见量子点的发光波长范围见图 3.2,光谱的上部分为含有重金属元素的半导体量子点,而下部分的半导体量子点都不含有重金属元素。其中包含红光光谱(640~760 nm)的半导体量子点有 CdSe,CdTe,钙钛矿,InAs,InP,Si,CuInS$_2$ 等。在众多能发红光的半导体量子点中,II-VI 族半导体量子点的研究比较成熟,性能也最好,特别是含镉元素的量子点(CdSe,CdTe)是最有希望进入市场的发光材料。因此本章节将着重介绍 CdSe 和 CdTe 半导体量子点。

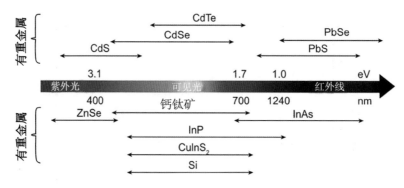

图 3.2 常见半导体量子点的发光波长范围[4]

3.2.1 材料

CdTe 块体材料的晶型为闪锌矿,禁带宽度为 1.49 eV;CdSe 块体材料有两种晶

体结构(纤锌矿以及闪锌矿,禁带宽度分别为 1.75 eV 和 1.9 eV)。具体的晶体结构
如图 3.3 所示。

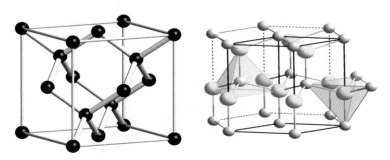

图 3.3 闪锌矿(左)以及纤锌矿(右)的晶体结构

最初,研究人员们使用单组分量子点作为发光层来实现电致发光。例如 1994
年,Alivisatos 等人采用聚合物-量子点双层结构(ITO/CdSe/PPV/Mg 和 ITO/PPV/
CdSe/Mg),其中 CdSe 量子点同时作为发光层和电子传输层,实现了历史上的第一个
QLED,发光颜色可从红光调节到黄光,器件的效率仅为 0.22%。器件效率很低的原
因是激子没有很好地限制在量子点层,这一点可以由电致发光光谱上聚合物的强寄
生发射来解释。

由于裸露的 CdSe 或 CdTe 量子点表面缺陷过多,导致光激发形成激子后不是全
部由辐射复合的方式发射光子,而是一部分经由表面缺陷发光或荧光淬灭。图 3.4
(a)中红色箭头所示为相应 CdS 量子点缺陷发光。非辐射过程由图 3.4(b)可以看
出:缺陷态或表面态能级位于禁带之间,量子点表面缺陷或者内部缺陷导致量子点
在激子复合时非辐射能量转移增加,降低光致发光效率。诸多研究表明:对量子点
表面进行钝化能够有效消除表面缺陷,提高量子点发光效率[5,6]。

3.2.2 量子点结构设计及优化

为了提高量子点发光稳定性和荧光量子产率,多个课题组采用不同的方式来
减少或消除量子点的表面缺陷。一般采用表面配体修饰[7-10]或在量子点外生长宽
禁带半导体材料,如 CdS、ZnS 等,形成核壳量子点结构[11-14]。无论是对量子点表
面的配体修饰,还是对其进行宽带隙材料包覆,目的都是为了消除量子点的缺陷。
这样能够有效将电子和空穴限域在量子点内,而且使导带的电子波函数能够离域
至壳层材料,降低量子点内的空穴波函数和电子波函数的交叠,提高激子辐射复合
寿命。

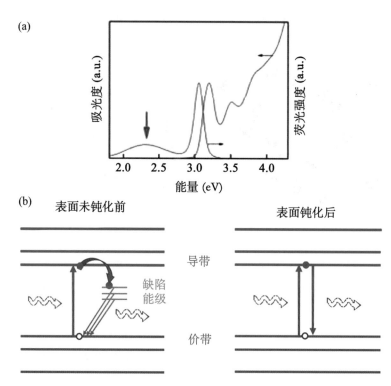

图 3.4 （a）CdS 量子点吸收与荧光光谱，对应红色箭头为缺陷发光；
（b）量子点表面缺陷钝化前后各自发光过程

1. 表面配体修饰

无机量子点纳米晶并非完全的无机物，几乎所有的无机量子点纳米晶表面都有一层有机配体。QLED 的性能与这些有机配体息息相关。配体的作用如下：

（1）配体能够消除表面缺陷。最近，彭笑刚等人指出非钝化表面 S 位点和表面吸附的 H_2S 是 CdSe/CdS 量子点的两种很深的空穴捕获中心，如图 3.5(a)[15]。这些空穴陷阱可以通过两步表面处理消除，即除去表面吸附的 H_2S 和表面钝化的羧化镉，以去除未钝化的表面 S 位点。这项工作表明，通过消除表面态以抑制表面陷阱，进而使得非辐射复合衰减是改善量子点荧光量子产率的有效途径。

（2）配体影响量子点膜中电荷的转移。有研究表明，短链配体更利于电荷与空穴的转移与传递。表面配位化学的发展使得简单的配体置换反应成为可能，同时也使得设计发光二极管中量子点表面配体成为可能[16]。如图 3.5(b)所示，Sun 等人使用不同长度的连接分子（3 到 8 个—CH_2 基团）调整相邻 PbS 量子点之间的距离，以取代原来油酸盐的长链配体[17]。量子点之间的精确控制距离优化了电荷注入/输运与激子辐射复合之间的平衡,使红外发光二极管的效率得到显著提高。Shen 等人使用 1-辛硫醇取代油酸预合成的配体用于蓝光量子点[18]。作者认为,1-辛硫醇配体较短,减少了点对点的距离,改善了聚合物空穴输运层(HTLs)向量子点的空穴注入和量子点膜内的电子输运。这些优点使得蓝光 QLED 的启亮电压较低,为 2.6 V,最大外量子效率为 12.2%,与使用量子点和油酸预合成配体的器件相比,最大外量子效率增加了 70%。

在量子点溶液的胶体稳定性和量子点薄膜的电荷输运特性之间似乎存在一种平衡。一方面,较小尺寸的配体有利于电荷传输,从而有利于 QLED 的高效驱动[19];另一方面,在传统的模型中,表面配体提供的量子点之间的空间分离保证了量子点溶液的胶体稳定性[20]。较小的配体可能会降低量子点的溶解度。2016 年,彭笑刚和同事引入了熵配体的概念,如图 3.5(c)所示[21,22]。他们使用包覆 n-烷基酸配体的 CdSe 纳米晶体作为实验体系,发现了 CdSe 纳米晶体在有机溶剂中的尺寸和温度依赖性溶解度。用基于析出/溶解相变的热力学模型对实验结果进行了定量解释。通过合理的近似,测量了量子点在摩尔体积中的溶解度 χ,可以由一个简单的公式来表达

$$\chi = \mathrm{e}^{-\Delta^{\mathrm{m}} H_{\mathrm{NC}}/RT} \mathrm{e}^{\Delta^{\mathrm{m}} S_{\mathrm{NC}}/R}$$

其中 e 为自然对数,$\Delta^{\mathrm{m}} H_{\mathrm{NC}}$ 和 $\Delta^{\mathrm{m}} S_{\mathrm{NC}}$ 分别表示量子点溶解在液体中的偏摩尔混合焓和表示摩尔构象熵,R 为理想气体函数,T 为理想气体的热力学温度。分析表明,溶解过程中释放的 n-烷酸酯链的构象熵,即与 C—C 键相关的旋转和弯曲熵,以指数方式增加了量子点的溶解度,而固体中相邻颗粒之间的强链相互作用则减少了溶解度。这一发现导致了具有不规则支链的熵配体的烷基链,它最大化了分子内熵,最小化了破坏结晶链-链相互作用的焓。熵配体的使用将 CdSe 纳米晶的溶解度提高到几百 mg/mL。当量子点溶解在各种有机溶剂中时,熵配体的概念被证明是有效的。因此,可以同时提高胶体纳米晶在溶液中的可加工性和相应薄膜的电荷输运。电子器件的电学测量结果表明,包覆了 2-乙基乙硫化物的 CdSe 纳米晶薄膜的电导率比包覆了十八烷基硫化物的 CdSe 纳米晶薄膜的电导率提高了约 3 个数量级。使用不同配体的 CdSe/CdS 核壳量子点制备 QLED,结果表明,由于量子点薄膜中电荷输运的改善,配体 2-乙基乙硫醚的使用使 QLED 的功率效率提高了 30%。

量子点薄膜的电荷传输特性也可以通过使用专门设计的具有导电基团和锚定基团的聚合物配体取代合成的绝缘配体来进行调整。这样,量子点/聚合物杂化物被用作 QLED 的发光层。应注意避免杂交聚合物引起的淬灭。

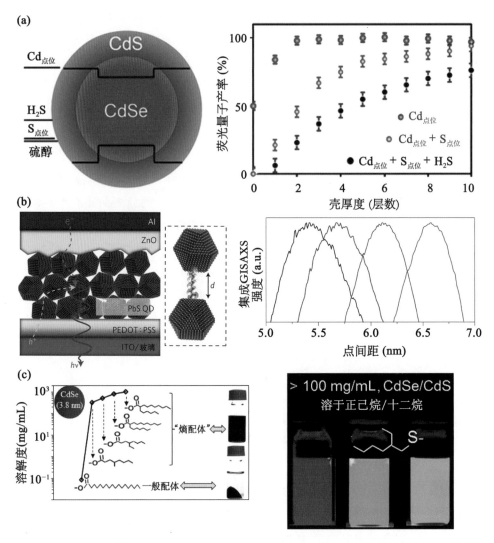

图 3.5 量子点配体工程。(a) CdSe/CdS 量子点的表面诱导空穴陷阱示意(左)及其对 CdSe/CdS 量子点的荧光量子产率的影响(右);(b) 近红外 QLED 器件结构示意(左)和通过改变配体长度在量子点膜中精细剪裁的点间距离(右);(c) 包覆五种不同配体的 3.8 nm CdSe 量子点在 303 K 处的溶解度(左)和 CdSe/荧光油墨的照片(右);(d) PbS 量子点的各种配体示意(左)和 PbS 量子点膜相应的能级(右)

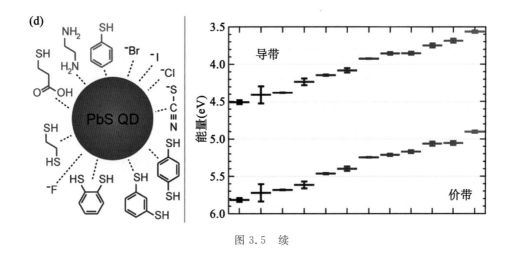

图 3.5　续

（3）配体会影响量子点薄膜整体能级结构。Brown 等人证明了配体诱导的表面偶极子是一种控制量子点膜绝对能级的有效策略，如图 3.5(d) 所示[23]。作者表明，PbS 量子点膜上的配体交换处理导致了高达 0.9 eV 的能级转移。配体诱导表面偶极子的强度可以通过配体的化学结合基团和偶极矩来调节。这一发现允许对太阳能电池中使用的 PbS 量子点进行精细的波段能量校准，从而提高了设备的效率。Yang 等人用这一策略制备 QLED，结合量子点的尺寸控制，演示了 PbS 量子点薄膜的带隙和带位置的微调，使得在一个 LED 配置中，量子点薄膜可以作为电子传输层、发光层和空穴传输层[24]。

2. 核壳结构

Reiss 等人根据半导体材料的禁带和电子能级的相对位置将核壳量子点分为如图 3.6 所示的三种类型[25]：Ⅰ型、Ⅱ型、反Ⅰ型结构。在Ⅰ型结构中，壳层材料的禁带宽度大于量子点核的禁带宽度。外壳被用来钝化核心的表面，以提高其光学性能。该量子点外壳将光学活性核心从其周围的介质中物理分离开来。因此，光学特性对量子点表面局部环境的敏感性发生了变化。例如，由于氧气或水分子的存在被减少，对于量子点的核心，核壳块结构在光降解方面表现出优异的稳定性。同时，壳层的生长减少了表面悬空键的数量，这些键可以作为电荷载流子的陷阱态，从而降低了荧光量子产率。第一个报道该结构的是 CdSe/ZnS 核壳量子点。ZnS 壳层显著提高了量子点的荧光量子产率和抗光漂白稳定性。由于激子部分泄漏到壳材料中，因此壳层的生长伴随着紫外/可见吸收光谱和光致发光波长上的激子峰的小红移（5～10 nm）。

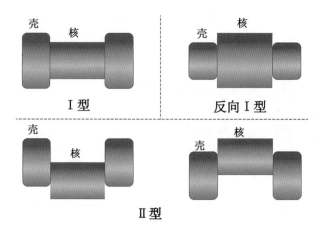

图 3.6　核壳量子点的分类（核、壳带隙之间的关系）

B. O. Dabbousi 等人在 1997 年首次报道了高发光 CdSe@ZnS 核壳量子点的合成，其 CdSe 核的直径在 2.3 nm 到 5.5 nm 之间。这些合成点的窄光致发光（半峰宽小于 40 nm）跨越了从蓝光到红光的大部分可见光谱，在室温下的量子产率为 30%～50%。我们用一系列光学和结构技术对这些材料进行了表征。最后，确定了 ZnS 核是在 CdSe 核上局部外延生长而成，以及 ZnS 壳层的结构如何影响光致发光性能。在 2018 年，Wang 等人同样使用了 CdSe/ZnS 量子点作为发光层，并且采用空穴传输层正交溶剂，引入双层 PVK/TFB 空穴传输层，实现了具有创纪录性能的全溶液法倒置结构的 QLED[26]。其中正交溶剂 1,4-二噁烷防止空穴传输层攻击量子点层，保证相邻层间界面干净完整。双层 PVK/TFB 空穴传输层提供了一个逐步变化的能级，以促进空穴的注入。因此，红光 QLED 的电流效率峰值为 22.1 cd/A，最大外量子效率为 12.7%。其红光 QLED 的性能在所有溶液法制备的倒置结构 QLED 中最高。

在 II 型结构中，壳层材料的导带或者价带位于量子点核的禁带中，具体与壳层材料的厚度有关。对于 II 型结构，壳层生长的目标是使量子点的发射波长发生显著的红移。带隙交错排列，导致量子点实际有效带隙要比核和壳都要小。这种结构的有趣之处在于，它有可能通过控制壳层厚度，调整发射颜色，使之接近想要的光谱范围，这是单一材料难以达到的，也是一种使宽禁带半导体量子点发红光的方法。研究者已经开发出了用于近红外发射的第二类纳米碳管，例如使用 CdTe/CdSe 或 CdSe/ZnTe。与 I 型结构相比，II 型结构的量子点中的空穴和电子一般会被分离开来，分别处于核和壳中，因此电子和空穴的波函数的重叠较低，使其光致发光衰减时间大大延长。由于其中一种载流子（电子或空穴）位于壳层中，因此可以像在 I 型结构中一样使用合适材料外壳的过度生长来提高Ⅱ型核壳量子点的荧光量子产率和光稳定性[8,9,27]。Wang 等人通过大规模第一性原理计算，研究了核壳 CdSe/CdS 和 CdSe/CdTe 异质结构量子点的电子态。根据它们的能带的偏置排列，CdSe/CdS 是Ⅰ型异质结构，而 CdSe/CdTe 是Ⅱ型异质结构。他们发现这两种电子态之间只有很小的区别，但是 CdSe/CdS 量子点的空穴波函数已经定位在核心内，而 CdSe/CdTe 量子点的空穴波函数定位在壳层内。CdSe/CdTe 量子点的空穴态与 CdSe 和 CdSe/CdS 量子点的空穴态具有截然不同的特征。

在反Ⅰ型结构中，带隙较窄的材料过度生长到带隙较宽的芯上。电荷载流子在壳层中至少部分去局域化，发射波长可以通过壳层厚度进行调整。一般情况下，带隙会随壳层厚度发生显著红移。这类结构的核壳量子点有 CdS/HgS[28] 和 ZnSe/CdSe[7]。这些结构的光稳定性和荧光量子产率可以通过在核壳量子点上继续生长更大带隙半导体的第二壳层来提高。

就量子点本身而言，核壳结构(CdSe/CdS)量子点的量子效率高(接近100％)，稳定性好，而且可以消除荧光闪烁现象。在量子点制成膜后容易诱发荧光共振能量转移现象，导致效率下降。已经有研究明确表明，荧光共振能量转移现象有很强的尺寸依赖性。对于核壳量子点，壳的尺寸越大，荧光共振能量转移现象越不明显。这种核壳结构量子点能很好地运用于红光 QLED 中。

3. 合金核壳结构

纯闪锌矿相的 CdSe/CdS 核壳量子点制作的 QLED 器件已经被证明在红光部分具有优异的性能，但是由于 CdSe 和 CdS 电子结构的相似性，这种结构只有在橙光到红光的长波部分具有优异的性能；除了使用 CdS 作为壳之外，由于 ZnS 和 CdSe 的电子结构相差较多，也被广泛用于调节量子点的荧光性质，且其发光通常是由 CdSe 的尺寸决定，因此 ZnS 材料作为壳层被广泛研究。

然而由于 CdSe 和 ZnS 的晶格失配约为12％，这会造成界面处的应力集中，形成内在的缺陷能级，导致量子产率低于 CdSe/CdS 量子点。为了释放晶格应力，核壳之间引入合金的界面，同时能够减少非辐射俄歇复合，降低了衰变速率，从而提高电致发光的外量子效率。在这个结构中能尽量减少具有毒性的 Cd 元素，电子和空穴被限域在核合金内部，提供了更多可调谐的颜色；合金的界面还能提供一个渐变的势垒，从而提高电子/空穴的注入，提高了 QLED 器件的效率。典型的核壳合金量子点化学成分和能带结构如图 3.7 所示。

在 2018 年，Cao 等人采用能量设计策略，合成了具有低带隙 ZnSe 壳层的 CdSe/

$Cd_{1-x}Zn_xSe/ZnSe$ 量子点,实现了高效空穴注入。通过优化壳体的组成梯度和厚度,保持了其高光致发光效率。这些设备的 T_{95} 运行寿命超过 2300 小时,初始亮度为 1000 cd/m^2,相当于 T_{50} 运行寿命在 100 cd/m^2 时超过 220 万小时,完全满足了显示器的工业要求[41]。

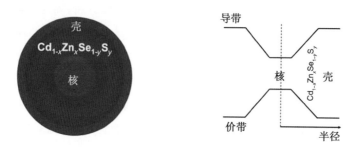

图 3.7 $CdSe/Cd_{1-x}Zn_xSe_{1-y}S_y/ZnS$ 合金量子点的化学成分和能带结构

3.3   红光 QLED 器件

3.3.1   红光 QLED 器件结构发展

自从胶体 QLED 在 1994 年发明以来,器件的亮度和外量子效率得到了很大的提高,器件经历了四种结构的发展和变化[30],如图 3.8 所示。当然,红光 QLED 的器件结构也经历了同样的发展,下面的介绍将着重于红光 QLED 器件部分。

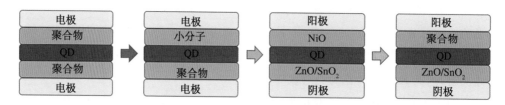

图 3.8   QLED 器件结构的演变过程

第一种:该结构以聚合物为载流子传输层,这是最早的 QLED 器件结构,即图 3.8 的第一个。典型的器件结构为包含 CdSe 单核量子点和聚合物双层或二者的混合物,包夹于两电极间。该结构由于使用低量子产率的单核 CdSe 量子点,且存在明显的聚合物内寄生的电致发光,所以器件具有较低的外量子效率和较小的最大亮度。最典型的就是 1994 年的第一个 QLED[31],其报道构建了一个有机/无机电致发光器件,结构为 ITO/PPV/QD/Mg。在 PPV 层中注入的空穴和注入 CdSe 纳米晶体多层膜中的电子发生复合产生了光发射。由于纳米晶体的发光层与金属触点的功函数紧密匹配,其工作电压仅为 4 V。在第二年,B. O. Dabbousi 等人报道了由单分散的 CdSe 量子点、聚氯乙烯咔唑(PVK)以及噁二唑衍生物(t-Bu PBD)组成的混合物作为发光层,并夹在 ITO 和 Al 电极之间的 QLED[32]。电致发光光谱和光致发光光谱(带宽 40 nm)在室温下几乎相同,发光颜色可以通过调节量子点的尺寸来进行调控,从而达到红光。在 77 K 温度下进行电致发光测量,结果表明在低电压下只有量子点会产生发光,而在高电压下量子点和 PVK 都会发生电致发光。同时变温研究表明,测试的温度越低,器件的效率越高。

第二种:以有机小分子材料作载流子传输层的 QLED。2002 年 Coe 等人提出了结合有机材料的易加工性和胶体量子点的窄波段高效发光,将单层量子点与双层 OLED 结合的 II 型器件结构[33]。这种结构在 OLED 的基础上加入单层的量子点层,能使通过有机层的载流子传输过程和发光过程分离开来,提高了 OLED 的外量子效率,其发光效率(在 2000 cd/m² 时电流效率为 1.6 cd/A)比之前最好的 QLED[34]结果提高了 25 倍。但存在器件暴露在空气中运行时,由于使用了有机层会导致器件不稳定的问题。

第三种:与第二种相比,第三种是以无机载流子传输层替代有机载流子传输层。这大大提高了器件在空气中的稳定性,并使器件能够承受更高的电流密度。Caruge 等人用溅射法,使用无机载流子传输层氧化锌锡和氧化镍分别作为电子和空穴传输层制备出全无机的 QLED。该器件能够在电流密度超过 3.5 A/cm² 且峰值亮度达到 1950 cd/m² 的情况下工作,比之前报道的结构提高 100 倍[28]。但是该器件的效率并不高,归因于在溅射氧化物层时造成量子点破坏,载流子注入不平衡和量子点被导电金属氧化物包围时产生的量子点荧光淬灭。

第四种:采用有机和无机混合载流子传输层的 QLED。这是当前最常用的一种结构。该结构一般以 n 型无机金属氧化物半导体作为电子传输层,以 p 型的有机半导体作为空穴传输层。混合结构的 QLED 外量子效率高,同时具有高亮度。其中 Qian 等人报道了外量子效率为 1.7%,最大亮度为 31000 cd/m² 的红混合结构 QLED[29]。第四种 QLED 的工作机理更多依赖于电荷注入而非能量转移。在 2019 年,Dongho Kim 等人开发了以 InP/ZnSe/ZnS 量子点作为发光层,器件结构为 ITO/PEDOT:PSS/TFB/QD/ZnMgO/Al 的 QLED。该器件的外量子效率最高可以达到 21.4%,其最大亮度也可以达到 100000 cd/m²。另外该器件具有极佳的寿命,可以达到 100 万小时,满足商业化的要求。这些性能远远优于之前报道的无镉的 QLED,并可与基于镉的最先进的 QLED 相媲美。因此,研究结果将有助于为下一代显示器制造无镉的 QLED。

典型的红光 QLED 的器件结构和光电性能的总结见表 3.1。目前,外量子效率最高的红光 QLED 的外量子效率为 23.1%,采用的是串联的器件结构(后面讨论),每个单元采用的都是第四种器件结构。另外有很多外量子效率超过 10% 的工作,其中大多采用的是第四种器件结构,进一步体现了该器件结构的优异性。

表 3.1　典型红光 QLED 器件结构及其性能的总结

器件结构	量子点	电致发光峰(nm)	启亮电压(V)	外量子效率峰值(%)	参考文献
ITO/PEDOT：PSS/PVK/QD/ZnMgO/Al/HATCN/MoO$_3$/PVK/QD/ZnMgO/Al	CdZnSe/ZnS	622	5.6	23.1	[35]
ITO/PEDOT：PSS/TFB/QD/ZnO/Al	CdSe/ZnSe	—	—	21.6	[36]
ITO/PEDOT：PSS/TFB/QD/ZnMgO/Al	InP/ZnSe/ZnS	630	1.8~2.0	21.4	[37]
ITO/PEDOT：PSS/poly-TPD/PVK/QD/PMMA/ZnO/Ag	CdSe/CdS	640	1.7	20.5	[38]
ITO/PEDOT：PSS/poly-TPD/PVK/QD/Zn$_{0.9}$Mg$_{0.1}$O/Ag	CdSe/CdZnS	624	1.7	18.2	[39]
ITO/PEDOT：PSS/poly-TPD/PVK/QD/PMMA/Zn$_{0.9}$Mg$_{0.1}$O/Ag	CdSe/CdZnS	624	1.7	17.5	[39]
ITO/PEDOT：PSS/poly-TPD/PVK/QD/PMMA/Zn$_{0.9}$Mg$_{0.1}$O/Au	CdSe/CdZnS	624	—	16.8	[39]
ITO/PEDOT：PSS/TFB/QD/ZnO/Al	CdSe/Cd$_{1-x}$Zn$_x$Se/ZnSe	约 625	1.7	15.1	[40]
ITO/PEDOT：PSS/TFB/QD/ZnO/Al	CdSe/Cd$_{1-x}$Zn$_x$Se$_{1-y}$S$_y$/ZnS	约 625	1.8	11.4	[40]
ITO/PEDOT：PSS/poly-TPD/PVK/QD/PMMA/Zn$_{0.9}$Mg$_{0.1}$O/Al	CdSe/CdZnS	624	—	15.1	[39]
ITO/ZnO/QD/spiro-2NPB/LT-N125/LG-101/Al	CdSe/CdS	615	1.5	18	[41]
ITO/ZnO/QD/PVK/PVK/TFB/PMAH/Al	CdSe/ZnS	618	2.7	12.7	[26]
ITO/PEDOT：PSS/TFB/QD/ZnO/Al	Cd$_{0.1}$Zn$_{0.9}$S/CdSe/CdS	629	2.4	12.44	[43]
ITO/PEDOT：PSS/TFB/QD/ZnO/Al	Cd$_{0.1}$Zn$_{0.9}$S/CdSe	627	2.4	8.23	[43]
ITO/ZnO/QD/PVK/PMAH/Al	CdSe/ZnS	618	3.3	11.2	[42]

续表

器件结构	量子点	电致发光峰 (nm)	启亮电压 (V)	外量子效率峰值 (%)	参考文献
ITO/PEDOT：PSS/poly-TPD/QD/ZnMgO/Ag	InP/ZnSe/ZnS	630	1.8	12.2	[44]
ITO/PEDOT：PSS/TFB/F_4TCNQ/QD/ZnO/Al	CdS/CdSe/ZnSe	612	1.55	12.05	[45]
ITO/PEDOT：PSS/TFB/QD/ZnO/Al	$Cd_{1-x}Zn_x$ $Se_{1-y}S_y$	631	1.7	12	[46]
ITO/PEDOT：PSS/TFB/QD/ZnO/Al	$Cd_{1-x}Zn_x$S/ZnS	625	1.5	12	[47]
ITO/PEDOT/TFB/QD/TiO_2/Al	CdSe/CdS/ZnS	615	—	—	[48]
ITO/ZnMgO/QD/TCTA/TAPC/HATCN/Al	InP/ZnSe/ZnS	—	—	10.2	[49]
ITO/ZnO：CsN_3/TAPC/HAT-CN/MoO_3/Al	CdSe/ZnS	628	3.0	13.4	[50]
ITO/ZnO/QD/CBP/MoO_3/Al	CdSe/$Zn_{0.5}Cd_{0.5}$S	625	2	7.4	[51]
ITO/ZnO/QD/CBP/MoO_3/Al	CdSe/$Zn_{0.5}Cd_{0.5}$S	625	2	6.7	[51]
ITO/ZnO/QD/CBP/HAT-CN/Al	InP/ZnSe/ZnS	607	2.0	6.6	[52]
ITO/ZnO/QD/CBP/MoO_3/Al	CdSe/CdS/ZnS	630	1.8	7.8	[53]
ITO/ZnO/QD/CBP/MoO_3/Al	CdSe/CdS/ZnS	637	1.8	7.3	[53]
ITO/MoO_3/NiO/QD/ZnO/Al	CdSe/CdS/ZnS	630	2.8	5.51	[54]
ITO/ZnO/PEIE/QD/CBP/MoO_3/Al	$CuInS_2$/ZnS	650	2.2	4.8	[55]
ITO/ZnO/PEIE/QD/CBP/MoO_3/Al	$CuInS_2$/ZnS	650	2.2	4.7	[55]
ITO/ZnO/PEIE/QD/CBP/MoO_3/Al	$CuInS_2$/ZnS	650	2.4	4.3	[55]
ITO/ZnO/QD/CBP/MoO_3/Al	$CuInS_2$/ZnS	650	2	3.6	[55]
ITO/ZnO/QD/PVK/PEDOT：PSS/Al	CdSe/CdS/ZnS	约624	2	2.72	[56]

续表

器件结构	量子点	电致发光峰（nm）	启亮电压（V）	外量子效率峰值（%）	参考文献
ITO/2-TPD/TCTA-VB/QD/TPBI/CsF/Al	CdSe/CdS	611	6	1.1	[57]
ITO/2-TPD/TCTA-VB/QD/TPBI/CsF/Al	CdSe/CdS/CdZS/ZnS	623	6	1.6	[57]
ITO/PEDOT/poly-TPD/QD/Alq$_3$/Ca/Al	CdSe/CdS/ZnS	619	3～4	—	[58]
ITO/PPV/CdSe/Mg	CdSe	580～620	4	—	[31]
ITO/PEDOT：PSS/poly-TPD/QD/ZnO/Al	CdSe/ZnS	600	1.7	1.7	[29]
ITO/PEDOT/TFB/QD/TiO$_2$/Al	CdSe/CdS/ZnS	618	＜2	1.6	[48]
ITO/PEDOT：PSS/poly-TPD/QD/ZnO/Ag	CdSe/ZnS	约630	2	1.34	[59]
ITO/PEDOT：PSS/SpiroTPD/QD/TPBi/Mg：Ag/Ag	ZnCdSe	650	4	1.0	[60]
ITO/PEDOT：PSS/CBP/QD/TAZ/Alq$_3$/Mg：Ag/Ag	CdSe/ZnS	615	5	1.2	[61]
ITO/PPV/QD/Mg/Ag	CdSe/CdS	613	—	0.2	[34]
ITO/NiO/QD/Alq$_3$/Ag/Mg/Ag	CdSe/ZnS	625	6～7	0.18	[62]
ITO/a-NPD：F4-TCNQ/CBP/QD/BCP/Alq$_3$/LiF/Al	CdSe/ZnS	约620	—	0.15	[63]
ITO/NiO/QD/ZnO：SnO$_2$/Ag	ZnCdSe	642	3.8	0.09	[28]
ITO/PEDOT：PSS/poly-TPD/QD/Alq$_3$/Ca/Al	(CuInS$_2$-ZnS)/ZnS	606	14	—	[64]
ITO/PEDOT：PSS/TFB/QD/TiO$_2$/Al	CdSe/CdS/ZnS	615	—	—	[48]
ITO/PEDOT：PSS/TFB/QD/TiO$_2$/Al	CdSe/CdS/ZnS	615	1.9	—	[65]
ITO/SiO$_2$/QD/Au	SWNT/PS-b-PPP：CdSe/ZnS	640	—	—	[66]
ITO/PEDOT：PSS/poly-TPD/QD/Alq$_3$/Ca/Al	CuInS$_2$-ZnS/ZnSe/ZnS	623	4.4		[67]
ITO/PEDOT：PSS/poly-TPD/QD/Alq$_3$/Ca/Al	CdSe/CdS/ZnS	619	—	—	[58]

3.3.2　常用器件结构

由上面可知,QLED 当前使用的最多是的第四种器件结构。当然,第四种器件结构也含有三种结构:常规结构、倒置结构以及串联结构,如图 3.9。

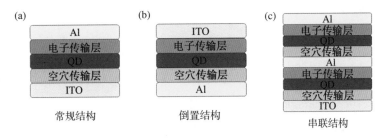

图 3.9　QLED 器件的(a) 常规结构;(b) 倒置结构;(c) 串联结构

(1) 常规结构:即图案化 ITO 作为阳极,有机物 PEDOT:PSS 作为空穴注入层,高分子聚合物 poly-TPD 或 TFB 作为空穴传输层,量子点作为发光层,ZnO 纳米晶作为电子传输材料,Al 电极作为对电极[18,68—75],如图 3.9(a)所示。在 2009 年,Choi 等人使用 ITO/PEDOT:PSS/TFB/QD/ZnO/Al 的器件结构[65],如图 3.10(a)所示,通过交联胶体量子点层,使用溶胶凝胶 TiO_2 层进行电子传输,大大降低红光量子点发光二极管中的电荷注入势垒。器件的亮度可以达到 12380 cd/m^2,驱动电压也只需要 1.9 V,功率效率可以达到 2.4 lm/W。十年后,Du 等人报告了基于 CdSe/ZnSe 核壳结构的红光量子点发光二极管[36],器件结构同样为 ITO/PEDOT:PSS/TFB/QD/ZnO/Al,此时其得到的器件最大外量子效率可以达到 21.6%,对应的亮度为 13300 cd/m^2,且该器件的最大亮度可以达到 356000 cd/m^2。其优异的性能得益于在整个核壳区域中使用了 Se,以及在核壳接口中存在合金桥接层。从这我们可以发现,在常规的器件结构下,影响器件性能的主要原因是发光层的合理设计。

(2) 倒置结构:相对于标准器件结构而言,图案化 ITO 作为电子注入电极,其他材料相应略有变化,最后电极 Al 作为阳极[41,53,76—78],如图 3.9(b)。Lee 等人报道了使用溶液处理的 ZnO 纳米粒子作为电子注入/传输层[53],如图 3.10(b)所示,并通过优化有机空穴传输层的能级,实现了高亮度和高效率的倒置结构 QLED,最大亮度可达 23040 cd/m^2,外量子效率为 7.3%。同样值得注意的是,该器件表现出极低的导通电压和较长的工作寿命,这主要是由于激子通过倒转器件结构在量子点内直接重组。Ji 等人在 2020 年报道了一种新的 ITO/ZnO/PEIE/QD/CBP/MoO_3/Al 倒置器件结构[42],以提高基于 InP 量子点的 QLED 的效率。通过引入一层薄的电子输运材料,大大减少了空穴在输运层和量子点界面处的堆积,抑制了空穴对量子点发射的淬灭效应。通过在 ZnO/TPBi 的电子控制界面嵌入量子点,与传统器件结构在 ZnO/CBP 处的 PN 结发射器相比,外量子效率(电流效率)从 3.83%(5.17 cd/A)提高到 6.32%(8.54 cd/A)。分析表明,基于 InP 量子点的器件内部量子效率接近 100%(荧光量子产率为 32%)。这项工作为实现高效 QLED 器件提供了一种可选的器件结构。

(3) 串联结构:即将常规结构或倒置结构的器件串联在一起,形成一个串联结构的 QLED,如图 3.9(c)。例如,Sun 等人采用 ZnMgO/Al/HATCN/MoO$_3$ 结构的互连层,如图 3.10(c)所示,研制了高效串联量子点发光二极管[35]。所开发的互连层具有高透明性、高效的电荷生成/注入能力,以及在上层功能层沉积过程中抵抗溶剂损伤的高鲁棒性。在提出的互连层中,红光串联 QLED 显示出极高的电流效率和外量子效率,分别为 41.5 cd/A 和 23.1%。在 $10^2 \sim 10^4$ cd/m^2 的光亮度范围内,可以很好地保持高效率。例如,即使在 20000 cd/m^2 的高亮度下,红光 QLED 的外量子效率仍然可以维持最大值的 99%,如图 3.10(c)。

3.4　总结与展望

在本章中,我们首先介绍了典型的含镉红光量子点材料(CdSe、CdTe)的能级结构及其光电性能。随后,我们介绍了提升红光量子点材料稳定性和光电性能的一些策略,包括表面配体修饰及形成核壳材料。对于红光发光二极管部分,我们将重点放在了红光 QLED 器件结构的发展过程。

尽管 QLED 还存在一些问题,例如性能比较出众的红光量子点材料都含有一定的重金属元素,对于环境不太友好;高性能的红光量子点材料多为核壳结构,乃至多层核壳结构。现有的合成较为繁杂,成本也较高;电荷的注入不平衡是 QLED 器件的寿命缩短和器件性能很难提高的重要因素,因此,针对不同的量子点需要考虑不同器件的构造,考虑电荷传输平衡的同时延长器件的寿命。

近几十年来,红光 QLED 的研究还是取得了一系列显著的进展,在开发具有高发光效率和窄发射率的半导体量子点合成的稳定、可重复性方面已经取得了令人瞩目的成就。未来使用更便宜和更环保的化学品对合成方案进行优化以获得完美的批次重现性应该会使高品质量子点的制造成本降得更低。这将会进一步促进 QLED 走向大规模应用。总体来说,胶体量子点具有非常独特的光电特性,工业化产品的需求将继续推动量子点的研究。从合成到应用的发展已经愈趋成熟,量子点具有广阔的前景和未来。

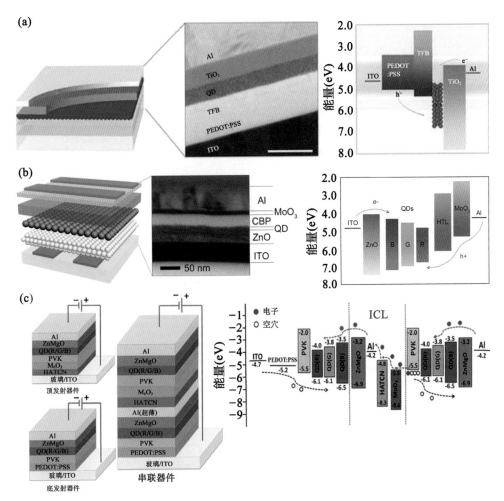

图 3.10　常见的 QLED 器件结构和能级。(a) 常规 QLED 器件结构示意和器件截面的电镜以及相应的能带[65];(b) 倒置 QLED 器件结构示意和器件截面的电镜以及相应的能带[53];(c) 串联 QLED 器件结构示意以及能带[35]

参 考 文 献

[1] Peng X. Mechanisms for the shape-control and shape-evolution of colloidal semiconductor nano-crystals. Advanced Materials,2003,15(5):459-463.

［2］ Guyot-Sionnest P. Colloidal quantum dots. Comptes Rendus Physique，2008，9(8)：777-787.

［3］ Kumar S, Nann T. Shape Control of Ⅱ-Ⅵ semiconductor nanomaterials. Small，2006，2(3)：316-329.

［4］ Shang Y Q，Ning Z J. Colloidal quantum-dots surface and device structure engineering for high-performance light-emitting diodes. National Science Review，2017，4(2)：170-183.

［5］ Klimov V I, Mcbranch D W, Leatherdale C A, et al. Electron and hole relaxation pathways in semiconductor quantum dots. Physical Review B，1999，60(19)：13740-13749.

［6］ Fu H X, Zunger A. InP quantum dots：Electronic structure, surface effects, and the redshifted emission. Physical Review B，1997，56(3)：1496-1508.

［7］ Qu L H, Peng X G. Control of photoluminescence properties of CdSe nanocrystals in growth. Journal of the American Chemical Society，2002，124(9)：2049-2055.

［8］ Pradhan N, Reifsnyder D, Xie R G, et al. Surface ligand dynamics in growth of nanocrystals. Journal of the American Chemical Society，2007，129(30)：9500-9509.

［9］ Hines M A, Guyot-Sionnest P. Bright UV-blue luminescent colloidal ZnSe nanocrystals. Journal of Physical Chemistry B，1998，102(19)：3655-3657.

［10］ Hines D A, Kamat P V. Recent advances in quantum dot surface chemistry. ACS Applied Materials & Interfaces，2014，6(5)：3041-3057.

［11］ Dabbousi B O, Rodriguezviejo J, Mikulec F V, et al. (CdSe)ZnS core-shell quantum dots：Synthesis and characterization of a size series of highly luminescent nanocrystallites. Journal of Physical Chemistry B，1997，101(46)：9463-9475.

［12］ Cumberland S L, Hanif K M, Javier A, et al. Inorganic clusters as single-source precursors for preparation of CdSe, ZnSe, and CdSe/ZnS nanomaterials. Chemistry of Materials，2002，14(4)：1576-1584.

［13］ Blackman B, Battaglia D, Peng X G. Bright and water-soluble near IR-Emitting CdSe/CdTe/ZnSe type-Ⅱ/type-I nanocrystals, tuning the efficiency and stability by growth. Chemistry of Materials，2008，20(15)：4847-4853.

［14］ Abdellah M, Zidek K, Zheng K B, et al. Balancing electron transfer and surface passivation in gradient CdSe/ZnS core-shell quantum dots attached to ZnO. Journal of Physical Chemistry Letters，2013，4(11)：1760-1765.

［15］ Pu C D, Peng X G. To battle surface traps on CdSe/CdS core/shell nanocrystals：Shell isolation versus surface treatment. Journal of the American Chemical Society，2016，138(26)：8134-8142.

［16］ Owen J. The coordination chemistry of nanocrystal surfaces. Science，2015，347(6222)：615-616.

［17］ Sun L F, Choi J J, Stachnik D, et al. Bright infrared quantum-dot light-emitting diodes through inter-dot spacing control. Nature Nanotechnology, 2012, 7(6): 369-373.

[18] Shen H B, Cao W R, Shewmon N T, et al. High-efficiency, low turn-on voltage blue-violet quantum-dot-based light-emitting diodes. Nano Letters, 2015, 15(2): 1211-1216.

[19] Liu Y, Gibbs M, Puthussery J, et al. Dependence of carrier mobility on nanocrystal size and ligand length in PbSe nanocrystal solids. Nano Letters, 2010, 10(5): 1960-1969.

[20] Maslen V W. On the role of inner-shell ionization in the scattering of fast electrons by crystals. Philosophical Magazine B, 1987, 55(4): 491-496.

[21] Yang Y, Qin H Y, Jiang M W, et al. Entropic ligands for nanocrystals: From unexpected solution properties to outstanding processability. Nano Letters, 2016, 16(4): 2133-2138.

[22] Yang Y, Qin H Y, Peng X G. Intramolecular entropy and size-dependent solution properties of nanocrystal-ligands complexes. Nano Letters, 2016, 16(4): 2127-2132.

[23] Brown P R, Kim D, Lunt R R, et al. Energy level modification in lead sulfide quantum dot thin films through ligand exchange. ACS Nano, 2014, 8(6): 5863-5872.

[24] Yang Z Y, Voznyy O, Liu M X, et al. All-quantum-dot infrared light-emitting diodes. ACS Nano, 2015, 9(12): 12327-12333.

[25] Reiss P, Protiere M, Li L. Core/shell semiconductor nanocrystals. Small, 2009, 5(2): 154-168.

[26] Liu Y, Jiang C B, Song C, et al. Highly efficient all-solution processed inverted quantum dots based light emitting diodes. ACS Nano, 2018, 12(2): 1564-1570.

[27] Ji X H, Copenhaver D, Sichmeller C, et al. Ligand bonding and dynamics on colloidal nanocrystals at room temperature: The case of alkylamines on CdSe nanocrystals. Journal of the American Chemical Society, 2008, 130(17): 5726-5735.

[28] Caruge J M, Halpert J E, Wood V, et al. Colloidal quantum-dot light-emitting diodes with metal-oxide charge transport layers. Nature Photonics, 2008, 2(4): 247-250.

[29] Qian L, Zheng Y, Xue J G, et al. Stable and efficient quantum-dot light-emitting diodes based on solution-processed multilayer structures. Nature Photonics, 2011, 5(9): 543-548.

[30] Shirasaki Y, Supran G J, Bawendi M G, et al. Emergence of colloidal quantum-dot light-emitting technologies. Nature Photonics, 2013, 7(1): 13-23.

[31] Colvin V L, Schlamp M C, Alivisatos A P. Light-emitting diodes made from cadmium selenide nanocrystals and a semiconducting polymer. Nature, 1994, 370(6488): 354-357.

[32] Dabbousi B O, Bawendi M G, Onitsuka O, et al. Electroluminescence from Cdse quantum-dot polymer composites. Applied Physics Letters, 1995, 66(11): 1316-1318.

[33] Coe S, Woo W K, Bawendi M, et al. Electroluminescence from single monolayers of nanocrystals in molecular organic devices. Nature, 2002, 420(6917): 800-803.

[34] Schlamp M C, Peng X G, Alivisatos A P. Improved efficiencies in light emitting diodes made

with CdSe(CdS) core/shell type nanocrystals and a semiconducting polymer. Journal of Applied Physics, 1997, 82(11): 5837-5842.

[35] Zhang H, Chen S M, Sun X W. Efficient red/green/blue tandem quantum-dot light-emitting diodes with external quantum efficiency exceeding 21%. ACS Nano, 2018, 12(1): 697-704.

[36] Shen H B, Gao Q, Zhang Y B, et al. Visible quantum dot light-emitting diodes with simultaneous high brightness and efficiency. Nature Photonics, 2019, 13(3): 192-197.

[37] Won Y-H, Cho O, Kim T, et al. Highly efficient and stable InP/ZnSe/ZnS quantum dot light-emitting diodes. Nature, 2019, 575(7784): 634-638.

[38] Dai X, Zhang Z, Jin Y, et al. Solution-processed, high-performance light-emitting diodes based on quantum dots. Nature, 2014, 515(7525): 96-99.

[39] Zhang Z, Ye Y, Pu C, et al. High-performance, solution-processed, and insulating-layer-free light-emitting diodes based on colloidal quantum dots. Advanced Materials, 2018, 30(28): 1801387.

[40] Cao W, Xiang C, Yang Y, et al. Highly stable QLEDs with improved hole injection via quantum dot structure tailoring. Nature Communications, 2018, 9(1): 2608.

[41] Mashford B S, Stevenson M, Popovic Z, et al. High-efficiency quantum-dot light-emitting devices with enhanced charge injection. Nature Photonics, 2013, 7(5): 407-412.

[42] Wang Y C, Chen Z J, Wang T, et al. Efficient structure for InP/ZnS-based electroluminescence device by embedding the emitters in the electron-dominating interface. Journal of Physical Chemistry Letters, 2020, 11(5): 1835-1839.

[43] Bai J, Chang C, Wei J, et al. High efficient light-emitting diodes with improved the balance of electron and hole transfer via optimizing quantum dot structure. Optical Materials Express, 2019, 9(7): 3089-3097.

[44] Li Y, Hou X, Dai X, et al. Stoichiometry-controlled InP-based quantum dots: Synthesis, photoluminescence, and electroluminescence. Journal of the American Chemical Society, 2019, 141(16): 6448-6452.

[45] Nam S, Oh N, Zhai Y, et al. High efficiency and optical anisotropy in double-heterojunction nanorod light-emitting diodes. ACS Nano, 2015, 9(1): 878-885.

[46] Manders J R, Qian L, Titov A, et al. High efficiency and ultra-wide color gamut quantum dot LEDs for next generation displays. Journal of the Society for Information Display, 2015, 23 (11): 523-528.

[47] Yang Y, Zheng Y, Cao W, et al. High-efficiency light-emitting devices based on quantum dots with tailored nanostructures. Nature Photonics, 2015, 9(4): 259-266.

[48] Kim T-H, Cho K-S, Lee E K, et al. Full-colour quantum dot displays fabricated by transfer printing. Nature Photonics, 2011, 5(3): 176-182.

[49] Lee C Y, Naik Mude N, Lampande R, et al. Efficient cadmium-free inverted red quantum dot light-emitting diodes. ACS Applied Materials & Interfaces, 2019, 11(40): 36917-36924.

[50] Pan J, Wei C, Wang L, et al. Boosting the efficiency of inverted quantum dot light-emitting diodes by balancing charge densities and suppressing exciton quenching through band alignment. Nanoscale, 2018, 10(2): 592-602.

[51] Lim J, Jeong B G, Park M, et al. Influence of shell thickness on the performance of light-emitting devices based on CdSe/$Zn_{1-x}Cd_xS$ core/shell heterostructured quantum dots. Advanced Materials, 2014, 26(47): 8034-8040.

[52] Cao F, Wang S, Wang F, et al. A layer-by-layer growth strategy for large-size InP/ZnSe/ZnS core-shell quantum dots enabling high-efficiency light-emitting diodes. Chemistry of Materials, 2018, 30(21): 8002-8007.

[53] Kwak J, Bae W K, Lee D, et al. Bright and efficient full-color colloidal quantum dot light-emitting diodes using an inverted device structure. Nano Letters, 2012, 12(5): 2362-2366.

[54] Yang X, Zhang Z-H, Ding T, et al. High-efficiency all-inorganic full-colour quantum dot light-emitting diodes. Nano Energy, 2018, 46: 229-233.

[55] Yuan Q, Guan X, Xue X, et al. Efficient $CuInS_2$/ZnS quantum dots light-emitting diodes in deep red region using PEIE modified ZnO electron transport layer. Physica Status Solidi (RRL)-Rapid Research Letters, 2019, 13(5): 1800575.

[56] Zhang H, Li H, Sun X, et al. Inverted quantum-dot light-emitting diodes fabricated by all-solution processing. ACS Applied Materials & Interfaces, 2016, 8(8): 5493-5498.

[57] Jing P, Zheng J, Zeng Q, et al. Shell-dependent electroluminescence from colloidal CdSe quantum dots in multilayer light-emitting diodes. Journal of Applied Physics 2009, 105(4): 044313.

[58] Sun Q, Wang Y A, Li L S, et al. Bright, multicoloured light-emitting diodes based on quantum dots. Nature Photonics, 2007, 1(12): 717-722.

[59] Liu Y, Li F, Xu Z, et al. Efficient all-solution processed quantum dot light emitting diodes based on inkjet printing technique. ACS Applied Materials & Interfaces, 2017, 9(30): 25506-25512.

[60] Anikeeva P O, Halpert J E, Bawendi M G, et al. Quantum dot light-emitting devices with electroluminescence tunable over the entire visible spectrum. Nano Letters, 2009, 9(7): 2532-2536.

[61] Kim L, Anikeeva P O, Coe-Sullivan S A, et al. Contact printing of quantum dot light-emitting devices. Nano Letters, 2008, 8(12): 4513-4517.

[62] Zhao J, Bardecker J A, Munro A M, et al. Efficient CdSe/CdS quantum dot light-emitting diodes using a thermally polymerized hole transport layer. Nano Letters, 2006, 6(3): 463-

467.

[63] Rizzo A, Mazzeo M, Palumbo M, et al. Hybrid light-emitting diodes from microcontact-printing double-transfer of colloidal semiconductor CdSe/ZnS quantum dots onto organic layers. Advanced Materials, 2008, 20(10): 1886-1891.

[64] Chen B, Zhong H, Zhang W, et al. Highly emissive and color-tunable CuInS₂-based colloidal semiconductor nanocrystals: Off-stoichiometry effects and improved electroluminescence performance. Advanced Functional Materials, 2012, 22(10): 2081-2088.

[65] Cho K S, Lee E K, Joo W J, et al. High-performance crosslinked colloidal quantum-dot light-emitting diodes. Nature Photonics, 2009, 3(6): 341-345.

[66] Cho S H, Sung J, Hwang I, et al. High performance AC electroluminescence from colloidal quantum dot hybrids. Advanced Materials, 2012, 24(33): 4540-4546.

[67] Tan Z, Zhang Y, Xie C, et al. Near-band-edge electroluminescence from heavy-metal-free colloidal quantum dots. Advanced Materials, 2011, 23(31): 3553-3558.

[68] Lee K H, Lee J H, Kang H D, et al. Over 40 cd/A efficient green quantum dot electroluminescent device comprising uniquely large-sized quantum dots. ACS Nano, 2014, 8(5): 4893-4901.

[69] Anikeeva P O, Halpert J E, Bawendi M G, et al. Quantum dot light-emitting devices with electroluminescence tunable over the entire visible spectrum. Nano Letters, 2009, 9(7): 2532-2536.

[70] Bae W K, Kwak J, Lim J, et al. Multicolored light-emitting diodes based on all-quantum-dot multilayer films using layer-by-layer assembly method. Nano Letters, 2010, 10(7): 2368-2373.

[71] Pal B N, Ghosh Y, Brovelli S, et al. 'Giant' CdSe/CdS core/shell nanocrystal quantum dots as efficient electroluminescent materials: Strong influence of shell thickness on light-emitting diode performance. Nano Letters, 2012, 12(1): 331-336.

[72] Shen H B, Wang S, Wang H Z, et al. Highly efficient blue-green quantum dot light-emitting diodes using stable low-cadmium quaternary-alloy ZnCdSSe/ZnS core/shell nanocrystals. ACS Applied Materials & Interfaces, 2013, 5(10): 4260-4265.

[73] Shen H B, Bai X W, Wang A, et al. High-efficient deep-blue light-emitting diodes by using high quality Znₓ Cd₁₋ₓ S/ZnS core/shell quantum dots. Advanced Functional Materials, 2014, 24(16): 2367-2373.

[74] Cao F, Wang H, Shen P, et al. High-efficiency and stable quantum dot light-emitting diodes enabled by a solution-processed metal-doped nickel oxide hole injection interfacial layer. Advanced Functional Materials, 2017, 27(42): 1704278.

[75] Liu G H, Zhou X, Chen S M. Very bright and efficient microcavity top-emitting quantum dot light-emitting diodes with Ag electrodes. ACS Applied Materials & Interfaces, 2016, 8(26):

16768-16775.

[76] Castan A，Kim H M，Jang J. All-solution-processed inverted quantum-dot light-emitting diodes. ACS Applied Materials & Interfaces，2014，6(4)：2508-2515.

[77] Zhang H，Li H R，Sun X W，et al. Inverted quantum-dot light-emitting diodes fabricated by all-solution processing. ACS Applied Materials & Interfaces，2016，8(8)：5493-5498.

[78] Fu Y，Kim D，Moon H，et al. Hexamethyldisilazane-mediated，full-solution-processed inverted quantum dot-light-emitting diodes. Journal of Materials Chemistry C，2017，5(3)：522-526.

第四章 绿光量子点发光二极管

4.1 引 言

在过去的几十年,量子点凭借其优异的光电性能——可见光波段发光范围广、发射峰窄、荧光量子产率高(接近100%)、可溶液加工等优点引起了广泛关注。可以设想,将量子点用于制备量子点发光二极管的发光层材料具有非常多的优势[1—5]。相比于有机发光二极管,QLED在色彩饱和度和制备成本等方面表现更优异,这得益于量子点光电性能优异、稳定性高以及制备成本较低。因此,QLED在成为下一代宽色域显示器件应用方面具有极大潜力[6]。诸多工作致力于提高红[7—9]、绿[10—13]、蓝[13—15]三原色QLED的电致发光性能。迄今为止,红、绿、蓝QLED的外量子效率都已经超过21%,尤其绿光QLED的外量子效率甚至达到了27.6%[6,13]。同时,人眼对绿光非常敏感,因此发展高效率、高稳定性的绿光QLED具有重大的意义。

绿光QLED中常用的胶体量子点材料有$CdSe/ZnS$[16,17]、$Zn_{1-x}Cd_xSe/ZnS$[18]、$ZnCdS$[19]、$ZnCdSSe/ZnS$[20]、$Cd_{1-x}Zn_xSe_{1-y}S_y$[21]等。因为胶体量子点材料的比表面积非常大,容易受到周围环境的影响,所以量子点通常以核壳结构应用于QLED器件中。因此,用含有有机链或无机成分的外壳包裹量子点维持它的稳定性、减少表面缺陷态,这对提高量子点的各项性能非常有必要。同时,壳的厚度对器件的性能也有影响,一定程度上它可以抑制俄歇复合、促进电荷注入与传输[21,22]。如图4.1所示,量子点依据核壳结构可以分为离散核壳结构、过渡核壳结构、合金化核壳结构。可以通过设计量子点的核壳结构来构造合适的能带结构,从而实现量子点材料各项性能的提高。合成不同结构量子点的方法有多种,包括热注入法[11,23]、胶体化学法[24]、分子束外延(MBE)[17]等。例如,Deng等人在2009年首次采用一种温和、无膦、低成本的方法来制备合金化 ZnCdSSe 量子点[25]。他们利用 Zn、Cd、S、Se 前驱体相对化学反应活性的不同，在石蜡溶液中将 Zn/Cd 前驱体注入 S/Se 前驱体中，制备得到的量子点荧光量子产率可以达到 $40\%\sim65\%$。当量子点的组成成分是 CdSe 多时，该量子点发射绿光，因为 CdSe 的能带窄于 ZnS。Hsu 课题组通过一步热注入法，合成了 $Cd_{1-x}Zn_xSe$ 量子点[23]。他们通过调节反应时间，成功合成发射不同波长光的量子点。然后，他们将过氧化苯甲酰（BPO）溶于甲苯-甲醇混合液作为刻蚀溶液，对 $Cd_{1-x}Zn_xSe$ 量子点进行化学刻蚀。刻蚀后的 $Cd_{1-x}Zn_xSe$ 量子点表面包覆一层薄 ZnS 壳，形成 I 型核壳结构，即激子的复合区域限制在 $Cd_{1-x}Zn_xSe$ 核中。由此量子点组装的 QLED 表现出高度饱和的电致发光性能。Araki 等人通过分子束外延方法合成 CdSe/ZnSe 量子点，并组装器件。他们研究了 CdSe 的层数以及 ZnSe 壳的厚度对 QLED 性能的影响。由于在合适厚度壳下，CdSe 有合适的结晶度，由 5 层 CdSe 核和 10 nm 厚的 ZnSe 组成的量子点组装的器件在 530 nm 处呈现最强的绿光发射。

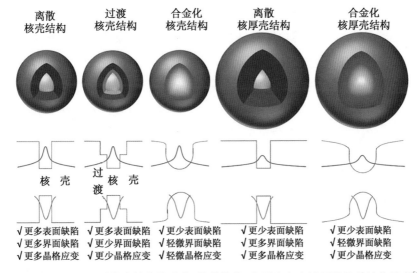

图 4.1　量子点的不同核壳结构的形貌、能带结构、电子和空穴波函数及其性能示意[26]

绿光 QLED 的发展过程如图 4.2 所示。1994 年，Colvin 等人首次报道了将胶体量子点应用于发光器件。他们采用 CdSe 量子点作为发光层材料、聚对苯撑乙烯（PPV）作为空穴传输材料，并组装有机/无机杂化结构的器件。他们通过调节 CdSe 量子点的尺寸大小来实现从红光到黄光的转变。虽然该器件的外量子效率低于 0.01%，但它的驱动电压只有 4 V。更为有趣的是，在低电压下，光由 CdSe 量子点发射；而在高电压下，它呈现由 PPV 发射的绿光。接下来，研究人员开始关注更多种类

的量子点材料[17,25,27-29]。2011 年,Qian 等人将 ZnO 纳米粒子作为电子传输层
(ETL)材料,以提高 QLED 的稳定性和功率效率[30]。从这以后,电子传输层材料基
本采用 ZnO。他们探讨了 ZnO 厚度对器件性能的影响,发现随着 ZnO 电子传输层
厚度的增加,器件的驱动电压随之增加,但器件的外量子效率在 ZnO 电子传输层厚
度为 35 nm 厚时达到最大值 1.4%。同时,他们用 CdSe/ZnS 量子点作为发光层材料
制备 QLED 器件,发现在 540 nm 处发射绿光,器件的驱动电压、最大亮度、功率效率
(PE)和外量子效率分别为 1.8 V、68000 cd/m²、8.2 lm/W 和 1.8%。Shen 等人采用
无膦的方法合成 $Zn_{1-x}Cd_xSe/ZnSe/ZnSe_xS_{1-x}/ZnS$ 核多壳量子点作为 QLED 器件
的发光层材料来研究壳量子点的厚度对荧光量子产率和稳定性的影响[31]。根据光
致发光谱图中荧光发射峰的峰值无明显移动,可以推断外层包裹的壳阻止载流子向
外迁移和泄露。同时,量子点壳层厚度的增加会引起晶格参数的连续变化,这有利于
钝化量子点表面缺陷态并提高荧光量子产率(PLQY)。2012 年,Kwak 课题组首次
报道了构建倒置结构的 QLED 器件 $ITO/ZnO/CdSe@ZnS QD/CBP/MoO_3/Al$[32]。
该工作发现 ZnO 作为电子传输层材料对相邻量子点间的激子复合影响不大,该器件
的最大亮度可达 218800 cd/m²,电流效率(CE)为 19.2 cd/A。既然 ZnO 表现出高效
的电子注入和传输,那么 QLED 的光电性能取决于空穴传输材料。2013 年,Chae 课
题组报道了将聚合物聚乙烯咔唑(PVK)与小分子混合作为空穴传输材料,提高空穴
迁移能力[33]。他们发现 PVK 与 4,4′,4″-三(N-咔唑)-三苯胺(TCTA)以 20%质量分
数混合时,QLED 器件的外量子效率可达 27%,最大亮度达到 40900 cd/m²。同年,
Jun 等人通过多壳钝化策略调整多层壳的大小和厚度以提高绿光 QLED 器件性
能[22]。该合金化核多壳结构量子点的荧光发射峰在 520 nm,且荧光量子产率接近
100%。该文献以 CdSe/ZnS/CdSZnS 核壳量子点为发光层材料制备 QLED 器件,电
致发光发射峰值在 530 nm 处,半高宽为 35 nm。该器件的启亮电压为 3.3 V,CIE
1931 坐标为(0.209,0.742)。Lee 课题组于 2014 年首次提出了一步合成的方法来制
备壳化学成分梯度 CdSe@ZnS/ZnS 量子点[34]。与具有 ZnS 单壳的 CdSe@ZnS 量子
点相比,具有 ZnS 双壳结构的 CdSe@ZnS/ZnS 量子点具有更优的 QLED 器件性能,
外量子效率由 0.5%提高到 12.6%,电流效率由 2.1 cd/A 提高到 46.4 cd/A。作者
认为 CdSe@ZnS/ZnS 量子点可以显著减少带电量子点的俄歇复合和相邻量子点之
间的非辐射能量转移。2015 年,Manders 课题组合成了 $Cd_{1-x}Zn_xSe_{1-y}S_y$ 合金量子
点,首次实现了绿光 QLED 器件的外量子效率超过 20%。[12]他们组装了 ITO/
PEDOT∶PSS/TFB/QD/ZnO/Al 底部发射的 QLED 器件。通过调整组装环境、量

子点合成方法和有效的电荷注入,该绿光 QLED 表现出以下性能参数:外量子效率约 21%,电流效率约 82 cd/A,亮度约 79.8 lm/W,并且启亮电压只有 3.5 V。此外,经过简单封装后,该 QLED 器件的寿命 T_{50} 超过 100000 h。作者认为这得益于该 QLED 器件采用了 ZnO 纳米晶作为电子传输层材料以及性能优异的量子点材料作为发光层材料。2016 年,Chen 课题组用共晶镓-铟(EGaIn)液态金属材料代替铝作为金属阴极材料,实现了 QLED 器件的无真空、无溶剂制备电极,该 QLED 表现出优异的器件性能[35]。由于该器件制造过程中不需要有机溶剂,因此可以避免高温热退火处理。与用铝作为金属阴极材料的 QLED 对照器件相比,用共晶镓-铟液态金属材料作为金属阴极材料的 QLED,其外量子效率可达到 12% 以上,外量子效率和器件寿命 T_{50} 性能参数分别是对照器件的对应性能参数的 1.5 倍和 2 倍。研究发现,共晶镓-铟液态金属材料会部分氧化,形成 GaO_x 氧化物,作为电子阻挡层,促进载流子的注入平衡。2017 年 Zhang 等人通过互连层(ICL)构造串联 QLED 器件来改善器件的光电性能,该绿光 QLED 的外量子效率达到 27.6%,是目前绿光 QLED 中报道的最大值[13]。该串联 QLED 的器件结构为 ITO/PEDOT:PSS/PVK/QD/ZnMgO/Al(超薄)/HATCN/MoO₃/PVK/QD/ZnMgO/Al,制备过程和工艺比较复杂。2018 年,Vasan 等人报道了目前性能最好的全无机绿光 QLED 器件 FTO/NiO/QD/ZnO/Al,该器件采用合金化 CdSe/ZnS 量子点作为发光层材料,氧化镍作为空穴传输层材料,氧化锌作为电子传输层材料[36]。该器件的电流效率、最大亮度和外量子效率分别达到 144 cd/A、116000 cd/m² 和 11.4%。2019 年,Li 等人合成了 CdZnSe/ZnSe/ZnSeS/ZnS 核壳结构量子点[37]。通过壳层调整策略,该量子点的荧光量子产率可达近 100% 且具有单指数拟合的荧光寿命。此外,ZnSe/ZnSeS/ZnS 的壳层结构设计能够有效阻止量子点之间的 Förster 共振能量传递。优化后 QLED 器件(ITO/PEDOT:PSS/TFB/QD/ZnO/Al)的外量子效率能达到 23.9%。该 QLED 也表现出优异的器件寿命,T_{50} 和 T_{95} 寿命在 100 cd/m² 和 1000 cd/m² 下分别长达 1655000 h 和 2500 h。Li 课题组通过全溶液法制备了具有高性能、倒置结构的绿光 QLED,外量子效率高达 25.04%,电流效率为 96.42 cd/A,最大亮度为 70650 cd/m²,T_{50} 寿命为 4943.6 h[11]。该 QLED 器件的性能指标远远超过其他全溶液法制备且具有相似 QLED 器件结构的性能指标。这要归于该 QLED 器件的发光层材料选用了具有精巧设计过的双 ZnS 壳层的 CdSeZnS/ZnS/ZnS 量子点,能够有效抑制俄歇复合和 Förster 共振能量传递。该工作表明量子点壳工程是提高倒置结构 QLED 性能的一种重要策略。当前许多科学家仍致力于进一步提高绿光 QLED 的效率和工作时间,以用于下一代显示设备,同时探索导致器件效率滚降的因素和机理。表 4.1 总结了有关绿光 QLED 的代表性研究成果。

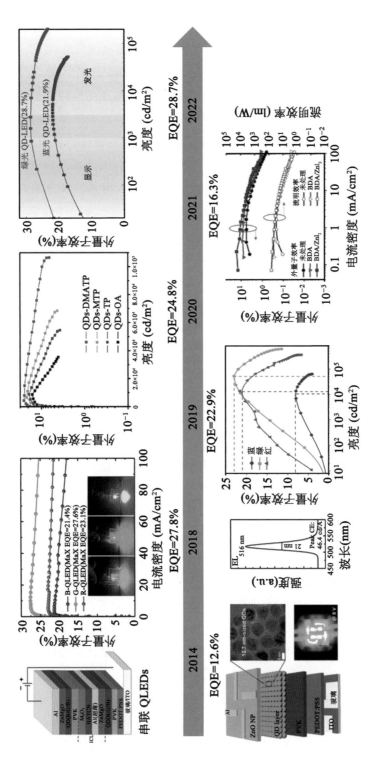

图 4.2 绿光 QLED 的代表性研究成果

表 4.1　绿光 QLED 相关研究成果的总结

器件结构	量子点	电致发光峰值 (nm)	启亮电压 (V)	外量子效率峰值 (%)
ITO/PEDOT：PSS/PVK/QD/ZnMgO/Al/ HATCN/MoO$_3$/PVK/QD/ZnMgO/Al	CdZnSeS/ZnS	534	6.1	27.6
ITO/ZnO/QD/PEIE/poly-TPD/PMA/Al	CdSeZnS/ZnS/ZnS	524	—	25.04
ITO/ZnO//PEIE/poly-TPD/PMA/Al	CdSeZnS/ZnS	532	—	5.67
ITO/ZnO/QD/PEIE/poly-TPD/PMA/Al	CdSeZnS	540	—	2.15
ITO/ZnO/QD/PEIE/poly-TPD/MoO$_x$/Al	CdSe@ZnS/ZnS	522	—	24.8
ITO/ZnO/QD/PEIE/poly-TPD/MoO$_x$/Al	CdSe@ZnS/ZnS	522	—	21.7
ITO/ZnO/QD/PEIE/poly-TPD/MoO$_x$/Al	CdSe@ZnS/ZnS	522	—	18.8
ITO/ZnO/QD/PEIE/poly-TPD/MoO$_x$/Al	CdSe@ZnS/ZnS	522	—	16.1
ITO/PEDOT：PSS/TFB/QD/ZnO/Al	ZnCdSe/gi/ZnS	530	2.3	23.9
ITO/ZnMgO/QD/PVK/PEDOT：PSS/ ZnMgO/QD/TCTA/NPB/HATCN/EGaIn	CdZnSeS/ZnS	538	6.3	23.68
ITO/PEDOT：PSS/TFB/QD/ZnO/Al	CdSe/ZnSe	—	—	22.9
ITO/PEDOT：PSS/TFB/QD/ZnO NPs/Al	Zn$_x$Cd$_{1-x}$S$_y$Se$_{1-y}$	525.8	2.1	21
ITO/PEDOT：PSS/TFB/QD/ZnO/Al	Cd$_{1-x}$Zn$_x$Se$_{1-y}$S$_y$	526	2.3	18.3
ITO/PEDOT：PSS/poly-TPD/PVK/QD/ Zn$_{0.9}$Mg$_{0.1}$O/Al	CdZnSeS/ZnS	526	—	18.1
ITO/PEDOT：PSS/poly-TPD/PVK/QD/ ZnO/Al	CdZnSeS/ZnS	526	—	11.1
ITO/PEDOT：PSS/TFB/QD/ZnO NP/Al	Zn$_{1-x}$Cd$_x$Se/ZnS	532	2.2	16.5
ITO/ZnMgO/QD/PVK/PEDOT：PSS/ ZnMgO/QD/TCTA/NPB/HATCN/Al	CdZnSeS/ZnS	538	6.1	16.76
ITO/ZnO NPs/QD/PEIE/poly-TPD/ MoO$_x$/Al	CdSe@ZnS/ZnS	528	3.1~3.2	15.6
ITO/PEDOT：PSS/TFB/厚壳 QD/ZnO/Al	Zn$_{1-x}$Cd$_x$Se/ZnS	517	2.35	15.4
ITO/PEDOT：PSS/TFB/QD/ZnO/Ag	CdSe/ZnS	536	2.8	15.45
ITO/ZnMgO/QD/PVK/PEDOT：PSS/ ZnMgO/QD/PVK/PEDOT：PSS/Al	CdZnSeS/ZnS	538	7.3	13.65
ITO/PEDOT：PSS/TFB/QD/ZnO/Al	Cd$_{1-x}$Zn$_x$S/ZnS	537	2.0	14.5
ITO/PEDOT：PSS/PVK/QD/ZnO/EGaIn	CdZnSeS/ZnS	522	4.0	12.85
ITO/PEDOT：PSS/PVK/QD/ZnO/Al	CdSe@ZnS/ZnS	516	—	12.6
ITO/NiO/PVK/QD/ZnO/Al	CdSe/ZnS	538	3.5	10.5
ITO/ZnO/QD：PVK/CBP/MoO$_3$/Al	—	528	—	10
ITO/ZnO/QD/CBP/MoO$_3$/Al	—	528	—	7.5
ITO/ZnO：CsN$_3$/TAPC/HATCN/MoO$_3$/Al	CdSe/ZnS	532	2.6	9.1
ITO/s-NiO/Al$_2$O$_3$/QD/ZnO/Al	ZnCdSSe/ZnS	527	—	8.1

续表

器件结构	量子点	电致发光峰值 (nm)	启亮电压 (V)	外量子效率峰值 (%)
ITO/PEDOT：PSS/TFB/QD/ZnO/Al	$Cd_{1-x}Zn_xS/ZnS$	534	2.2	7.5
ITO/PEDOT/TFB/QD/TiO$_2$/Al	CdSeS/ZnS	530	—	
ITO/PEDOT/poly-TPD/QD/Alq$_3$/Ca/Al	CdSe/ZnS	525	3～4	
ITO/MoO$_3$/NiO/QD/ZnO/Al	CdSe/ZnS	508	3.0	6.52
ITO/s-MoO$_x$/NiO$_x$/Al$_2$O$_3$/QD/ZnO/Al	CdSe/ZnS	534	4.7	5.5
ITO/s-MoO$_x$/NiO$_x$/QD/ZnO	CdSe/ZnS	534	4.3	4.3
ITO/NiO$_x$/QD/ZnO ITO/Al	CdSe/ZnS	532	3.9	1.7
ITO/MoO$_3$/NiO/QD/ZnO/Al	CdSe/ZnS	516	3.1	5.48
ITO/ZnO/QD/PVK/PVK/TFB/PMAH/Al	CdSe/ZnS	528	2.7	5.29
ITO/ZnO/QD/CBP/MoO$_3$/Al	CdSe/ZnS/ZnS	515	3.5	6.35
ITO/ZnO/QD/CBP/MoO$_3$/Al	CdSe/ZnS/ZnS	515	2.5	4.63
ITO/ZnO/QD/PVK/PMAH/Al	CdSe/ZnS	528	5.1	3.83
ITO/ZnO/QD/CBP/MoO$_3$/Al	CdSe@ZnS	520	2.4	5.8
ITO/PEDOT：PSS/poly-TPD/QD/ZnO/Al	CdSe/ZnS	540	1.8	1.8
ITO/PEDOT：PSS/poly-TPD/QD/TPBI/LiF/Al	CdSe@ZnS	528	3.5	1.4
ITO/PEDOT：PSS/Spiro TPD/QD/TPBi/Mg：Ag/Ag	ZnSe/CdSe/ZnS	545	5	2.6
ITO/CBP/QD/TAZ/Alq$_3$/Mg：Ag/Ag	$Cd_xZn_{1-x}Se/Cd_yZn_{1-y}S$	527	—	0.5
ITO/PEDOT：PSS/CBP/QD/TAZ/Alq$_3$/Mg：Ag/Ag	ZnSe/CdSe/ZnS	约525	4	0.5
ITO/PEDOT：PSS/TFB/QD/TiO$_2$/Al	CdSeS/ZnS	530	—	
ITO/SiO$_2$/QD/Au	SWNT/PS-b-PPP：CdSe/ZnS	540	—	
ITO/PEDOT：PSS/poly-TPD/QD/Alq$_3$/Ca/Al	CdSe/ZnS	525	—	
ITO/PEDOT：PSS/poly-TPD/QD/ZnO/Al	ZnCdSeS	约530	2.6	
ITO/PEDOT：PSS/PVK/poly-TPD/TPD/TCTA/CBP/QD/ZnO/Al	CdSeZnS	约525	5.5	27
ITO/PEDOT：PSS/poly-TPD/QD/ZnO：Au/Al	CdSe/ZnS	532	3.0	

图 4.3 展示了绿光 QLED 器件外量子效率的发展过程。2009 年，Annekiva 等人选择有机材料作为电荷传输材料，器件的外量子效率为 2.6%[28]。他们合成了紧密堆积的单层的由己基膦酸和 TOPO 包覆的 ZnSe/CdSe/ZnS 核壳壳量子点。同时，用

$2,2',2''$-(1,3,5-三苯基)-三(L-苯基-1-H-苯并咪唑)(TPBi)取代了 Alq₃ 作为电子传输层,以提高从 TPBi 到量子点的激子能量转移能力。2011 年,ZnO 成为以后 QLED 器件中的首选电子传输层,尽管该文献中器件的外量子效率仅为 1.8%[30]。2012 年,Kwak 等人首先报道了倒置结构的 QLED,和薄膜晶体管非常匹配[32]。得益于倒置结构中量子点的直接复合,该绿光 QLED 的外量子效率为 5.8%,启亮电压只有 2.4 V,与量子点的带隙能量一致。2014 年,通过壳层工程将绿光 QLED 的外量子效率提高到 12.6%[34]。报道中比较了两种量子点:CdSe@ZnS 量子点和 CdSe@ZnS/ZnS 量子点,发现基于 CdSe@ZnS/ZnS 量子点的绿光 QLED 表现更好,因为 CdSe@ZnS/ZnS 量子点中的最外层壳可以有效地减少相邻量子点之间的荧光共振能量转移(FRET)过程。2015 年,由化学组成梯度量子点组装的绿光 QLED 的外量子效率成功超过 20%[12]。2018 年,Fu 等人通过界面工程平衡了载流子的注入和传输,该绿光 QLED 的外量子效率达到 22.4%[38]。他们引入了聚(9-乙烯基咔唑)(PVK)去除多余的电子以及乙氧基化的聚乙烯亚胺(PEIE)以降低空穴注入势垒。具有三明治结构(PVK/QD/PEIE)的器件显示出 72814 cd/m² 的高亮度和 89.8 cd/A 的电流效率。2019 年,基于双壳结构量子点的倒装绿光 QLED 表现出 25.04% 的高外量子效率,在下一代显示器中显示出巨大的潜力[11]。通过精确控制合成 ZnS 壳的前驱体,可合成得到具有 85% 的高荧光量子产率和稳定性的 CdSeZnS/ZnS/ZnS 量子点。此外,双 ZnS 壳有利于抑制俄歇复合、荧光共振能量转移过程以及高电流密度下的效率滚降。基于此量子点的器件在 524 nm 处显示电致发光峰,半高宽(FWHM)为 21 nm,高电流效率为 96.42 cd/A。尽管传统结构或倒置结构的绿光 QLED 现已实现较高的外量子效率,但仍需通过更多创新工作来实现其高效率和长寿命。用于商业化的 QLED 的寿命要求在 100 cd/m² 下满足 $T > 10000$ h。导致效率滚降和寿命快速衰减的原因可归结为陷阱态或高场引起的激子淬灭[11,39],由量子点和电荷传输层(CTLs)之间的带隙不匹配引起的非辐射俄歇复合[10],量子点紧密堆积引起的荧光共振能量转移过程以及不平衡的电荷注入和传输[4,26]。此外,周围环境(例如光或湿度)以及合成和器件的组装过程对器件性能也有影响。为了解决这些问题,人们采取了如壳层工程、界面工程、器件结构优化等策略[4]。考虑到低成本和环境保护,不含镉元素的新型量子点被提出,如 InP 量子点[40-42]、ZnSe 量子点[43-45]、CuInS₂ 量子点[46]、AgInZnS 量子点[47]等。

本章中,我们将从材料和器件结构两方面讨论镉基绿光 QLED 的研究工作。首先,我们将讨论镉基核壳结构量子点的发展,包括它的合成方法。然后,我们将从器件的传统结构、倒置结构和串联结构三方面讨论绿光 QLED 的发展。此外,我们将对影响绿光 QLED 性能的因素展开详细论述,并提出一些改善器件光电性能的策略。最后,我们将就局限绿光 QLED 实际应用的因素(如寿命和效率滚降)给出相关讨论。我们希望本章能够为绿光 QLED 的未来发展提供一些建设性的意见及方向。

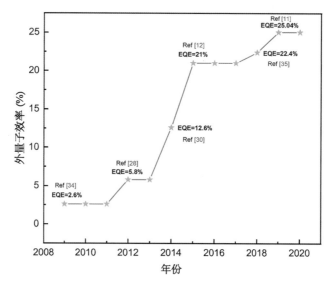

图 4.3　绿光 QLED 器件外量子效率的发展过程

4.2　绿光 QLED 中常用发光层材料

量子点由于其独特的量子限域效应而成为研究热点,并且表现出出色的光、电学性质。但是,量子点的表面缺陷限制了它的实际应用,因为量子点在暴露于光和湿度下时荧光稳定性很差。因此,通常采用无机壳层包覆核心量子点以保持它的稳定性和光电性能[26,28,48,49]。量子点的核壳结构依据核、壳层材料的相对能级可以分为Ⅰ型、反向Ⅰ型和Ⅱ型[50]。Ⅰ型结构量子点,核材料的能隙比壳层材料窄。壳层的作用主要是将激子限制在核中,钝化核表面的缺陷。反向Ⅰ型结构的量子点,它的核材料的能隙比壳层材料的能隙宽,激子汇集到壳层材料上。在这种情况下,调整壳层材料的厚度可实现不同的颜色发射。Ⅱ型结构的量子点,则是核材料的导带底部或价带顶部位于壳层材料的能隙之间。

4.2.1　离散核壳量子点

起初,绿光 QLED 通常选择 CdSe 作为核材料,而 CdS 或 ZnSe 作为壳层材料[28,51]。2002 年,Matsumura 等人通过分子束外延法合成了 CdSe/ZnSe 量子点[52]。该量子点在 520 nm 处发射绿光,在 77 K 下的寿命超过 10 h。但是,CdS 与核材料晶格参数不匹配,从而导致器件性能的降低。接着,研究者发现 ZnS 也可以作为壳层材料,可有效提高激子复合率,并抑制俄歇复合过程。Kim 等人用 CdSe/ZnS 量子点作为发光层,Au 纳米粒子掺杂的 ZnO 作为电子传输层组装绿光 QLED,并进行局部表面等离子体处理(LSPs)。与不含 Au 纳米粒子的量子点薄膜相比,含 Au 纳米粒子的量子点薄膜在 535 nm 处的光致发光强度提高了 4.12 倍,因为量子点中的激子与 ZnO 中 Au 纳米颗粒的 LSPs 形成强共振耦合[53]。但是,CdS 和 ZnSe 不能将电子和空穴限域在 CdSe 核内,因为 CdS 和 ZnSe 的带隙不足以提供所必需的势垒。

4.2.2　合金化核壳量子点

ZnS 一般被用来作为壳量子点来提高核量子点的发光性能。不幸的是,ZnS 和核量子点之间依旧存在晶格参数的不匹配,产生晶格应变和低的荧光量子产率。壳的化学组成呈梯度分布的量子点应运而生,以解决晶格参数不匹配的问题。Kim 等人总结了三种合成合金化量子点的方法,包括对离散核壳结构的量子点进行退火处理、替换前驱体中的阳离子和调节前驱体中阴离子/阳离子的比例[54]。他们通过调节前驱体中 Zn/Cd 比例成功地合成了 $Zn_xCd_{1-x}Se$ 合金化量子点,且电致发光峰位于 534 nm 处。Bae 等人用 1-辛烷硫醇配体修饰 CdSe@ZnS 量子点,即使纯化后,仍具有较高荧光量子产率[55]。组装的器件结构为 ITO/PEDOT：PSS/poly-TPD/QD/TPBI/LiF/Al,启亮电压为 3.5 V,外量子效率为 1.4%。Panda 等人对 CdSe/ZnSe 核壳量子点在高温下进行合金化处理,调节合金化时间可制备得到合金化的 CdZnSe 量子点[56]。该量子点的光稳定性和荧光量子产率都比离散的 CdSe/ZnSe 量子点表现好,这是因为合金化的量子点有效缓解了离散核壳量子点之间的晶格应变。

4.2.3　核多层壳量子点

核壳壳结构也有利于限制电子和空穴波函数同时增强量子点的荧光量子产率。Jun 等人报道了一种合金化核多壳量子点——CdSe/ZnS/CdSZnS 量子点,并讨论了多壳厚度对器件性能的影响[22]。他们发现,较厚的无机壳层有利于量子点的强光稳定性,并得到较高的荧光量子产率。此外,杨等人还报道了具有双重 ZnS 壳结构的 CdSeZnS/ZnS/ZnS 量子点[11]。他们证明,最外层的 ZnS 壳层对于抑制荧光共振能量转移过程及保护核壳壳结构的量子点薄膜的更长的光致发光寿命具有重要意义。该器件的寿命在所有溶液法制备的倒置 QLED 中是最长的,为 4943.6 h,CIE 色坐标为(0.155，0.787)。Talapin 等人向核壳结构的 CdSe/ZnS 量子点中引入中间层——CdS 或者 ZnSe 以减少核层和壳层之间的应力[57]。由于 ZnSe 提高 ZnS 壳层质量，CdSe/ZnSe/ZnS 核壳壳结构的量子点的荧光量子产率由 70％增长到 85％。研究人员认为中间 ZnSe 壳层有利于 ZnS 壳的结晶并控制颗粒形状，从而保证了壳层的质量并提高量子点的性能。

4.3　绿光 QLED 器件结构的发展

QLED 器件结构通常为"三明治"结构，与有机发光二极管的结构类似，包括电极、空穴注入层、空穴传输层、量子点发光层（EML）和电子传输层。电极包括阳极（例如金属 Al 或 Ag）和阴极（例如 ITO）。

QLED 可以分为全无机器件结构和有机/无机杂化器件结构。无机材料比普通有机材料具有更高的稳定性和电荷迁移率，在一定程度上降低器件的启亮电压[36,58-60,62]。在全无机 QLED 中，MoO_x 通常用作空穴注入材料，NiO_x 是空穴传输材料的典型代表。ZnO 是最常用的电子传输材料。例如，Ji 等人通过超声喷涂工艺制备 ITO/NiO/Al_2O_3/ZnCdSSe/ZnS QD/ZnO/Al 的全无机绿光 QLED。该器件在 530 nm 处发射绿光，最大亮度可达 20000 cd/m^2，电流效率为 20.5 cd/A[59]。但是，全无机 QLED 的性能仍落后于有机/无机杂化 QLED，这与无机材料和量子点之间的大能垒引起的不平衡载流子注入以及金属氧化物核量子点之间的强相互作用导致的量子点发光淬灭有关。此外，由纯溶液法制备的全无机 QLED 易受溶剂侵蚀，这可能会引起电流泄露。对此，目前主要有两种解决策略：其一，制备具有低缺陷态的高质量空穴传输层；其二，将空穴传输层/电子传输层与金属或金属氧化物混合形成缓冲层抑制激子淬灭，在空间上将发光层与空穴传输层/电子传输层部分分开[39,50]。如图 4.4(a)所示，2018 年，Ji 等人在 NiO 和量子点之间插入了超薄 Al_2O_3 钝化层，组装的器件结构为 ITO/NiO/Al_2O_3/QD/ZnO/Al[50]。不同电压下的电致发光光谱谱峰基本重合，表明外在电场的影响可以忽略不计，发射峰峰值位于 527.3 nm，如图 4.4(b)所示。受到 Al_2O_3 的影响，s-NiO 表面形成 NiOOH，提高了器件性能。该器件的外量子效率达到 8.1％，比原始的 NiO 基 QLED 增强了 800％以上。当采用 0.9 nm 厚的 Al_2O_3 组装器件时，电流效率表现为 34.1 cd/A，因为激子淬灭得到抑制并且电子的漏电流现象减弱。2020 年，Lin 课题组采用 Al_2O_3 来降低量子点与金属氧化物之间的强相互作用[39]。此外，他们用 MoO_x 作为空穴注入层，组装的器件结构为 ITO/

$MoO_x/NiO_x/Al_2O_3/QD/ZnO/Al$。该器件电流效率为 20.4 cd/A，外量子效率为 5.5%。器件性能提高的原因有两点：Al_2O_3 抑制激子淬灭；MoO_x 促进空穴传输，减弱电流泄露。

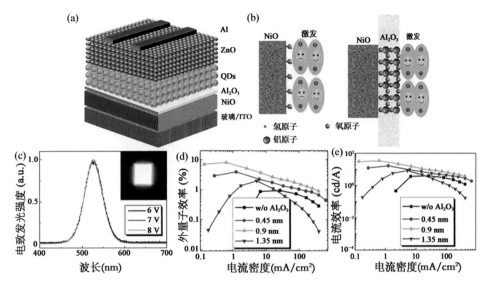

图 4.4　（a）器件结构示意；（b）钝化机理示意；（c）器件在不同电压下的电致发光谱；（d）器件的外量子效率-电流密度的特征曲线；（e）器件的电流效率-电流密度曲线[50]

绿光 QLED 除了依据功能层使用的材料划分以外，还可以依据器件结构划分为传统结构[3,16,21,24,28,48,55,63—70]、倒置结构[10,11,32,38,71—73]和串联结构[13,74]。传统结构 QLED 和倒置结构 QLED 之间的区别在于空穴和电子的产生电极不同。在传统 QLED 中，空穴从阳极（例如 ITO）产生，电子则通过阴极注入；而在倒置结构的 QLED 中情况相反。另外，倒置结构的 QLED 相比于传统结构的 QLED 优势在于可直接用于 n 型薄膜晶体管（TFT）的集成电路（如氧化物类 TFT）以及低成本。例如，张等人合成胶体 CdSe/CdS 核/壳纳米片（NPLs）作为发光层，器件结构为 ITO/PEDOT：PSS/TFB/NPLs/ZnO/Al。该量子点发射饱和绿光，半高宽为 14 nm，亮度高达 33000 cd/m^2。Lee 课题组在 2012 年首次报道了倒置结构的绿光 QLED，以解决有机空穴传输层在溶液法制备过程易被侵蚀及空穴注入受影响的问题[32]。因此，他们构建了如图 4.5 所示的倒置器件 ITO/ZnO/CdSe@ZnS QD/CBP/MoO_3/Al。该器件在 520 nm 处发射绿光，启亮电压只有 2.4 V，最大亮度高达 218800 cd/m^2，外量子效率为 5.8%。他们认为，这种倒置结构 QLED 表现出高性能是因为量子点间发生直接激子复合以及 ZnO 作为电子传输层的辅助作用。尽管通过许多研究人员的努力,QLED 的性能已经取得了长足的进步,但目前仍无法胜过 OLED。串联结构的 QLED 可能是同时实现高效率和长寿命的有效策略,这种结构已被用于 OLED 并取得了满意的结果[13,74]。2017 年,Zhang 等人向器件中引入互连层(ICL)-PEDOT:PSS/ZnMgO,以连接两个电致发光单元,可有效地注入和传输载流子[74]。如图 4.6 所示,他们采用溶液法构造了基于 P(正)-N(负)异质结的新型互连层,解决串联 QLED 中的界面腐蚀现象。如图 4.6(b)所示,在 TEM 横断面图像中可清晰看见每一层功能层,这表明溶液法制备过程中使用的溶剂没有侵蚀功能层。此外,他们还采用了混合沉积技术,在 PVK 和量子点层的界面处用氯苯(CB)冲洗,将亲水性试剂异丙醇(IPA)涂覆到 PEDOT:PSS 中,以维持功能层的高质量。与单一器件相比,采用共晶镓-铟作为阳极电极的串联器件的性能得到大幅提升——启亮电压为 7.3 V,外量子效率、电流效率分别为 23.68% 和 10 cd/A,如图 4.6(c)~(e)。没过多久,该课题组又发明了具有传统结构的串联 QLED,该串联 QLED 同时适用于 n 型和 p 型薄膜晶体管[13]。他们构建了新型的互连层——ZnMgO/Al/HATCN/MoO$_3$,并组装传统结构的串联 QLED。该 QLED 器件的启亮电压为 6.1 V,表现出极高的电流效率和外量子效率,分别为 121.5 cd/A、27.6%。

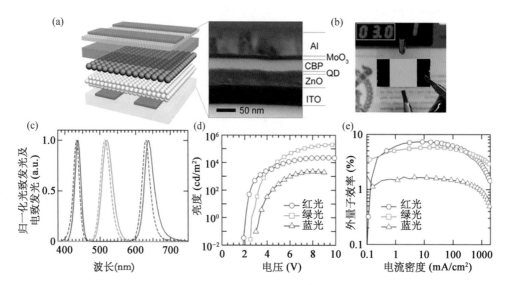

图 4.5 (a)倒置 QLED 的器件结构(左)和横截面 TEM 图像(右);(b)在施加电压为 3.0 V 时绿光 QLED 的照片;(c)量子点归一化光致发光光谱(虚线)和 QLED 的电致发光光谱(实线);(d)~(e)分别是倒置 QLED 的亮度-电压和外量子效率-电流密度的特征曲线[32]

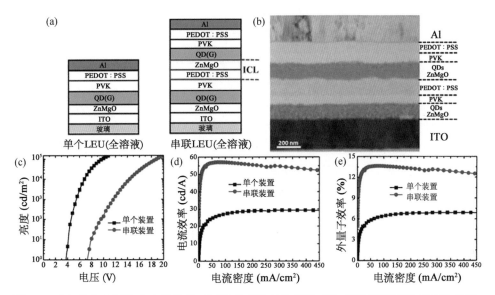

图 4.6　（a）单个 QLED 和串联结构 QLED 的器件结构示意；（b）倒置串联结构 QLED 的横截面透射电镜图像；（c）串联结构 QLED 的亮度-电压特征曲线；（d）电流效率-电流密度特征曲线；（e）外量子效率-电流密度特征曲线[74]

4.4　影响绿光 QLED 性能的因素

　　影响绿光 QLED 光电性能的因素（例如效率和寿命）可归结为两大类：材料和器件结构。[2,4,26,75] QLED 性能退化的原因包括材料稳定性差、电荷传输不平衡和激子发生衰减过程。激子衰减的途径有以下几种：① 辐射复合率下降；② 俄歇复合；③ 缺陷态引起的非辐射复合；④ 荧光共振能量转移过程；⑤ 能量转移到相邻的量子点或电荷传输层等。从材料的角度来看，影响器件性能的主要是量子点的自身性质，如合成化学（包括量子点的尺寸、结构和组成）和量子点的表面化学等。壳层厚度和结构的优化是抑制非辐射复合和荧光共振能量转移过程并改善量子点荧光量子产率的有效途径。此外，包覆在量子点上的配体与溶液态量子点的稳定性、量子点表面的陷阱态的钝化以及量子点薄膜的电荷传输特性有关。从器件结构的角度来看，电荷传输层在 QLED 的性能中起着关键作用，在带隙、功函数和电导率方面对载流子的注入和运输平衡、量子点中的激子复合以及激子淬灭的概率都有影响。电荷传输层的稳定性同样对 QLED 器件工作时间有重要影响。激子在量子点层和电荷传输层之间的界面处很容易发生淬灭。同时，制备 QLED 器件大多采用溶液法，因此制备过程中所用的溶剂可能会腐蚀功能层,从而损害 QLED 性能。总的来说,采取措施调节电荷传输层能带分布,使其与量子点发光层良好匹配是非常有必要的。下面将从材料和器件结构方面详细讨论改善器件性能的相关策略。

4.4.1 配体工程

合成过程中,在量子点核或壳上形成的表面缺陷对 QLED 的光电性能有重大影响,如器件的效率和稳定性。通常,量子点在合成后会被长链绝缘有机配体[如油胺、油酸(OA)等]包覆,这不利于载流子的传输。因此,选择既可以提高量子点稳定性,又可以促进载流子传输的合适的配体,意义非凡[10,24,55,71,76—78]。例如,Li 等人用三(巯基甲基)壬烷(TMMN)取代 OA 配体来合成 $Zn_{1-x}Cd_xSe/Zn$ 核壳量子点以提高器件性能,如图 4.7(a)所示[18]。配体交换后空穴电流显著增加,实现与电子传输相平衡,如图 4.7(b)所示。组装的器件结构为 ITO/PEDOT∶PSS/TFB/QD/ZnO/Al,器件的外量子效率和电流效率分别为 16.5%、70.1 cd/A。出乎意料的是,该器件的使用寿命超过 480000 h,且它的启亮电压低至 2.2 V。Delville 课题组提出一种用三正辛基膦(TOP)作配体和溶剂合成 CdSe/ZnS 厚壳量子点的新方法[76]。TOP 可有效去除量子点表面上的多余离子并钝化其表面缺陷。该 QLED 在 532 nm 处呈现饱和绿光发射,半高宽为 26 nm。2016 年,Kang 等人首先提出用十六烷基三甲基溴化铵(CTAB)中的溴阴离子(Br^-)代替 OA 配体对 CdSe/ZnS 量子点进行表面修饰,如图 4.8 所示[77]。短配体 Br^- 缩短相邻量子点间的距离,加快激子能量转移率。Br-QLED 在 540 nm 处的电致发光光强比 OA-QLED 高,如图 4.8(b)所示,这是因为 Br^- 封端的 CdSe/ZnS 量子点上的缺陷态更少。与 OA-QLED 相比,Br-QLED 的最大亮度更高,为 71000 cd/m^2,外量子效率为 1.65%,这与载流子注入平衡、激子复合增强和发射淬灭减少有关,如图 4.8(c)(d)所示。Br-QLED 的启亮电压为 3.0 V,略高于 OA-QLED。此外,Sargent 课题组用氯化试剂($SOCl_2$)取代长有机配体包覆 CdSe/ZnS 量子点[71]。导电的氯化物配体平衡了载流子的传输并降低了非辐射俄歇复合的概率。Cl-QLED 的启亮电压低至 2.5 V,最大亮度可达 460000 cd/m^2。如图 4.9 所示,Moon 等人挑选了三种短配体——TP、4-MTP、4-DMATP 硫酚衍生物取代 OA 配体,包覆 CdSe@ZnS/ZnS 量子点[10]。配体交换后,价带与 HOMO 能级之间的不匹配大大降低,同时削弱非辐射俄歇复合、促进载流子传输。在这些 QLED 中,选用 4-DMATP 配体的 QLED 表现出最佳的光电性能。器件的最大亮度、电流效率和外量子效率分别达到 106400 cd/m^2、98.2 cd/A 和 24.8%。此外,DMATP-QLED 的启亮电压最低,只有 3.5 V,这是因为 poly-TPD 和量子点层之间的能垒减小,加快了电荷转移。

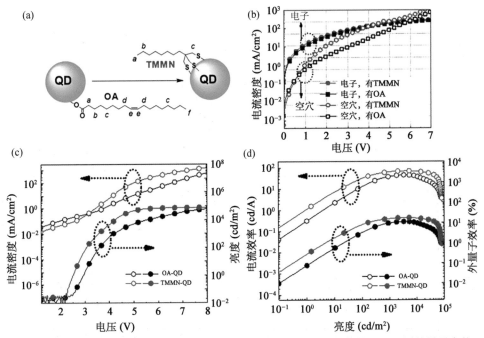

图 4.7　(a) 合成过程中配体交换示意；(b) 基于 OA 或 TMMN 配体的 40 nm 厚的量子点的仅电子和空穴器件的电流密度-电压特性曲线；(c) 基于 OA 或 TMMN 配体的 QLED 的电流密度-电压和亮度-电压特性曲线；(d) 基于 OA 或 TMMN 配体的 QLED 的电流效率-亮度和外量子效率-亮度特性曲线[18]

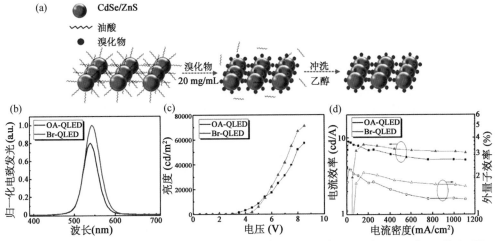

图 4.8　(a) 经 CTAB 处理从 OA 到 Br⁻ 的表面配体交换的示意；(b) 基于 OA 或 Br 的 QLED 的归一化电致发光谱；(c) 基于 OA 或 Br 的 QLED 的亮度-电压特性曲线；(d) 基于 OA 或 Br 的 QLED 的电流效率-电流密度和外量子效率-电流密度特性曲线[77]

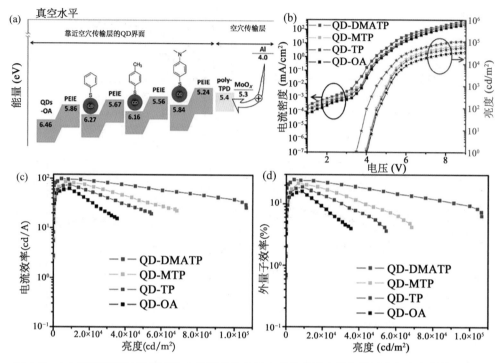

图 4.9 （a）基于倒置绿光 QLED 中已测量的量子点的价带最大值和量子点与空穴传输层界面的能级分布示意；（b）QLED 的电流密度-电压-亮度特性曲线；（c）QLED 的电流效率-亮度特性曲线；（d）QLED 的外量子效率-亮度特性曲线[10]

4.4.2　壳层工程

　　量子点的基本性质是影响 QLED 器件性能的主要因素。核壳结构的量子点的壳层厚度与电致发光亮度、外量子效率和器件的电荷注入能力有关[11,21,22,79]。研究证明，增加壳层厚度是抑制俄歇复合过程和荧光共振能量转移过程、调节核壳量子点的能带分布及促进电荷注入的有效手段。例如，2013 年，Shen 等人用结构为 ITO/PEDOT：PSS/TFB/QD/ZnO/Al 的器件研究壳层厚度对其性能的影响。如图 4.10 所示，他们将壳层厚度设置为 1.8、2.1、3.7、4.8 nm。图 4.10（a）总结了一些量子点相关参数。当外壳厚度为 2.1 nm 时，QLED 的电流密度最低，这是因为载流子注入平衡，如图 4.10（b），外量子效率也达到最大值 1.39%。因此，2.1 nm 是最佳的外壳厚度。此外，Shen 等人于 2017 年合成厚壳结构的 $Zn_{1-x}Cd_xSe/ZnS$ 核壳量子点，并发现它的量子产率、外量子效率、电流效率、最大亮度均随着壳层厚度的增加而增加[19]。

(a)

样品	核光致发光峰值(nm)	结构	壳厚度(nm)	光致发光峰值(nm)	合成后QY(%)	纯化后QY(%)
1	503	CdSe/3CdS/2.5ZnS	1.8	588	70	45
2	503	CdSe/3CdS/3.5ZnS	2.1	592	70	60
3	503	CdSe/3CdS/7.5ZnS	3.7	598	75	70
4	503	CdSe/3.5CdS/10ZnS	4.8	603	80	80

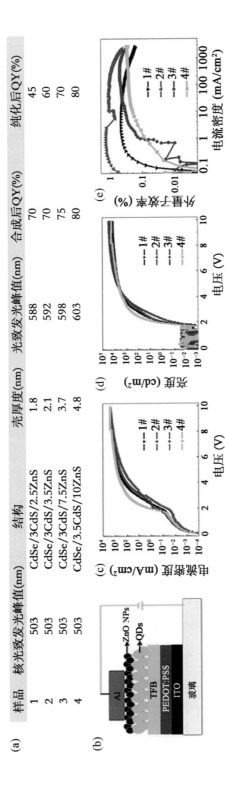

图 4.10　(a) 纯化后的 CdSe 核 PL 值、结构、壳层总厚度、核壳层厚度、光致发光峰值和荧光量子产率(QY)的相关信息汇总表;(b) 器件结构示意;(c) 不同壳层厚度的 QLED 的电流密度-电压特性曲线;(d) 不同壳层厚度的 QLED 的亮度-电压特性曲线;(e) 不同壳层厚度的 QLED 的外量子效率-电流密度特性曲线[79]

表现最好的器件的电致发光峰值位于 517 nm 处,半高宽为 45 nm,启亮电压只有 2.35 V,外量子效率和最大亮度分别为 15.4% 和 12100 cd/m²。但是,过厚的外壳可能会产生电阻,导致达到相同的亮度需要更高的启亮电压。外壳工程的另一种策略是使用壳层化学组成呈梯度分布的合金化量子点。中间的壳层充当减轻核和壳之间的晶格失配的连接点,提高量子点的光致发光稳定性。2015 年,Yang 等人合成了一种化学成分呈梯度分布的壳层($Cd_{1-x}Zn_xSe_{1-y}S_y$)并包覆核层材料,获得了高效且长寿命的绿光 QLED[21]。这种独特的核壳结构降低了核与壳之间晶格失配形成的应变,同时促进了电荷注入和运输,提高了量子点的荧光量子产率。该绿光 QLED 的外量子效率为 14.5%,启亮电压低至 2.0 V,使用寿命长达 90000 h。此外,量子点的热稳定性与其壳层结构也有关[26]。如果量子点的壳层热稳定性差,则量子点表面容易产生缺陷,从而产生小的能带,进而影响激子的有效复合。因此,从化学结构上提高量子点的热稳定性也很重要。

4.4.3 器件结构的优化

除了量子点本身特性外,器件中每个功能层能级的匹配程度也是影响绿光 QLED 光电性能的重要因素。为此,人们已经做出了相当多的工作来平衡电荷注入和传输,如调节与量子点层相邻的空穴传输层或电子传输层的能级分布,或引入聚合物作为缓冲层。[30,33,35,38,50,53,59,62,67,72,80-83] 加快电荷传输的方法主要有两种:一些报道将空穴传输层的 HOMO 加深,以降低空穴注入势垒;其他一些报告通过减慢电子注入速度实现载流子传输平衡。绿光 QLED 中最常用的电子传输层材料是 ZnO,因此许多改进都基于此[30,53,80]。Pan 等人用一定浓度的叠氮化铯(CsN_3)掺杂 ZnO 纳米颗粒来减慢电子传输速度(见图 4.11)[80]。掺杂不同浓度的 CsN_3 的 ZnO 表现出不同的膜形态和粗糙度,膜的质量对电流泄漏影响重大。当 CsN_3 以 4% 体积浓度掺杂时,器件性能表现最好。掺杂后,ZnO:CsN_3 的导带底(CBM)低于 ZnO,从而加宽了带隙,进而增加了电子传输势垒。器件结构为 ITO/ZnO:CsN_3/CdSe/ZnS QD/TAPC/HATCN/MoO₃/Al,启亮电压只有 2.6 V,同时表现出高电流效率、功率效率和外量子效率,分别为 43.1 cd/A、33.6 lm/W 和 9.1%。通常,量子点的价带顶(VBM)(-6.0 V)比有机空穴传输层的 HOMO 能级(-5.0 V)深,这可成功抑制空穴传输[33]。研究人员多倾向于使用小分子修饰空穴传输层,调节其带隙。Xu 课题组将 N,N'-双(3-甲基苯基)-N,N'-双(苯基)联苯胺(TPD)小分子引入 PVK 作为双

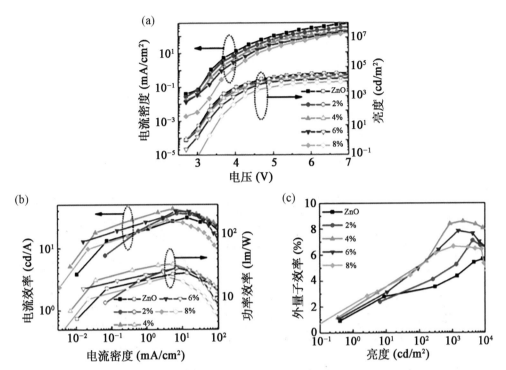

图 4.11　(a) ZnO 中不同 CsN_3 掺杂浓度的 QLED 的电流密度-电压和亮度-电压特性曲线;
(b) ZnO 中不同 CsN_3 掺杂浓度的 QLED 的电流效率-电流密度和功率效率-电流密度特性曲
线;(c) ZnO 中不同 CsN_3 掺杂浓度的 QLED 的外量子效率-亮度特性曲线[80]

层空穴传输层,如图 4.12 所示[83]。TPD 的添加可有效降低电荷转移电阻并提高激
子复合率,如图 4.12(a)所示。与基于 PVK 的 QLED 相比,具有双层空穴传输层的
QLED 的外量子效率从 4.65% 增加到 8.62%,最大亮度从 4114 cd/m^2 提升至
56157 cd/m^2,电流效率从 5.96 cd/A 提高到 23.05 cd/A,以及启亮电压从 3.3 V 降
低到 2.4 V。在倒置 QLED 中,普遍采用溶液法组装器件,空穴传输层的溶剂可能会
侵蚀下层电子传输层并降低器件性能。因此,Chae 课题组在电子传输层和空穴传输
层之间插入了乙氧基化聚乙烯亚胺(PEIE)作为缓冲层[72]。如图 4.13(a)(b)所示,
PEIE 有效地提高了量子点的 VBM 并且促进空穴的迁移,因为添加的 PEIE 降低了
量子点的表面粗糙度。他们选择了 15.5 nm 的 PEIE 组装器件,结构为 ITO/ZnO/
CdSe@ZnS/ZnS QD/PEIE/poly-TPD/MoO_x/Al。引入了 PEIE 的器件比没有添加
PEIE 的器件具有更低的电流密度,这证明 PEIE 可以防止量子点层在空穴传输层沉
积过程中受到溶剂腐蚀,如图 4.13(c)所示。该器件的启亮电压为 3.3 V,电流效率、

功率效率、外量子效率、最大亮度分别为 65.3 cd/A、29.3 lm/W、15.6％ 和 110205 cd/m²。除了修饰功能层材料外,器件的制备方法也会影响它的性能。真空蒸发是制备 QLED 最常用方法,但是它成本较高。虽然其他功能层可采用溶液法制备功能,降低成本,但金属阴极仍需真空蒸镀制备。[16,38,59,64,66] 2016 年,Peng 等人用共晶铟-镓作为可印刷的液态金属阴极,通过无真空溶液法制备[35]。他们发现 EGaIn 可以减少电子注入并平衡载流子传输。该绿光 QLED 表现出优异的光电性能,外量子效率达到 12.85％,亮度为 41160 cd/m²,器件的启亮电压为 4.0 V。

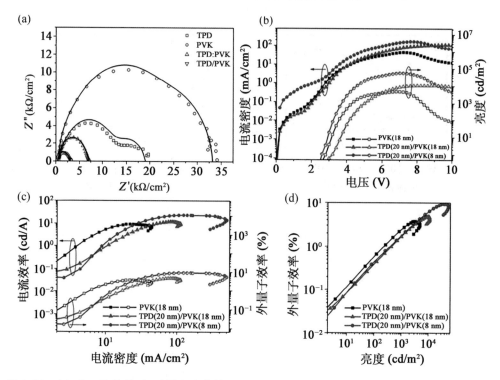

图 4.12 (a) 在 3 V 条件下,不同空穴传输层的 QLED 的阻抗谱的奈奎斯特图及其拟合曲线；(b) 基于纯 PVK、基于 TPD(20 nm)/PVK(18 nm) 双空穴传输层以及基于 TPD(20 nm)/PVK (8 nm)双空穴传输层的 QLED 的电流密度-电压-亮度特性曲线；(c) QLED 的电流效率-电流密度和外量子效率-电流密度特性曲线；(d) QLED 的外量子效率-亮度特性曲线[83]

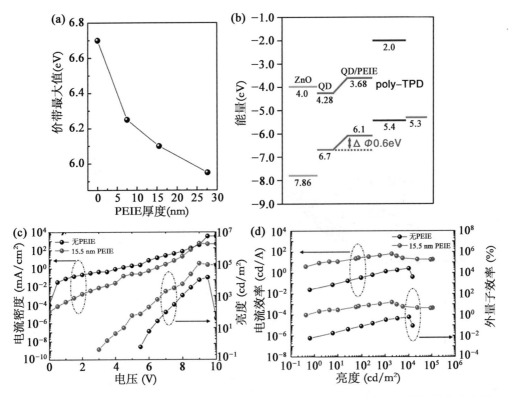

图 4.13　(a) 量子点层的价带最大值能级与 PEIE 层厚度的变化的关系;(b) 倒置结构的多层 QLED 的能带分布,当添加 15.5 nm 厚的 PEIE 时,量子点的价带最大值上升 0.6 V;(c) 不添加/添加 15.5 nm 厚 PEIE 层的 QLED 的电流密度-亮度-电压特性曲线;(d) 不添加/添加 15.5 nm 厚 PEIE 层的 QLED 的电流效率-外量子效率-亮度特性曲线[72]

4.4.4　提高器件性能的其他策略

随着器件运行时间的增加,它的相关性能(如外量子效率、电流效率、功率效率和亮度)都会发生一定程度的下降。对此,Acharya 等人首先利用正老化效应,利用特殊封装技术,改善器件长时间运行后的效率[84]。如图 4.14(a) 所示,该器件结构为 ITO/PEDOT：PSS/TFB/QD/ZnO/Al,用酸性树脂进行处理并在手套箱中放置几天。研究发现,正老化之后,电流泄露可有效得到抑制,并且绿光 QLED 的亮度得到大幅提升,如图 4.14(c) 所示。此外,Al 和 ZnMgO 中的氧之间反应形成的 AlO_x 中间层可降低电子注入势垒,从而抑制金属电极对激子的淬灭。该绿光 QLED 的外量子效率高达 21%,启亮电压低至 2.1 V,电流效率、功率效率分别为 82 cd/A 和

80 lm/W。2018 年,Chen 课题组进一步探索了正老化的机制,从一个全新角度解释激子淬灭现象[6]。此外,Chen 课题组认为后退火处理是促进 Al 与 ZnMgO 界面反应的有效方法[61]。AlZnMgO 的金属化降低了界面接触电阻并且平衡载流子的传输。经退火处理的绿光 QLED 表现出 15.75% 的高外量子效率、3.7 V 的低驱动电压和 576211 cd/m² 的高亮度。

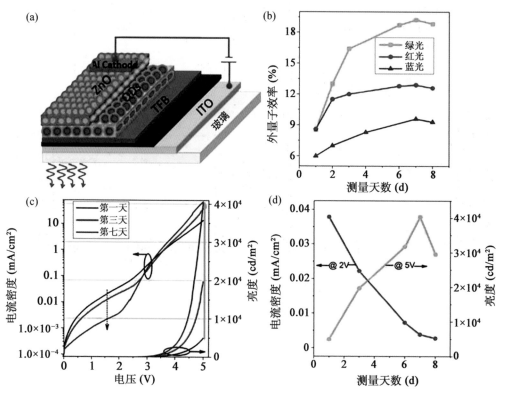

图 4.14 (a) 器件结构示意;(b) 树脂封装后,室温下红光、绿光和蓝光 QLED 的老化趋势;(c) 在室温下老化 1 d、3 d 或 7 d 后的绿光 QLED 的亮度和电流密度相对于施加电压的变化;(d) 在 2 V 电压下测得的绿光 QLED 的漏电流密度以及在 5 V 电压下测得的亮度随时间的变化[84]

4.5 总结与展望

总的来说,AM-QLED 与其他照明和显示设备(如 LCDs 和 OLEDs)相比具有许多优势,例如低成本、可溶液加工、高色纯度、高效率等,这引起了学术界和工业界极大兴趣。本章中,我们从材料和器件结构的角度讨论绿光 QLED 的发展。一方面,我们详细介绍了绿光 QLED 中常用的量子点的种类、核壳结构以及器件结构的演变;另一方面,我们总结了提高绿光 QLED 效率的策略,包括配体工程、壳层工程、界面工程等。导致器件效率滚降的主要原因是非辐射复合(包括荧光共振能量转移过程和俄歇复合过程)和场效应诱导的激子淬灭。具有高荧光量子产率的量子点不一定表现出高外量子产率,因为具有异质结构(如核壳结构和化学组成)的量子点易发生非辐射复合。因此,人们提出具有双壳或化学组成呈梯度分布的壳的量子点以解决该问题。此外,电荷平衡也是影响器件性能的重要因素。有两种方法可以平衡电荷注入和传输。一种是将小分子或聚合物(如 poly-TPD、TCTA)与空穴传输层材料混合,加快空穴迁移率并减少空穴注入势垒;另一种是在量子点层和电子传输层之间引入绝缘聚合物(如 PEIE)以减缓电子传输速度。

但是,绿光 QLED 的寿命和稳定性仍是制约 QLED 进一步实际应用的因素。由于量子点具有较大的比表面积,对周围环境中的光和湿度较为敏感。此外,由能级不匹配和载流子迁移引起的载流子传输平衡同样影响器件的寿命和稳定性。器件运行过程产生的焦耳热和激子非辐射过程会破坏空穴传输层材料。根据目前研究结果,主要有三种方法可同时实现器件的长寿命和高性能。第一,要改善量子点本身性质。具有厚壳或化学组成梯度分布的壳的量子点可解决上述问题,因为厚壳层可有效增加量子点的荧光量子产率同时抑制缺陷态非辐射复合;合金化的壳可以缓解核和壳材料的晶格失配。第二,低空穴迁移率和高空穴注入势垒是限制绿光 QLED 效率的重要因素。将空穴传输层与小分子混合或开发新的空穴传输层材料是改性空穴传输层的有效方法。第三,降低电子迁移率对平衡电荷传输也是可行的,如插入绝缘聚合物(如 PMMA 和 PVK)作为缓冲层,以改善器件性能。尽管研究者们做了许多工作,如优化量子点合成和电荷传输层,促进电荷注入和传输平衡,以期获得高稳定性和长寿命的绿光 QLED,但其效率滚降的机制仍然存在争议。是高电压降低了辐射速率,还是在高电流密度下发生俄歇复合过程导致效率滚降尚不确定。总之,如果要将绿光 QLED 应用于实际生活,任重而道远,需要研究人员努力开展更多的相关创新工作。

参 考 文 献

[1] Choi M K, Yang J, Hyeon T, et al. Flexible quantum dot light-emitting diodes for next-generation displays. npj Flexible Electronics, 2018, 2(1): 10.

[2] Dai X, Deng Y, Peng X, et al. Quantum-dot light-emitting diodes for large-area displays:

Towards the dawn of commercialization. Advanced Materials, 2017, 29(14): 1607022.

[3] Sun Q, Wang Y A, Li L S, et al. Bright, multicoloured light-emitting diodes based on quantum dots. Nature Photonics, 2007, 1(12): 717-722.

[4] Yang Z, Gao M, Wu W, et al. Recent advances in quantum dot-based light-emitting devices: Challenges and possible solutions. Materials Today, 2019, 24: 69-93.

[5] Zhang D, Huang T, Duan L. Emerging self-emissive technologies for flexible displays. Advanced Materials, 2020, 32(15): e1902391.

[6] Su Q, Sun Y, Zhang H, et al. Origin of positive aging in quantum-dot light-emitting diodes. Advanced Science, 2018, 5(10): 1800549.

[7] Liang F, Liu Y, Hu Y, et al. Polymer as an additive in the emitting layer for high-performance quantum dot light-emitting diodes. ACS Applied Materials & Interfaces, 2017, 9(23): 20239-20246.

[8] Kim H-M, Bin Mohd Yusoff A R, Youn J-H, et al. Inverted quantum-dot light emitting diodes with cesium carbonate doped aluminium-zinc-oxide as the cathode buffer layer for high brightness. Journal of Materials Chemistry C, 2013, 1(25): 3924-3930.

[9] Sun Y, Jiang Y, Peng H, et al. Efficient quantum dot light-emitting diodes with a $Zn_{0.85}Mg_{0.15}O$ interfacial modification layer. Nanoscale, 2017, 9(26): 8962-8969.

[10] Moon H, Chae H. Efficiency enhancement of all-solution-processed inverted-structure green quantum dot light-emitting diodes via partial ligand exchange with thiophenol derivatives having negative dipole moment. Advanced Optical Materials, 2019, 8(1): 1901314.

[11] Yang Z, Wu Q, Lin G, et al. All-solution processed inverted green quantum dot light-emitting diodes with concurrent high efficiency and long lifetime. Materials Horizons, 2019, 6(10): 2009-2015.

[12] Manders J R, Qian L, Titov A, et al. High efficiency and ultra-wide color gamut quantum dot LEDs for next generation displays. Journal of the Society for Information Display, 2015, 23(11): 523-528.

[13] Zhang H, Chen S, Sun X W. Efficient red/green/blue tandem quantum-dot light-emitting diodes with external quantum efficiency exceeding 21%. ACS Nano, 2018, 12(1): 697-704.

[14] Wang L, Lin J, Hu Y, et al. Blue quantum dot light-emitting diodes with high electroluminescent efficiency. ACS Applied Materials & Interfaces, 2017, 9(44): 38755-38760.

[15] Wang O, Wang L, Li Z, et al. High-efficiency, deep blue $ZnCdS/Cd_xZn_{1-x}S/ZnS$ quantum-dot-light-emitting devices with an EQE exceeding 18%. Nanoscale, 2018, 10(12): 5650-5657.

[16] Zou Y, Ban M, Cui W, et al. A general solvent selection strategy for solution processed quantum dots targeting high performance light-emitting diode. Advanced Functional Materials, 2017, 27(1): 1603325.

[17] Araki Y, Ohkuno K, Furukawa T, et al. Green light emitting diodes with CdSe quantum dots. Journal of Crystal Growth, 2007, 301-302: 809-811.

[18] Li Z, Hu Y, Shen H, et al. Efficient and long-life green light-emitting diodes comprising tridentate thiol capped quantum dots. Laser & Photonics Reviews, 2017, 11(1): 1600227.

[19] Shen H, Lin Q, Cao W, et al. Efficient and long-lifetime full-color light-emitting diodes using high luminescence quantum yield thick-shell quantum dots. Nanoscale, 2017, 9(36): 13583-13591.

[20] Choi S, Moon J, Cho H, et al. Partially pyridine-functionalized quantum dots for efficient red, green, and blue light-emitting diodes. Journal of Materials Chemistry C, 2019, 7(12): 3429-3435.

[21] Yang Y, Zheng Y, Cao W, et al. High-efficiency light-emitting devices based on quantum dots with tailored nanostructures. Nature Photonics, 2015, 9(4): 259-266.

[22] Jun S, Jang E. Bright and stable alloy core/multishell quantum dots. Angewandte Chemie International Edition, 2013, 52(2): 679-682.

[23] Pu Y C, Hsu Y J. Multicolored $Cd_{1-x}Zn_x$Se quantum dots with type-I core/shell structure: Single-step synthesis and their use as light emitting diodes. Nanoscale, 2014, 6(7), 3881-3888.

[24] Nguyen H T, Nguyen N D, Lee S. Application of solution-processed metal oxide layers as charge transport layers for CdSe/ZnS quantum-dot LEDs. Nanotechnology, 2013, 24(11): 115201.

[25] Deng Z, Yan H, Liu Y. Band gap engineering of quaternary-alloyed ZnCdSSe quantum dots via a facile phosphine-free colloidal method. Journal of the American Chemical Society, 2009, 131(49): 17744-17745.

[26] Moon H, Lee C, Lee W, et al. Stability of quantum dots, quantum dot films, and quantum dot light-emitting diodes for display applications. Advanced Materials, 2019, 31(34): e1804294.

[27] Matsumura N, Endo H, Saraie J. Fabrication of ZnSe diodes with CdSe quantum-dot layers by molecular beam epitaxy. Physica Status Solidi (B), 2002, 229(2): 1039-1042.

[28] Anikeeva P, Halpert J E, Bawendi M G, et al. Quantum dot light-emitting devices with electroluminescence tunable over the entire visible spectrum. Nano Letters, 2009, 9(7): 2532-2536.

[29] Colvin V L, Schlamp M C, Alivisatos A P. Light-emitting diodes made from cadmium selenide nanocrystals and a semiconducting polymer. Nature, 1994, 370(6488): 354-357.

[30] Qian L, Zheng Y, Xue J, et al. Stable and efficient quantum-dot light-emitting diodes based on solution-processed multilayer structures. Nature Photonics, 2011, 5(9): 543-548.

[31] Shen H, Wang H, Zhou C, et al. Large scale synthesis of stable tricolor $Zn_{1-x}Cd_x$Se core/mul-

tishell nanocrystals via a facile phosphine-free colloidal method. Dalton Transactions, 2011, 40 (36): 9180-9188.

[32] Kwak J, Bae W K, Lee D, et al. Bright and efficient full-color colloidal quantum dot light-emitting diodes using an inverted device structure. Nano Letters, 2012, 12(5): 2362-2366.

[33] Lee K-H, Lee J-H, Song W-S, et al. Highly efficient, color-pure, color-stable blue quantum dot light-emitting devices. ACS Nano, 2013, 7(8): 7295-7302.

[34] Lee K H, Lee J H, Kang H D, et al. Over 40 cd/A efficient green quantum dot electroluminescent device comprising uniquely large-sized quantum dots. ACS Nano, 2014, 8(5): 4893-4901.

[35] Peng H, Jiang Y, Chen S. Efficient vacuum-free-processed quantum dot light-emitting diodes with printable liquid metal cathodes. Nanoscale, 2016, 8(41): 17765-17773.

[36] Vasan R, Salman H, Manasreh M O. Solution processed high efficiency quantum dot light emitting diode with inorganic charge transport layers. IEEE Electron Device Letters, 2018, 39 (4): 536-539.

[37] Li X, Lin Q, Song J, et al. Quantum-dot light-emitting diodes for outdoor displays with high stability at high brightness. Advanced Optical Materials, 2019, 8(2): 1901145.

[38] Anikeeva P O, Halpert J E, Bawendi M G, et al. Quantum dot light-emitting devices with electroluminescence tunable over the entire visible spectrum. Nano Letters, 2009, 9(7): 2532-2536.

[39] Fu Y, Jiang W, Kim D, et al. Highly efficient and fully solution-processed inverted light-emitting diodes with charge control interlayers. ACS Applied Materials & Interfaces, 2018, 10 (20): 17295-17300.

[40] Xu Q, Li X, Lin Q, et al. Improved efficiency of all-inorganic quantum-dot light-emitting diodes via interface engineering. Frontiers in Chemistry, 2020, 8: 265.

[41] Zhang H, Hu N, Zeng Z, et al. High-efficiency green InP quantum dot-based electroluminescent device comprising thick-shell quantum dots. Advanced Optical Materials, 2019, 7(7): 1801602.

[42] Lim J, Park M, Bae W K, et al. Highly efficient cadmium-free quantum dot light-emitting diodes enabled by the direct formation of excitons within InP@ZnSeS quantum dots. ACS Nano, 2013, 7(10): 9019-9026.

[43] Won Y H, Cho O, Kim T, et al. Highly efficient and stable InP/ZnSe/ZnS quantum dot light-emitting diodes. Nature, 2019, 575(7784): 634-638.

[44] Wang A, Shen H, Zang S, et al. Bright, efficient, and color-stable violet ZnSe-based quantum dot light-emitting diodes. Nanoscale, 2015, 7(7): 2951-2959.

[45] Xiang C, Koo W H, Chen S, et al. Solution processed multilayer cadmium-free blue/violet emitting quantum dots light emitting diodes. Applied Physics Letters, 2012, 101(5): 053303.

[46] Jang E P，Han C Y，Lim S W，et al. Synthesis of alloyed ZnSeTe quantum dots as bright, color-pure blue emitters. ACS Applied Materials & Interfaces，2019，11(49)：46062-46069.

[47] Chen B，Zhong H，Wang M，et al. Integration of CuInS₂-based nanocrystals for high efficiency and high colour rendering white light-emitting diodes. Nanoscale，2013，5(8)：3514-3519.

[48] Choi D B，Kim S，Yoon H C，et al. Color-tunable Ag-In-Zn-S quantum-dot light-emitting devices realizing green，yellow and amber emissions. Journal of Materials Chemistry C，2017，5(4)：953-959.

[49] Steckel J S，Snee P，Coe-Sullivan S，et al. Color-saturated green-emitting QD-LEDs. Angewandte Chemie International Edition，2006，45(35)：5796-5799.

[50] Cho S H，Sung J，Hwang I，et al. High performance AC electroluminescence from colloidal quantum dot hybrids. Adv Mater，2012，24(33)：4540-6.

[51] Ji W，Shen H，Zhang H，et al. Over 800% efficiency enhancement of all-inorganic quantum-dot light emitting diodes with an ultrathin alumina passivating layer. Nanoscale，2018，10(23)：11103-11109.

[52] Kobayashi M，Nakamura S，Kitamura K，et al. Luminescence properties of CdS quantum dots on ZnSe. Journal of Vacuum Science & Technology B：Microelectronics and Nanometer Structures Processing，Measurement，and Phenomena，1999，17(5)：2005-2008.

[53] Kim N-Y，Hong S-H，Kang J-W，et al. Localized surface plasmon-enhanced green quantum dot light-emitting diodes using gold nanoparticles. RSC Advances，2015，5(25)：19624-19629.

[54] Kim J-U，Lee J-J，Jang H S，et al. Widely tunable emissions of colloidal $Zn_xCd_{1-x}Se$ alloy quantum dots using a constant Zn/Cd precursor ratio. Journal of Nanoscience and Nanotechnology，2011，11(1)：725-729.

[55] Bae W K，Kwak J，Park J W，et al. Highly efficient green-light-emitting diodes based on CdSe@ZnS quantum dots with a chemical-composition gradient. Advanced Materials，2009，21(17)：1690-1694.

[56] Panda S K，Hickey S G，Waurisch C，et al. Gradated alloyed CdZnSe nanocrystals with high luminescence quantum yields and stability for optoelectronic and biological applications. Journal of Materials Chemistry，2011，21(31)：11550-11555.

[57] Talapin D V，Mekis I，Götzinger S，et al. CdSe/CdS/ZnS and CdSe/ZnSe/ZnS core-shell-shell nanocrystals. The Journal of Physical Chemistry B，2004，108(49)：18826-18831.

[58] Yang X，Zhang Z-H，Ding T，et al. High-efficiency all-inorganic full-colour quantum dot light-emitting diodes. Nano Energy，2018，46：229-233.

[59] Cao F，Wang H，Shen P，et al. High-efficiency and stable quantum dot light-emitting diodes enabled by a solution-processed metal-soped nickel oxide hole injection interfacial layer. Advanced Functional Materials，2017，27(42)，1704278.

［60］ Wood V, Panzer M J, Caruge J M, et al. Air-stable operation of transparent, colloidal quantum dot based LEDs with a unipolar device architecture. Nano Letters, 2010, 10(1): 24-29.

［61］ Su Q, Zhang H, Sun Y, et al. Enhancing the performance of quantum-dot light-emitting diodes by postmetallization annealing. ACS Applied Materials & Interfaces, 2018, 10(27): 23218-23224.

［62］ Kim H M, Kim J, Jang J. Quantum-dot light-emitting diodes with a perfluorinated ionomer-doped copper-nickel oxide hole transporting layer. Nanoscale, 2018, 10(15): 7281-7290.

［63］ Shen H, Gao Q, Zhang Y, et al. Visible quantum dot light-emitting diodes with simultaneous high brightness and efficiency. Nature Photonics, 2019, 13(3): 192-197.

［64］ Zhang Z, Ye Y, Pu C, et al. High-performance, solution-processed, and insulating-layer-free light-emitting diodes based on colloidal quantum dots. Adv Mater, 2018, 30(28): e1801387.

［65］ Kim T-H, Cho K-S, Lee E K, et al. Full-colour quantum dot displays fabricated by transfer printing. Nature Photonics, 2011, 5(3): 176-182.

［66］ Kwon B W, Son D I, Park D-H, et al. Solution-processed white light-emitting diode utilizing hybrid polymer and red-green-blue quantum dots. Japanese Journal of Applied Physics, 2012, 51: 09MH03.

［67］ Tuan N H, Lee S, Dinh N N. Investigation of pure green-colour emission from inorganic-organic hybrid LEDs based on colloidal CdSe/ZnS quantum dots. International Journal of Nanotechnology, 2013, 10(3/4): 304-312.

［68］ Shen H, Wang S, Wang H, et al. Highly efficient blue-green quantum dot light-emitting diodes using stable low-cadmium quaternary-alloy ZnCdSSe/ZnS core/shell nanocrystals. ACS Applied Materials & Interfaces, 2013, 5(10): 4260-4265.

［69］ Zhang F, Wang S, Wang L, et al. Super color purity green quantum dot light-emitting diodes fabricated by using CdSe/CdS nanoplatelets. Nanoscale, 2016, 8(24): 12182-12188.

［70］ Kim J, Kim J. Enhancement of green quantum dot light-emitting diodes with Au NPs in the hole injection layer. International Journal of Nanotechnology, 2018, 15(6/7): 485-492.

［71］ Li X, Zhao Y-B, Fan F, et al. Bright colloidal quantum dot light-emitting diodes enabled by efficient chlorination. Nature Photonics, 2018, 12(3): 159-164.

［72］ Kim D, Fu Y, Kim S, et al. Polyethylenimine ethoxylated-mediated all-solution-processed high-performance flexible inverted quantum dot-light-emitting device. ACS Nano, 2017, 11(2): 1982-1990.

［73］ Kim H H, Park S, Yi Y, et al. Inverted quantum dot light emitting diodes using polyethylenimine ethoxylated modified ZnO. Scientific Reports, 2015, 5: 8968.

［74］ Zhang H, Sun X, Chen S. Over 100 cd A^{-1} efficient quantum dot light-emitting diodes with inverted tandem structure. Advanced Functional Materials, 2017, 27(21): 1700610.

[75] Davidson-Hall T，Aziz H. Perspective：Toward highly stable electroluminescent quantum dot light-emitting devices in the visible range. Applied Physics Letters，2020，116(1)：010502.

[76] Hao J，Liu H，Miao J，et al. A facile route to synthesize CdSe/ZnS thick-shell quantum dots with precisely controlled green emission properties：Towards QD based LED applications. Scientific Reports，2019，9(1)：12048.

[77] Kang B H，Lee J S，Lee S W，et al. Efficient exciton generation in atomic passivated CdSe/ZnS quantum dots light-emitting devices. Scientific Reports，2016，6：34659.

[78] Shen H，Zhou C，Xu S，et al. Phosphine-free synthesis of $Zn_{1-x}Cd_x Se/ZnSe/ZnSe_x S_{1-x}/ZnS$ core/multishell structures with bright and stable blue-green photoluminescence. Journal of Materials Chemistry，2011，21(16)：6046-6053.

[79] Shen H，Lin Q，Wang H，et al. Efficient and bright colloidal quantum dot light-emitting diodes via controlling the shell thickness of quantum dots. ACS Applied Materials & Interfaces，2013，5(22)：12011-12016.

[80] Pan J，Wei C，Wang L，et al. Boosting the efficiency of inverted quantum dot light-emitting diodes by balancing charge densities and suppressing exciton quenching through band alignment. Nanoscale，2018，10(2)：592-602.

[81] Liu Y，Jiang C，Song C，et al. Highly efficient all-solution processed inverted quantum dots based light emitting diodes. ACS Nano，2018，12(2)：1564-1570.

[82] Huang Q，Pan J，Zhang Y，et al. High-performance quantum dot light-emitting diodes with hybrid hole transport layer via doping engineering. Optics Express，2016，24(23)：25955-25963.

[83] Li J，Liang Z，Su Q，et al. Small molecule-modified hole transport layer targeting low turn-on-voltage，bright，and efficient full-color quantum dot light emitting diodes. ACS Applied Materials & Interfaces，2018，10(4)：3865-3873.

[84] Acharya K P，Titov A，Hyvonen J，et al. High efficiency quantum dot light emitting diodes from positive aging. Nanoscale，2017，9(38)：14451-14457.

第五章　蓝光量子点发光二极管

5.1　引　言

自从量子点的量子限域效应在 30 多年前被发现以来,量子点的具体应用一直在被科学界和产业界所挖掘。由于量子点的半径小于玻尔激子半径,费米能级附近的电子能级由准连续向离散转变,使得量子点具有独特的光学和磁学性能。近年来,量子点已广泛应用于光电子、发光二极管和生物领域。由于量子点可以通过改变其大小和成分来调节发射颜色,因此基于量子点的 LED 器件具有从紫外到红外的宽色域发光。此外,量子点发光二极管还具有许多优异的性能,如湿稳定性、热稳定性、接近单位亮度效率、高色纯度和溶液法制备能力。所有这些特点使量子点发光二极管成为具有完美色彩和逼真亮度的新一代显示器。

量子点发光二极管的发展非常迅猛,Shen 等人报道了外量子效率超过 42% 的溶液法双结绿光量子点发光二极管(double-junction green quantum-dot light-emission diodes),这是有史以来最高的数值[1]。Su 等人在 2018 年展示了串联红光量子点发光二极管,外量子效率超过 34%[2]。此外,绿光和红光量子点发光二极管的寿命均有超过 100000 h 的报道[3]。这些性能使得红光和绿光量子点发光二极管可与最先进的有机发光二极管相媲美。然而,与绿光和红光量子点发光二极管的持续发展相比,蓝光量子点发光二极管在效率和寿命方面相对落后。Zhang 等人采用 ZnMgO/Al/HATCN/MoO$_3$ 的互连层结构(inter connect layer,ICL),报道了目前为止效率最高的蓝光量子点发光二极管,外量子效率为 21.4%[4]。尽管这一效率已经达到了商业化的要求,但蓝光量子点寿命短、高亮度效率低等问题仍然阻碍着其应用。

蓝光量子点发光二极管性能较差可以归因于以下几种因素:

（1）蓝光量子点的外量子效率低。虽然近些年已经合成了具有较高荧光量子产率的量子点，但由于量子点提纯以及成膜过程中的能量转移，量子点薄膜的荧光量子产率损耗严重。量子点薄膜的低荧光量子产率导致发光层中电子和空穴的复合效率较低，从而导致量子点发光二极管的效率较低。

（2）固体薄膜中量子点之间的电荷转移效率较低。通常，量子点包括无机核壳结构和表面有机配体，它们是确定量子点光、电学性能所必需的。通常情况下，胶体量子点的表面配体通常选择具有长碳氢链的脂肪酸[5]。虽然这些长链有机分子可以阻止量子点在有机溶剂中的聚集，钝化量子点表面缺陷，但它们也能够形成致密的绝缘层来影响量子点的电荷注入和载流子在量子点层内的传输[6]。因此，选择合适的配体既可以稳定量子点并保持其固有的良好光电性能，又可以实现固态薄膜中量子点之间的高效电荷转移。

（3）蓝光量子点发光二极管中电子和空穴注入不平衡。在传统的有机-无机复合量子点发光二极管中，具有深价带能级的量子点发光层与有机空穴传输层之间存在较大的界面势垒[7]。目前已经有相当多的报道尝试研究了具有更平衡的电荷注入的传输层材料[8]。然而，对如何匹配不同组分和壳层厚度蓝光量子点和电荷传输材料的研究还不够充分。

（4）量子点与电子传输层 ZnO 间的异质结造成的电荷转移以及在电子传输层中的电荷积累产生了带正电荷的蓝光量子点和带负电荷的 ZnO，降低了量子点发光层中的辐射复合效率，这也是导致蓝光 QLED 寿命较短的原因[9]。

（5）众所周知，显示屏的亮度是由组成 LED 的光度亮度决定的，该亮度定义为单位面积光源在特定方向（单位立体角）发射的波长加权功率。其中基于人类视觉的发光效率

$$L_v = 683 I y(\lambda)/S$$

其中，L_v 是以 cd/m^2 为单位的亮度，I 是以 W/sr 为单位的辐射功率，S 是 LED 的表面积，$y(\lambda)$ 是指人眼对不同波长光的平均灵敏度。不同于绿光和红光带，视觉光谱中的蓝光带（440～490 nm）具有较低的发光效率，其范围从 0.02 到 0.20；而绿光（520～555 nm）为 0.80～1.00，橙光/红光（590～640 nm）为 0.20～0.70。与 460 nm 蓝光相比，530 nm 绿光和 620 nm 红光分别只需要 1/9 和 1/4 的辐射功率就可以达到同样的视觉效果，因此蓝光量子点发光二极管需要具有比相同亮度的绿光或红光量子点发光二极管更高的辐射功率 I 来补偿较低的发光效率[10]。除了亮度之外，蓝光发射的低效率还要求量子点发光二极管发射光谱的窄带宽达到所

需的饱和蓝光。

综上,目前的量子点发光器件必须使用蓝光背光通过由红、绿量子点组成的颜色转换层来发射红绿蓝三基色光。由于量子点将发射光提前至液晶显示器面板之前,昂贵的无源彩色滤光片可以被替换。目前主流的量子点显示器均采用该模式,因此应该被称为 QD-LCDs,而不是无背光有源矩阵 QLED(AM-QLED)显示器。为了实现柔性超薄电致发光量子点器件,获得高效率、长寿命的蓝光量子点至关重要。考虑到这一点,蓝光量子点发光二极管的性能可以通过设计具有低缺陷、适当的带隙能级和高荧光量子产率的纳米结构(核壳结构)粒子,用适当的配体修饰半导体量子点的表面,开发具有更好能级匹配性的电荷传输材料以及优化蓝光器件的界面和器件结构来获得全面的提高。

在本章中,我们回顾了蓝光量子点的研究进展,主要包括高效率的含镉蓝光量子点的发光特征以及器件性能。由于镉具有潜在的生理毒性,无镉量子点已成为近年来的研究热点,我们也以一定的篇幅来介绍这种生态环保的无毒量子点。随着量子点发光材料的结构不断优化以及器件机理的理解逐步深入,量子点发光二极管发展出了全新的倒置器件结构。这一结构为蓝光量子点发光二极管的制备工艺提供了全新的思路,我们也将予以介绍。最后,我们将讨论目前蓝光 QLED 应用中存在的问题和可能的解决方案。

5.2 蓝光量子点发光材料

如前所述,蓝光量子点发光二极管的研究在很长一段时间内相对缓慢。一方面很难找到合适的合成方法获得尺寸更小的蓝光量子点,另一方面选择合适的电荷传输层材料来匹配蓝光量子点的宽带隙也充满了挑战。经过持续的研究,蓝光量子点发光效率取得了重大突破。蓝光量子点发光二极管外量子效率的发展情况如图 5.1 所示。通过量子点和表面配体的开发以及器件结构和界面工程的优化,含镉蓝光量子点发光二极管的外量子效率已经从不到 0.1% 提高到 20% 左右,这几乎达到了商业化的要求[4]。在 2020 年三星电子报道了外量子效率高达 20.2% 的无镉量子点 LED,在初始亮度为 $100\ cd/m^2$ 时寿命 T_{50} 达到了 15850 h,这标志着无镉蓝光量子点发光二极管取得了重大突破[4]。但是如何降低材料和工艺成本、如何获得更高的效率以及在器件工作期间保持高效率、含镉量子点的环境污染问题都是目前量子点发光二极管大规模商用的制约因素。

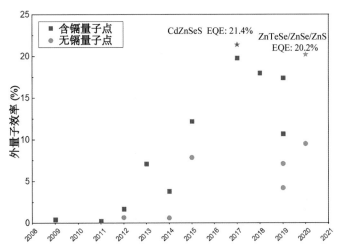

图 5.1 蓝光量子点发光二极管的外量子效率发展时间
蓝色点：含镉量子点；橙色点：无镉量子点

5.2.1 含镉量子点

在 2007 年，Tan 等人最先报道了含镉量子点的蓝光量子点发光二极管，其具有明亮和色彩饱和的蓝光发射，这引起了人们对含镉量子点发光二极管的兴趣[12]。通过改进蓝光器件中的核壳 CdS/ZnS 量子点合成方法，并用油酸胺/十八烯混合物作为 CdS 晶体核形成和生长的溶剂，他们发现油酸胺分子与 Cd^{2+} 离子之间的相互作用对核的生长动力学有着深刻影响，在适当控制油酸胺剂量的情况下，CdS 核的发射光谱带宽大大减小。同时任何自由配体在量子点粉末中的引入都会给后续的自旋包覆量子点薄膜引入杂质和裂纹/针孔缺陷，这是由于在纯化过程中，纳米晶表面的分子数量迅速下降，量子点表面钝化作用削弱。因此，必须优化纯化步骤，降低量子点样品中的自由配体浓度，同时避免量子点量子产率的显著降低。最后制备的器件采用了多层结构，在发光层采用结构优化的核壳 CdS/ZnS 量子点。图 5.2(a)显示了光电器件的电致发光谱图，可以看出其荧光半高宽只有 20 nm，这保证了发射光的色纯度。器件输出的光谱特性与量子点溶液的荧光发射相似，只是由于 poly-TPD 的残余激发(峰值 410 nm)在紫外区域有一个小肩峰。电致发光和光致发光之间的峰值波长没有明显的偏移。绿光和红光光谱区域的发射强度降低到器件总发射的 5% 以下，这保证了量子点发光二极管发射光谱蓝光区的纯度。值得一提的是，文中报告的蓝光量子点发光二极管的窄带宽(约 20 nm)与通过外延生长得到的单晶Ⅲ-Ⅴ族复合器件相当,反映了用作 LED 器件发射元件的 CdS/ZnS 量子点的良好结晶性。这与有机发光二极管相比是有利的,因为有机发光二极管的发射光谱通常带宽很大(约 60 nm)。图 5.2(b)为电流密度、亮度随偏置电压的变化曲线,启亮电压低至 2.5 V。在高亮度下,由于相机传感器像素的饱和,LED 图像变白,而外围区域由于后向散射而变蓝。在 1600 cd/m² 的高亮度下,器件的发射峰位于 460 nm 处。这一工作使得蓝光 QLED 的低工作电压和高亮度可与红光和绿光量子点器件媲美,为后续的研究奠定了基础。

为了进一步提高效率,Anikeeva 等人使用了 ZnCdS 合金化的量子点核,并用油胺和油酸钝化[13]。荧光光谱显示其发光峰值位于 460 nm,如图 5.2(c)所示。即使有少量的有机电致发光贡献,基于 ZnCdS 量子点的 QLED 像素点在视觉上也是发射蓝光的。Qian 等人将 CdSe/ZnS 核壳量子点和新型电子传输层材料 ZnO 纳米粒子应用于溶液处理的 QLED 中[14]。该器件由氧化铟锡、聚(乙烯二氧噻吩)、聚苯乙烯磺酸盐(PEDOT:PSS)(40 nm)、聚[N,N'-双(4-丁基苯基)-N,N'-双(苯基)联苯胺](poly-TPD)(45 nm)、CdSe/ZnS 核壳量子点(13~25 nm)、ZnO 纳米颗粒(25~75 nm)等组成。如图 5.2(d)所示,器件发射蓝光的最大亮度和功率效率值分别为 4200 cd/m² 和 0.17 lm/W。另外,其启亮电压仅为 2.4 V,这低于相应器件的光生电压(荧光发射峰 470 nm)。这一现象可以归结为 ZnO 纳米颗粒诱导的俄歇上转换机制。值得注意的是,这项工作中 QLED 的最高效率是在高亮度下实现的,这对于实际的显示和照明应用有重要意义。蓝光 CdSe/ZnS 量子点已被证明是一种高效、稳定的发光材料,其发射峰超过 460 nm,同时减少了短波蓝光对人眼的有害影响。

2017 年,Wang 等人同样制备了 CdSe/ZnS 量子点和优化 ZnO 纳米颗粒的 QLED[15]。由于厚壳层对非辐射复合过程的限制,CdSe/ZnS 量子点具有较高的荧光量子产率。基于 CdSe/ZnS 量子点的器件外量子效率与电流密度的变化关系如图 5.2(e)所示。该器件的 CIE 色坐标为(0.136,0.078),与 NTSC 1953 标准(0.14,0.08)相当接近。由于制备条件的限制,100 cd/m² 发光亮度下的寿命仅为 47.4 h,这可以通过避免暴露于空气、优化厚壳量子点结构以及更好的器件封装方法进一步提高。目前报道外量子效率最高的蓝光量子点采用 CdZnSeS 作为发光材料[4],采用了 ZnMgO/Al/HATCN/MoO₃ 互连层和串联式结构的蓝光 QLED 获得了极高的电流效率(17.9 cd/A)和外量子效率(21.4%),如图 5.2(f)所示。此外,在 10²~10⁴ cd/m² 的大范围亮度下,可以很好地保持高效率。即使在 20000 cd/m² 的高亮度下,蓝光 QLED 的外量子效率仍然可以维持其最大值的 78%。

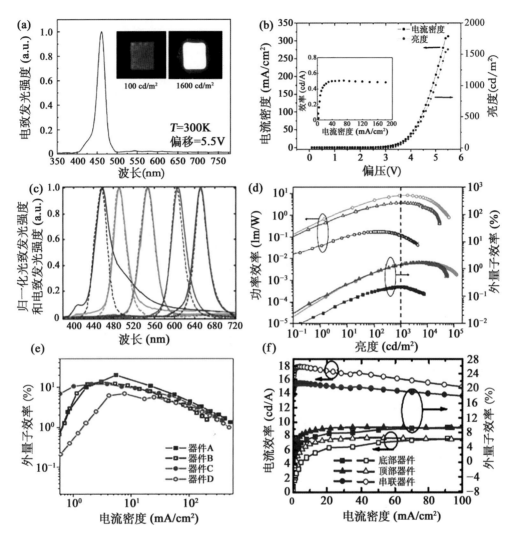

图 5.2 　（a）QLED 在 5.5 V 电压下的电致发光光谱，插图：在 100 和 1600 cd/m² 的亮度下拍摄的 LED 表面照片；（b）蓝光量子点发光二极管的电流密度和亮度作为电压的曲线，插图显示了器件的流明效率与电流密度的关系；（c）施加偏置电压时三原色量子点发光二极管的电致发光光谱（实线）、光致发光光谱（虚线），红光和绿光量子点的量子点单分子层和蓝光量子点的正己烷溶液；（d）蓝光、绿光和橙红光量子点发光二极管的功率效率、外量子效率与发光亮度的曲线；（e）基于 CdSe/ZnS 量子点的器件外量子效率与电流密度的变化关系；（f）采用不同结构的蓝光 CdZnSeS QLED 的电流效率-电流密度-外量子效率曲线

　　综上所述，含镉量子点效率高，色纯度高，寿命近年来也有了大幅提高。最大的问题是镉的毒性，但含镉量子点仍是一种很有前途，可与蓝光 OLED 材料竞争的发光材料。

5.2.2 无镉量子点

由于镉潜在的生理毒性,加上世界各国日益严格的环境保护政策,含镉量子点的发展在一定程度上受到了限制。因此,不含镉的 QLED 在未来的 AM-QLED 显示和照明中是极其重要的,主要包括基于磷化铟 InP、硒化锌 ZnSe、铜 Cu 和锑化铝 AlSb 的 QLED。

1. 基于 InP 的量子点

随着 InP 核尺寸分布的精细控制和多壳异质结构工程的优化,基于 InP 量子点器件的发光性能在光致发光展宽和荧光量子产率方面得到了很大的改善[16]。此前由于 InP 量子点的能带带隙(1.35 eV)小,难以实现小 InP 核(<3 nm)的可控合成以及壳层的可控外延生长,InP 量子点相关器件的性能一直较差,相关报道也较少[17]。Shen 等人在 2017 年首次报道了基于蓝光 InP 量子点的 LED 器件,使用 InP/ZnS 小核壳四面体形状量子点作为发光材料,如图 5.3(a)所示[18]。InP/ZnS 量子点的绝对荧光量子产率可达 76%,半高宽窄至 44 nm,同时改善了稳定性,可在空气环境下存储 1000 h 以上。然而,制作的蓝光 QLED 器件性能较差,最大亮度仅为 90 cd/m²,如图 5.3(b)所示。这可能是由于量子点组装发光薄膜的较低荧光量子产率,以及低载流子注入和传输造成的。尽管额外厚的 ZnS 壳层可以增强荧光量子产率,最终抑制小尺寸量子点之间的非辐射荧光共振能量转移过程,但是 InP 和 ZnS 之间晶格的不匹配将导致量子点结构缺陷[19]。

为了减少晶格失配的影响,Shen 等人通过低温成核和高温生长的方法,在 InP 内核和 ZnS 外壳之间引入了一个薄的间隙桥接层[20]。他们合成了高荧光量子产率(约 81%)和大尺寸(约 7.0±0.9 nm)厚壳的 InP/GaP/ZnS/ZnS 量子点,相应的 QLED 显示出创纪录的亮度和外量子效率,分别为 3120 cd/m² 和 1.01%,如图 5.3(c)所示。由于量子限域效应的减弱,在连续 ZnS 包覆的情况下,HOMO 能级升高。因此,实验证实的 VBM 升高有利于从 TFB 向发光层注入空穴,如图 5.3(d)所示。同时,对于电子注入而言,LUMO 能级的上升降低了注入效率,因此可以减少载流子注入不平衡的影响。对具有数千个原子量子点的大规模密度泛函理论(DFT)计算表明,更厚的壳层有利于量子点膜中更平衡的载流子注入,同时抑制了紧密填充的量子点之间的共振峰,促进蓝光器件性能的提高。

Wegner 等人探索了将镓引入胶体 InP 量子点中,目的是调节其光发射特性[21]。如图 5.3(e)所示,根据镓前驱体的性质,量子点将发射红光(前驱体:油酸镓)或者蓝光(乙酰丙酮镓)。Ga(acac)₃ 的加入改变了 In(Zn)P 量子点的成核和生长动力学,这可以从更尖锐的第一个激子峰所显示的尺寸分布收窄推断出。进一步的 X 射线衍射图谱显示了微小但明显的向大角度的转变,这表明在镓存在的情况下晶格常数减小了。

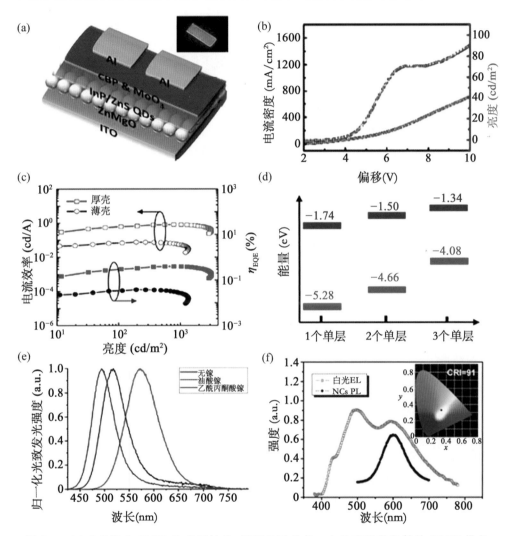

图 5.3 (a) InP/ZnS QLED 的多层结构,插图显示的是一个具有蓝光发射的 QLED 设备;(b) InP/ZnS QLED 器件的电流密度-电压-亮度曲线;(c) 基于薄层和厚层 ZnS 壳的 InP/GaP/ZnS 量子点的器件电流效率和外量子效率随亮度变化曲线;(d) 随着 ZnS 壳层厚度的增加,InP/GaP/ZnS 量子点中的 HOMO 和 LUMO 能级的变化;(e) 不添加镓,添加 0.03 mmol 油酸镓或 0.025 mmol Ga(acac)₃ 合成的 In(Zn)P 量子点的归一化光致发光光谱;(f) InP/ZnS 量子点的光致发光光谱和白光量子点发光二极管的电致发光光谱

Yang 等人报道了用简便的一锅溶剂热法控制合成高质量的 InP/ZnS 核壳量子点[22]。所得到的量子点具有高的量子产率(60%以上)、宽的光谱可调性、窄的发射谱宽以及良好的光稳定性。利用高质量的 InP/ZnS 量子点制备出的白光 QLED 器件显示出高达 91 的显色指数,如图 5.3(f)所示。Kim 等人[23]使用 P(DMA)$_3$ 的氨基膦配体合成了 InP/ZnSeS/ZnS 量子点,其中,随着 ZnSe 内壳的 Se 含量从 0.1 mmol 增加至 1.5 mmol,光谱明显红移,这是由于随着电子泄漏到相邻内壳域,量子限域效应逐渐减弱。之后在碘化镓(GaI$_3$)存在下,将 InP 量子点在较低温度下进行阳离子交换反应,通过改变 GaI$_3$ 的量(0.68~1.35 mmol),可以很好地控制 Ga 的合金化程度,最终合成了一系列双壳 InGaP/ZnSeS/ZnS 量子点。随着 Ga 合金程度的增加,光致发光峰值从 475 nm 到 465 nm 表现出蓝移,同时维持了 80%~82% 的较高荧光量子产率。以 InGaP/ZnSeS/ZnS 量子点制备蓝光 QLED 器件,其最大发光亮度为 1038 cd/m^2,电流效率为 3.8 cd/A,外量子效率为 2.5%。Zhang 等人[24]在核壳结构中引入薄的 GaP 桥接层,有效地减少 InP 内核与 ZnS 外壳之间的晶格失配,成功生长出具有厚 ZnS 外壳的 InP/GaP/ZnS 量子点。这些厚壳量子点具有较大的粒径(7.0±0.9 nm),并显示出高稳定性和高荧光量子产率(约 81%)。基于厚壳量子点制备的蓝光 QLED 亮度达到了创纪录的 3120 cd/m^2,是以往报道的 35 倍,同时峰值外量子效率高达 1.01%。

虽然在 InP 量子点的研究上取得了一些进展,但是基于 InP 的蓝光 QLED 的性能仍然较差,另外 In 作为贵金属,价格较高。因此在发光材料的选择、器件结构的优化、器件运行机理的深入了解等方面仍需努力。

2. 基于 ZnSe 的量子点

前面提到,CdSe 与 ZnS 的晶格不匹配易导致缺陷的形成和低荧光量子产率,这是含镉量子点研究遇到的一大难题[25]。此外基于 CdSe 量子点的发光二极管的电致发光光谱一般具有较宽的半高宽(约 30 nm),同时由于缺陷态参与光辐射,因此具有较长的背景辐射波长[13]。近年来,锌基量子点,尤其是 ZnSe 量子点,由于其具有 2.8 eV 的宽带隙能量,发光范围在紫外光和蓝光之间,因此越来越受到人们的关注[26]。Xiang 等人制备了高效的无镉 ZnSe/ZnS 核壳结构量子点,光致发光发射峰在 420 nm,半高宽为 16 nm,表明 ZnSe 量子点的质量优于大多数含镉蓝光量子点[27]。他们还发现,外量子效率随着量子点层厚度的增加而增加,量子点层厚度为 40 nm 时,器件的外量子效率为 0.65%,在电流密度为 500 mA/cm^2 以下效率滚降很小,如图 5.4(a)所示。随着量子点层厚度的增加,发光层与空穴传输层/量子点界面的距离增大,导致界面激子非辐射复合减少,器件效率提高。然而,当量子点层厚度大于

40 nm 时,由于自旋涂层的厚度不均匀,器件性能较差。

Ji 等人报道了基于 ZnSe/ZnS 核壳量子点的具有倒置器件结构的深蓝 LED。QLED 的电致发光发射峰为 441 nm,半高宽为 15.2 nm,明显小于含镉量子点的蓝光 LED[28]。如图 5.4(b)所示,器件结构为 ITO/ZnO(35 nm)、ZnSe/ZnS 量子点(约 3 个单分子层)、HTL(45 nm)、MoO_3(8 nm)、Al(200 nm)。所制备的 QLED 还具有超高的颜色纯度,其 CIE 色坐标为(0.16,0.015),最大亮度为 1170 cd/m^2,峰值电流效率为 0.51 cd/A,如图 5.4(c)所示。值得注意的是,没有观察到有机物的电致发光发射或量子点的表面缺陷态。为了进一步提高荧光量子产率和光化学稳定性,Shen 等人提出了一种低温注入、高温生长合成 ZnSe/ZnS 核壳量子点的方法,该方法与大多数传统的高温成核、低温生长的方法不同[29]。他们合成了接近单分散的 ZnSe/ZnS 核壳量子点,具有高的荧光量子产率(高达 80%),高的颜色纯度(半高宽约 12~20 nm),在紫外光范围(400~455 nm)内具有良好的光谱可调性。重要的是,这种 ZnSe/ZnS 核壳量子点在紫外照射和重复纯化过程下表现出非常好的光化学稳定性,这对 QLED 的进一步应用至关重要。高亮度的紫光 QLED 最大亮度为 2632 cd/m^2,峰值外量子效率为 7.83%,如图 5.4(d)所示。基于 ZnSe/ZnS 量子点的器件在考虑光致发光功能因素的情况下,表现出了与最好的含镉蓝紫光 QLED 的竞争优势。然而,它的电致发光波长(437 nm)却超出了期望的长波蓝光范围(440~460 nm)。

为了获得光致发光峰达到 460 nm 的 ZnSe/ZnS 量子点,ZnSe/ZnS 量子点的尺寸应该足够大,降低量子限域效应。与前面提到的 InGaP 量子点类似,ZnSe 量子点实现蓝光发射可行的方法是与低带隙(2.25 eV) ZnTe 进行成分合金化。Yang 等人开发了一种 ZnSeTe 量子点的热合成方法,通过改变 Te/Se 比,ZnS 去壳后其光致发光峰值在 422~500 nm 范围内变得可调[30]。具有最佳 Te/Se 比和 ZnSe 内壳厚度的双壳 ZnSeTe/ZnSe/ZnS 量子点具有峰值 441 nm 的蓝光发射,70% 的高荧光量子产率和 32 nm 的窄半高宽,如图 5.4(e)所示。通过使用这种量子点,他们用溶液法制备了高性能的 ZnSeTe QLED,其峰值亮度为 1195 cd/m^2,外量子效率为 4.2%,如图 5.4(f)所示。这些完美的性能可以归因于相对厚的双重外壳和 ZnSe 内壳抑制了 Forst 能量转移和俄歇复合等非辐射过程。然而,在起始亮度为 200 cd/m^2 和 9.7 mA/cm^2 恒电流密度下,器件的寿命(T_{50})只有 5 min。无镉蓝光二极管在实际显示和照明应用中,使用寿命将是最关键的问题,这是未来需要深入研究的课题。

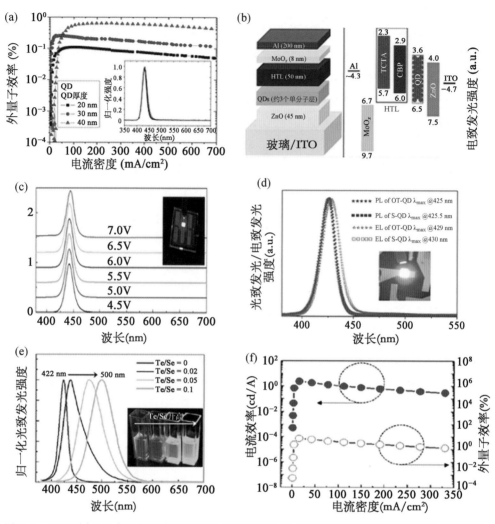

图5.4 （a）不同量子点厚度下外量子效率-电流效率曲线，插图显示了相应器件的电致发光光谱；
（b）左：QLED结构示意，右：各功能层材料能级示意；（c）不同电压下 QLED 的电致发光光谱，插
图显示了在 6.0 V 电压下运行的 QLED 的照片；（d）以辛硫醇（OT-QD）和 S-ODE（S-QD）为硫源
的 ZnSe/ZnS 核壳量子点的归一化光致发光光谱和相应的紫外量子点发光二极管的电致发光光
谱，插图为 11 V 电压下的电致发光图像；（e）Te/Se 物质的量比变化时 ZnSeTe/ZnS 核壳量子点的
光致发光光谱和荧光图像（插图）；（f）ZnSeTe QLED 电流效率和外量子效率与电流密度的关系
曲线

3. 铜基量子点

长期以来，基于 Cu 的量子点作为红光或绿光含镉量子点的补充，蓝光铜基量子

点的研究较少。最近,通过使用 ZnS 或 Cu-Ga-S(CGS)的高禁带材料合金化 Cu-In-S (ZCIS)或 Cu-In-Ga-S(CIGS)来生产四元 Zn-Cu-In-S(ZCIS)或 Cu-In-Ga-S(CIGS)量子点可以实现优良的光谱调谐,进而实现宽带隙的蓝光发射。2014 年,Yang 等人合成了一系列 In/Ga 比值变化的 CIGS 量子点,其光致发光峰值波长为 479～578 nm,荧光量子产率为 20%～85%[31]。然而,天蓝光 CIGS 量子点器件显示出的最大电流效率值仅为 1.65 cd/m^2,外量子效率仅为 0.6%,如图 5.5(a)所示。较差的性能可能是由于 CIGS 量子点的荧光量子产率较低(约 20%)。之后,又有一些关于 CIGS 量子点合成的报道,但没有相关器件性能表征。

此后,在 ZCGS/ZnS/ZnS 双壳量子点的基础上,Yang 等人通过表面吸附和晶格扩散将不同 Mn/Cu 浓度的 Mn 掺杂到 ZCGS 基体中[32]。Mn 掺入宿主量子点导致 Mn^{2+} 的 $^4T_1 \rightarrow {}^6A_1$ 特征跃迁发射,这是 Mn 有效掺入晶格的直接标志。通过改变 Mn 浓度来控制整体光致发光中 Mn 的发射比重,掺杂量子点的发射颜色可以很容易地从蓝、白到红、白进行调节,如图 5.5(b)所示。所有未掺杂和掺杂的量子点均表现出 74%～79% 的相对高的量子产率,这表明 Mn 掺杂及浓度较高的掺杂均未形成非辐射过程。Mn/Cu＝16 浓度掺杂的 QLED 产生了 1352 cd/m^2 的最大亮度,2.3 cd/A 的电流效率,4.2% 的外量子效率,如图 5.5(c)所示。与 Mn 掺杂的含镉 QLED 不同,Zn-Cu-Ga-S∶Mn/ZnS/ZnS 基 QLED 的电致发光中几乎不存在 Mn 跃迁辐射,这可能是由于空穴传输层优先向量子点发光层注入空穴,然后在受体态迅速捕获空穴。该课题组展示了一种高效蓝(475 nm)QLED 的全溶液法制备,显示出最大外量子效率为 7.1%,峰值电流效率为 11.8 cd/A,如图 5.5(d)所示[33]。此外,一个有趣的电压依赖性光谱变化是在高电压下电致发光光谱黄光区相对于蓝光区具有相对明显的发光强度提升,如图 5.5(e)所示,这可能归因于不同激发态寿命导致的 CIS 与 ZCGS 量子点俄歇去激发过程的差异。

4. 基于 AlSb 的量子点

Ⅲ-Ⅴ共价化合物中四面体配位效应较强,结晶较慢,反应温度较高,生长时间较长,因此Ⅲ-Ⅴ量子点的尺寸增大不明显[34]。此外,缺乏合适的前驱体来对胶体量子点的成核和生长进行控制[35]。对于合成 AlSb 来说,主要的挑战是锑前驱体不良的反应性。因此,AlSb 在Ⅲ-Ⅴ半导体中的研究更少。在 2019 年,Jalali 等人合成了具有 UV-A 区激子跃迁和蓝光光谱范围内可调谐带边发射的胶体 AlSb 量子点(荧光量子产率高达 18%),如图 5.5(f)所示[36]。量子点在蓝光光谱区表现出明亮的光发射。同时,随着量子点的增大,量子限域效应减弱,第一激子峰波长和光致发光光谱发生红移。虽然目前还没有关于 AlSb 量子点的 QLED 的器件性能报道,但是具有明亮发射的无毒量子点具有很高的生物和光电应用的潜力,因此 AlSb 量子点可能是下一个研究热点。

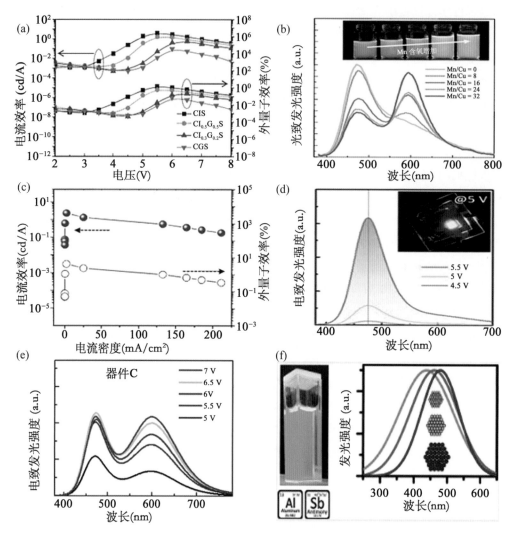

图 5.5 (a) 不同 In/Ga 比组成的四个 CIGS/ZnS QLED 的电流效率和外量子效率的电压变化曲线;(b) 双壳掺杂 ZCGS 量子点的光致发光光谱,插图展示了 Mn 掺杂浓度变化下量子点溶液颜色变化;(c) Mn/Cu=16 浓度掺杂的 QLED 器件电流效率和外量子效率的电流密度相关曲线;(d) 不同电压下的电致发光光谱变化,插图为在 5 V 电压下采集的 QLED 设备图像;(e) 双色白光 QLED 器件 C 的电压相关电致发光光谱变化;(f) 左:紫外线照射下量子点溶液的照片(左)及分散在正己烷溶液中的胶体 AlSb 量子点的光致发光光谱(右)

5.3 电荷传输层的优化

由于蓝光量子点的带隙大、HOMO 能级低,而空穴传输层材料的 HOMO 较高,在量子点发光层与空穴传输层之间存在较大的能量壁垒,导致从空穴传输层到量子点的空穴注入困难。电子与空穴注入之间的不平衡导致电子在量子点发光层过度聚集,非辐射的俄歇复合过程增强。此外,没有复合的多余电子可能会泄漏到空穴传输层中,导致寄生发射,影响器件的光谱色纯度。为了解决这一问题,需要对电荷传输层进行改进以实现电荷平衡,如改善空穴注入或减少电子注入。根据对不同激子注入的影响,我们将分空穴传输层和电子传输层两个部分来阐述这一领域的最新进展。

5.3.1 空穴传输层

为了改善空穴注入,空穴传输层的 HOMO 能级需要降低,从而减小器件的空穴注入能量势垒。poly-TPD 由于其较低的工艺温度和良好的耐有机溶剂性,已被广泛应用于溶液法制备有机发光器件的空穴传输层以及后续沉积量子点层时的有机溶剂[14]。但是,由于其与 ZnSe/ZnS 量子点层的能级匹配较差,Xiang 等人使用 PVK 替代了 poly-TPD 层[27]。在 HOMO 为 -5.8 eV 时,poly-TPD 器件的空穴注入势垒从 1.4 eV 降低到 PVK 器件的 0.8 eV,这导致电荷平衡增强,空穴电流增加,如图 5.6(a)所示[38]。空穴注入能力的增强也导致启亮电压从 4.4 V 降低到 3.5 V。电压为 8 V 时,PVK 器件的光功率密度为 4.2 mW/cm^2,明显高于 6.4×10^{-4} mW/cm^2 的 poly-TPD 器件,如图 5.6(b)所示。此外,poly-TPD 的带隙不足以有效地限制量子点层中的激子。激子可以从量子点层转移到 poly-TPD 层,导致量子点跃迁辐射的量子效率降低。与 poly-TPD 相比,PVK 具有更高的激子能量,从而能够提供更好的激子约束。

Tan 等人报道了一种高性能的蓝光量子点 LED,其方法是在 poly-TPD 空穴传输层和 ZnCdS/ZnS 核壳量子点发光层之间插入一层薄的脱氧核糖核酸(DNA)缓冲层[39]。DNA 的深 HOMO 能级和浅 LUMO 能级不仅有效地增强了空穴注入,而且将注入的电子限制在发光层,保证了量子点层的电荷平衡。经过优化的器件显示出 16655 cd/m^2 的高亮度和 2.3 cd/A 的电流效率。这一性能的增强归功于引入 DNA 中间层后空穴传输层核量子点层界面上更好的能级匹配,如图 5.6(c)所示。提高发

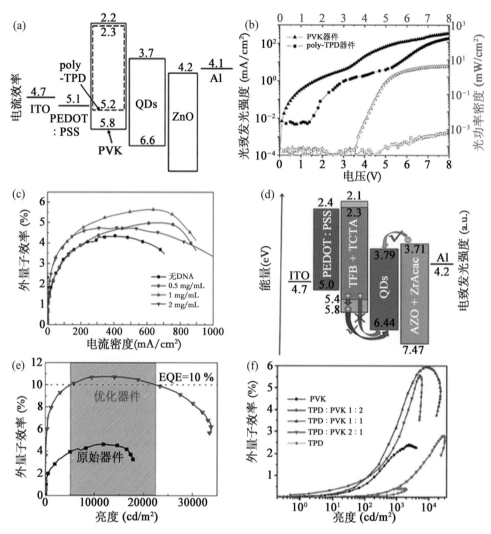

图 5.6 （a）用 poly-TPD 或 PVK 作为空穴传输层的多层量子点发光二极管器件的能带示意，能级的单位是 eV；（b）poly-TPD 和 PVK 作空穴传输层的器件电流密度-电压（黑色）和光功率密度-电压（蓝光）特性曲线；（c）不同 DNA 浓度下器件的外量子效率-电流密度曲线；（d）经过掺杂电荷传输层优化后 QLED 的能级；（e）经过掺杂电荷传输层优化后 QLED 的 EQE-L 曲线，红光区域为外量子效率大于 10% 的曲线部分；（f）基于复合空穴传输层的 QLED 的外量子效率-亮度特性曲线

光层电荷平衡的关键是抑制冗余电子注入,提高空穴注入。引入附加功能层(电子阻断层或双空穴传输层)和掺杂电荷输运层是调节电荷输运迁移率和降低电荷注入障碍的两种有效策略[40,41]。相比之下,电荷传输层掺杂是一种更简单、更有效的方法。Wang 等人选择三(4-咔唑-9-基苯基)胺(TCTA)作为空穴传输层掺杂剂来降低空穴注入势垒[43]。阴极侧 AZO 纳米粒子的电子迁移率也可以通过掺杂金属配合物 ZrAcac 调控,如图 5.6(d)所示。通过电荷传输层掺杂实现了高性能的蓝光 QLED,其最大亮度为 34874 cd/m^2,外量子效率为 10.7%。更引人注目的是,优化后的器件外量子效率在 5000~22000 cd/m^2 的亮度范围内可以保持在 10% 以上,如图 5.6(e)所示。因此,电荷传输层掺杂不仅改善了电荷平衡,而且提高了蓝光 QLED 的稳定性。Li 等人将 TPD 混合到 PVK 中作为空穴传输层,同时也尝试构建了 TPD/PVK 双层结构[44]。通过 TPD 修饰优化的 QLED 的峰值外量子效率可以达到 13.40%,比纯 PVK 基 QLED 的外量子效率提高 3~4 倍,如图 5.6(f)所示。这项工作提供了一个通用的、非常简单和有效的方法,以电荷传输层的有效优化实现低启亮电压、明亮和高效的全彩 QLED。

5.3.2　电子传输层

除了改善空穴注入外,减少电子注入也是促进电荷注入平衡、提高量子点层复合效率的有效方法。ZnO 纳米颗粒因其良好的电子传输性能而被广泛用作 QLED 中的电子传输层材料。然而,由于量子点与 ZnO 的导带能级接近,发光层中的电子可以自发转移到相邻的 ZnO 纳米颗粒中,这会导致严重的激子偏移,降低辐射复合的比例和器件效率。Sun 等人研究了 Al 掺杂的 ZnO 纳米颗粒作为 ZnO 的替代品[45]。通过调整铝掺杂的浓度,改变了 Al 掺杂 ZnO(AZO)的能带结构。随着 Al 掺杂含量的增加,ZnO 的功函数和导带边缘逐渐升高,从而有效抑制了量子点与电子传输层界面的电荷转移。以 AZO 作为电子传输层材料的 QLED 表现出与参考器件相似的电流密度-电压特性,如图 5.7(a)所示,但 10% Al 掺杂的 QLED 的电流效率最大为 59.7 cd/A,外量子效率最高为 14.1%,比未掺杂 ZnO 纳米颗粒的器件高 1.8 倍,如图 5.7(b)所示,显示出掺杂对器件性能的改善。

另一种优化电子注入的方法是在量子点和电子传输层之间插入一个电子阻挡层。Qu 等人在 ZnO 和量子点层之间插入氟化锂(LiF),提高了蓝光 QLED 的效率和稳定性[46]。LiF 界面层通过电子隧穿效应促进电子注入量子点,抑制量子点/ZnO 界面的激子淬灭。与光致发光光谱相比,电致发光光谱出现了 8 nm 的红移,红移的产生主要是由于荧光共振能量转移和量子限制 Stark 效应。所制备的蓝光 QLED 器件的最大外量子效率和电流效率分别为 9.8% 和 7.9 cd/A，分别是对照器件的 1.45 倍和 1.39 倍，如图 5.7(c)所示。器件的工作寿命也提高了 2 倍，如图 5.7(d)所示。Zhao 等人尝试解释了电子隧穿效应，如果在异质结界面上存在一个大势垒 E_1，当

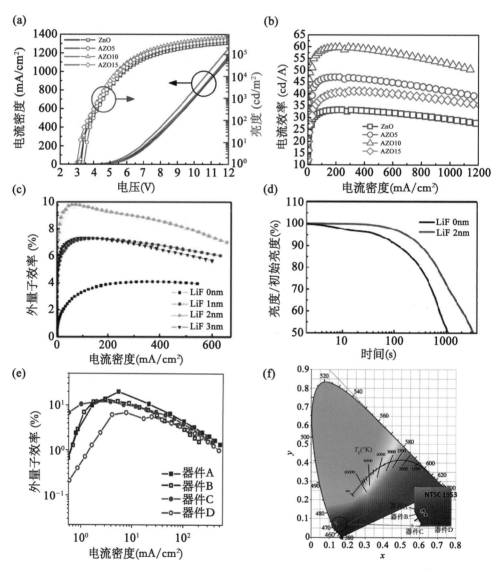

图 5.7 （a）基于 ZnO、AZO5、AZO10 和 AZO15 纳米颗粒的 QLED 电流密度-电压与亮度-电压的特性曲线；（b）基于 ZnO、AZO5、AZO10 和 AZO15 纳米颗粒的 QLED 的外量子效率-电流密度特性曲线；（c）不同 LiF 厚度的蓝光 QLED 器件的外量子效率-电流密度曲线；（d）设备 A（LiF 0 nm）和设备 C（LiF 2 nm）的工作寿命曲线，初始亮度为 1000 cd/m²；（e）不同尺寸 ZnO 纳米颗粒器件的外量子效率-电流密度曲线；（f）基于小尺寸 ZnO 纳米颗粒器件的 CIE 色坐标

LiF 界面层插入时,势垒将降低到 E_2。此外插入的 LiF 界面层将产生额外的势垒 E_3。当 LiF 厚度为 $E_2 + E_3 < E_1$ 时,载流子易于通过异质结界面进行隧穿,增强了电子注入。在蓝光 QLED 中,ZnO/LiF 界面存在一个较大的势垒,经过优化 LiF 界面层厚度(2 nm),可以产生强电子隧穿效应,增强了电子向蓝光量子点层中的注入[47]。此外,Lin 等人在蓝光量子点层 ZnCdSe/ZnS/ZnS 与氧化锌电子传输层之间插入 PMMA 界面层以阻止电注入,经过优化的蓝光器件显示出最大外量子效率为 16.2%,比传统器件提高了 65%[40]。

纳米结构工程也是改善 ZnO 纳米颗粒电子迁移率的有效途径。例如对 ZnO 电子传输层进行修饰以调整 ZnO 纳米颗粒的陷阱态密度。氧化锌薄膜的后退火工艺是对器件性能有显著影响的典型处理方法,虽然退火温度对 ZnO 薄膜的带隙没有影响,但随着退火温度的升高,薄膜的缺陷态密度降低,说明 ZnO 纳米颗粒的电子迁移率下降。此外,还可以通过引入 Al∶Al$_2$O$_3$ 作为阴极以降低量子点与阴极之间的势垒,改善激子约束[48]。在退火 ZnO 电子传输层和 Al∶Al$_2$O$_3$ 阴极的共同作用下,当 ZnO 退火温度为 80℃,其间展示出了 27753 cd/m^2 的高亮度和 8.92% 的高外量子效率。Wang 等人合成了两种类型的 ZnO 纳米颗粒,研究了不同尺寸的 ZnO 纳米颗粒对器件性能的影响[17]。使用小尺寸 ZnO 纳米颗粒制备的器件获得了 14.1 cd/A 的电流效率和 19.8% 的最大外量子效率,如图 5.7(e)所示。该器件的 CIE 色坐标为 (0.136, 0.078),与 NTSC 1953 标准(0.14, 0.08)相当接近,如图 5.7(f)所示,其优良的色纯度使其成为理想的蓝光光源。

5.4　器件结构

在传统的量子点发光二极管结构中,必须选择一种正交溶剂来防止溶液沉积过程中的物理损伤。随着对器件物理机制的理解日益深入,采用倒置结构的器件可以解决溶剂选择的限制问题。此外,由于底部透明阴极可以直接连接到 n 沟道金属氧化物或非晶硅薄膜晶体管(TFT)背板,因此具有倒置结构的 QLED 对于显示应用非常有利。Kwak 报道了采用溶液处理的 ZnO 纳米薄膜作为电子传输层,真空蒸发的 CBP 和 MoO$_3$ 作为空穴传输层/空穴注入层的倒置蓝光器件,具有 1.7% 的高效率和 3.0 V 的低启亮电压,如图 5.8(a)所示[50]。其中倒置器件结构中的 ZnO 纳米颗粒膜具有三个重要的优点:① 作为 RGB 量子点发射的通用电子注入层/电子传输层,具有高效的电子注入和传输特性;② 为连续量子点沉积提供了稳定的平台;③ 利用具有优良性能的常规有机材料,实现了热释光材料的系统工程化。性能的显著改善即由于 ZnO 和 CBP 向量子点注入电荷更加有效,从而导致量子点层内更加直接有效的载流子复合。此外,常规结构器件在 500 cd/m² 的初始亮度和恒流密度下连续工作数小时即显示出明显的亮度衰减。相比之下,采用倒置结构的 QLED 半寿命约为 600 h,优于常规结构器件,如图 5.8(b)所示。设备稳定性的显著改善,与低启亮电压和高外量子效率一致,经过系统化设计的空穴注入层具有较低的 HOMO,增强了器件中的电荷平衡。因此,独立优化电荷注入、传输和发光以实现高效的 QLED 成为可能。

随着器件结构的优化和量子点发光材料的结构工程化改进,量子点发光二极管的器件性能得到了进一步的提高。Zhong 等人通过在 ITO 层和 ZnO 层之间插入超薄 PEI 来减少氧化锌的氧空位缺陷和氧化锌与量子点界面的电子积累,提出了一种倒置结构的蓝光 QLED[11]。所制备的蓝光量子点器件色坐标为(0.14,0.04),接近标准蓝光坐标,峰值外量子效率从 3.5% 增加到 5.5%,如图 5.8(c)所示。通过对 ZnO 纳米颗粒进行 PEI 改性,可以减少氧化锌表面缺陷,抑制氧化锌表面缺陷的宽带红光发射,如图 5.8(d)所示。此外,降低 ITO/ZnO 和量子点/ZnO 的势垒高度,可以减少 ZnO 和量子点界面上的电子累积与 ZnO 表面缺陷态辐射。研究结果可为制备高效率的纯蓝光 QLED 提供有效途径。然而,真空蒸镀是一种高成本的技术,不适合大面积应用。Castan 等人第一次报道了溶液法制备的倒置蓝光量子点发光二极管,通过使用聚氧乙烯十三烷基醚(PTE)促进疏水性聚合物空穴传输材料上 PEDOT:PSS 的沉积[37]。红光、绿光和蓝光设备的最大亮度分别为 12510 cd/m²、32370 cd/m² 和 249 cd/m²,如图 5.8(e)所示,启亮电压分别为 2.8 V、3.6 V 和 3.6 V。然而,蓝光器件的电流效率仅为 0.06 cd/A,这是 PTE 减小了流过器件的电流所造成的影响。

为了进一步解决空穴传输层对量子点发光层的溶剂侵蚀,Liu 等人采用极性溶剂 1,4-二氧六环作为 PVK-空穴传输层的溶剂,以溶解在异丙醇中的水合磷钼酸(PMAH)作为空穴注入层[49]。所制备的蓝光量子点发光二极管的最大亮度为 1280 cd/m²,峰值外量子效率为 4.69%。为了进一步提高器件的电致发光性能,他们还研制了一种双层热致发光材料 PVK/TFB,用于提供阶梯式空穴注入,促进空穴注入,实现载流子的平衡。其中第二层热致发光材料 TFB 溶解在对二甲苯中,以防止 PVK 层受到物理损伤。结果表明,红光和蓝光 QLED 的峰值 LE 分别为 22.1 cd/A 和 1.99 cd/A,最大外量子效率分别为 12.7% 和 5.99%,如图 5.8(f) 所示。

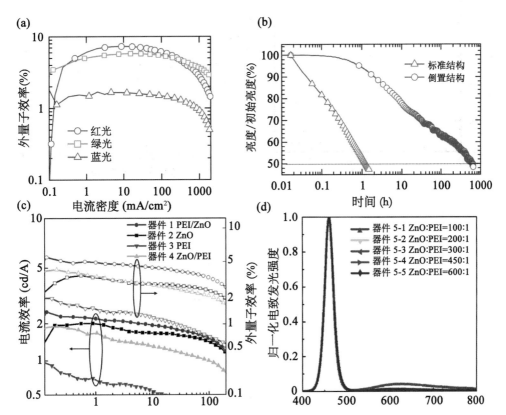

图 5.8　(a) 以 CBP 为空穴传输层的倒置 QLED 的电流密度-外量子效率特性曲线;(b) 标准和倒置结构的器件工作寿命特性曲线,在初始亮度为 500 cd/m² 的恒定电流密度下连续工作时测量 QLED 的亮度。两种 QLED 均用相同的量子点制成,并在相同的条件下(即封装条件、初始亮度、湿度和温度)进行表征;(c) 具有不同类型电子传输层的 QLED 外量子效率-电流密度-电流效率特性曲线;(d) 在 5 mA/cm² 电流密度下,采用不同电子传输层器件的归一化电致发光光谱。插图显示了放大的电致发光光谱;(e) 溶液法制备的倒置结构红光、绿光和蓝光 QLED 的亮度-电压特性曲线;(f) 采用双层 PVK/TFB 材料的 RGB QLED 的外量子效率-电流密度特性曲线

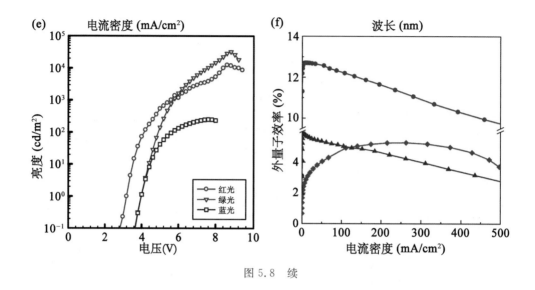

图 5.8 续

然而,虽然外量子效率>20%在红光和绿光 QLED 中有所报道,在蓝光 QLED 中仍然很少。同时实现高效率和长寿命的一个方法是采用串联结构,这种结构在 OLED 中得到了广泛的应用。我们在前面提到,目前报道的具有最高外量子效率的蓝光 QLED 器件就是采用了串联结构。[4] 器件使用了 ZnMgO/Al/HATCN/MoO$_3$ 结构的互连层,具有高透明性、高效的电荷产生/注入能力和抗上功能层沉积过程中溶剂损伤的高稳定性,因此所制备的蓝光 QLED 显示出创纪录的外量子效率和电流效率,分别为 21.4% 和 17.9 cd/A,并且具有高亮度 26800 cd/m^2,这些性能表现使蓝光 QLED 成为下一代全彩显示器和固态照明市场的理想选择。

5.5 总结与展望

近几十年来,量子点发光二极管在材料化学、电荷传输材料、纳米结构工程和器件结构等方面取得了很大的进展。蓝光 QLED 的效率和工作寿命都有了很大的提高,但仍然落后于红光和绿光 QLED。此外,由于蓝光无镉量子点的制备困难,无镉量子点的发展相对于含镉量子点相对缓慢。下面所列出的蓝光 QLED 现存问题是加速其产业化和商业化的关键。

1. 含镉 QLED 效率相对较低

含镉 QLED 器件效率相对较低的一个原因是蓝光量子点的荧光量子产率较低。

此外,量子点与传统有机空穴传输层之间存在较大的能级差,导致电荷注入不平衡,空穴迁移率较低,也是导致器件效率较低的另一个主要原因。为了开发高效的蓝光量子点和相关的 QLED,需要对具有适当能级结构的蓝光量子点组成和晶体结构、具有高工作功能和空穴迁移率的高性能空穴传输层材料进行深入研究。

2. 无镉 QLED 的性能

尽管含镉 QLED 相对于无镉 QLED 性能相对优良,但是含有有毒元素 Cd,因此在消费产品和环境保护方面将受到严格限制。合成无镉量子点,如以 ZnSe、InP、AlSb、Cu 为基础的量子点是目前的研究侧重点。然而,基于无镉量子点的器件性能显示出与含镉 QLED 的巨大差距。因此,迫切需要优化合成方法,合成缺陷少、尺寸均匀的无镉量子点,改进器件功能层组成和结构以平衡器件内的电荷传输,提高器件效率和寿命。

尽管存在挑战和竞争,QLED 在显示屏领域的应用前景依然广阔,甚至可以与 OLED 和微发光二极管(micro-LED)相抗衡,我们期待着 QLED 显示屏在不久的将来能够成功进入大众市场,为我们的生活增光添彩。

参 考 文 献

[1] Shen P, Cao F, Wang H, et al. Solution-processed double-junction quantum-dot light-emitting diodes with an EQE of over 40%. ACS Applied Materials & Interfaces, 2019, 11(1): 1065-1070.

[2] Su Q, Zhang H, Xia F, et al. Tandem red quantum-dot light-emitting diodes with external quantum efficiency over 34%. SID Symposium Digest of Technical Papers, 2018, 49: 977-980.

[3] Dai X, Zhang Z, Jin Y, et al. Solution-processed, high-performance light-emitting diodes based on quantum dots. Nature, 2014, 515(7525): 96-99.

[4] Zhang H, Chen S, Sun X W. Efficient red/green/blue tandem quantum-dot light-emitting diodes with external quantum efficiency exceeding 21%. ACS Nano, 2017, 12(1): 697-704.

[5] Wang R, Shang Y, Kanjanaboos P, et al. Colloidal quantum dot ligand engineering for high performance solar cells. Energy and Environmental Science, 2016, 9(4): 1130 1143.

[6] Anikeeva P, Madigan C F, Halpert J E, et al. Electronic and excitonic processes in light-emitting devices based on organic materials and colloidal quantum dots. Physical Review B, 2008, 78(8): 085434.

[7] Zhang Y, Zhang F, Wang H, et al. High-efficiency CdSe/CdS nanorod-based red light-emitting diodes. Optics Express, 2019, 27(6): 7935-7944.

[8] Xie L, Xiong X, Chang Q, et al. Inkjet-printed high-efficiency multilayer QLEDs based on a

novel crosslinkable small-molecule hole transport material. Small, 2019, 15(16): 1900111.

[9] Chen S, Cao W, Liu T, et al. On the degradation mechanisms of quantum-dot light-emitting diodes. Nature Communications, 2019, 10(1): 765.

[10] Steckel J S, Zimmer J P, Coesullivan S, et al. Blue luminescence from (CdS)ZnS core-shell nanocrystals. Angewandte Chemie International Edition, 2004, 43(16): 2154-2158.

[11] Zhong Z, Zou J, Jiang C, et al. Improved color purity and efficiency of blue quantum dot light-emitting diodes. Organic Electronics, 2018, 58: 245-249.

[12] Kim T, Kim K-H, Kim S, et al. Efficient and stable blue quantum dot light-emitting diode. Nature, 2020, 586(7829): 385-389.

[13] Tan Z, Zhang F, Zhu T, et al. Bright and color-saturated emission from blue light-emitting diodes based on solution-processed colloidal nanocrystal quantum dots. Nano Letters, 2007, 7(12): 3803-3807.

[14] Anikeeva P, Halpert J E, Bawendi M G, et al. Quantum dot light-emitting devices with electroluminescence tunable over the entire visible spectrum. Nano Letters, 2009, 9(7): 2532-2536.

[15] Qian L, Zheng Y, Xue J, et al. Stable and efficient quantum-dot light-emitting diodes based on solution-processed multilayer structures. Nature Photonics, 2011, 5(9): 543-548.

[16] Wang L, Lin J, Hu Y, et al. Blue quantum dot light-emitting diodes with high electroluminescent efficiency. ACS Applied Materials & Interfaces, 2017, 9(44): 38755-38760.

[17] Hahm D, Chang J H, Jeong B G, et al. Design principle for bright, robust and color-pure InP/ $ZnSe_x S_{1-x}$/ZnS heterostructures. Chemistry of Materials, 2019, 31(9): 3476-3484.

[18] Tamang S, Lincheneau C, Hermans Y, et al. Chemistry of InP nanocrystal syntheses. Chemistry of Materials, 2016, 28(8): 2491-2506.

[19] Wei S, Tang H, Yang X, et al. Synthesis of highly fluorescent InP/ZnS small-core/thick-shell tetrahedral-shaped quantum dots for blue light-emitting diodes. Journal of Materials Chemistry C, 2017, 5(32): 8243-8249.

[20] Chen F, Lin Q, Shen H, et al. Blue quantum dot-based electroluminescent light-emitting diodes. Materials Chemistry Frontiers, 2020, 4(5): 1340-1365.

[21] Zhang H, Ma X, Lin Q, et al. High-brightness blue InP quantum dot-based electroluminescent devices: The role of shell thickness. Journal of Physical Chemistry Letters, 2020, 11(3): 960-967.

[22] Wegner K D, Pouget S, Ling W L, et al. Gallium-a versatile element for tuning the photoluminescence properties of InP quantum dots. Chemical Communications, 2019, 55(11): 1663-1666.

[23] Yang X, Zhao D, Leck K S, et al. Full visible range covering InP/ZnS nanocrystals with high

photometric performance and their application to white quantum dot light-emitting diodes. Advanced Materials，2012，24(30)：4180-4185.

[24] Kim K-H，Jo J-H，Jo D-Y，et al. Cation-exchange-derived InGaP alloy quantum dots toward blue emissivity. Chemistry of Materials，2020，32(8)：3537-3544.

[25] Wood V，Bulovic V. Colloidal quantum dot light-emitting devices. Nano Reviews，2010，1(1)：5202.

[26] Reiss P，Quemard G，Carayon S，et al. Luminescent ZnSe nanocrystals of high color purity. Materials Chemistry and Physics，2004，84(1)：10-13.

[27] Xiang C，Koo W，Chen S，et al. Solution processed multilayer cadmium-free blue/violet emitting quantum dots light emitting diodes. Applied Physics Letters，2012，101(5)：1-4.

[28] Ji W，Jing P，Xu W，et al. High color purity ZnSe/ZnS core/shell quantum dot based blue light emitting diodes with an inverted device structure. Applied Physics Letters，2013，103(5)：053106.

[29] Wang A，Shen H，Zang S，et al. Bright，efficient，and color-stable violet ZnSe-based quantum dot light-emitting diodes. Nanoscale，2015，7(7)：2951-2959.

[30] Jang E，Han C，Lim S，et al. Synthesis of alloyed ZnSeTe quantum dots as bright，color-pure blue emitters. ACS Applied Materials & Interfaces，2019，11(49)：46062-46069.

[31] Kim J H，Lee K H，Jo D Y，et al. Cu-In-Ga-S quantum dot composition-dependent device performance of electrically driven light-emitting diodes. Applied Physics Letters，2014，105(13)：133104.

[32] Kim J，Kim K，Yoon S，et al. Tunable emission of bluish Zn-Cu-Ga-S quantum dots by Mn doping and their electroluminescence. ACS Applied Materials & Interfaces，2019，11(8)，8250-8257.

[33] Yoon S，Kim J，Kim K，et al. High-efficiency blue and white electroluminescent devices based on non-Cd Ⅰ-Ⅲ-Ⅵ quantum dots. Nano Energy，2019，63：103869.

[34] Kim S W，Sujith S，Lee B Y. InAs$_x$Sb$_{1-x}$ alloy nanocrystals for use in the near infrared. Chemical Communications，2006，(46)：4811-4813.

[35] Choi，Hyekyoung，Kim，et al. Synthesis of colloidal InSb nanocrystals via in situ activation of InCl$_3$. Dalton Transactions，2015，44(38)：16923-16928.

[36] Jalali H B，Sadeghi S，Sahin M，et al. Colloidal aluminum antimonide quantum dots. Chemistry of Materials，2019，31(13)：4743-4747.

[37] Castan A，Kim H，Jang J. All-solution-processed inverted quantum-dot light-emitting diodes. ACS Applied Materials & Interfaces，2014，6(4)：2508-2515.

[38] Wang E，Li C，Peng J，et al. High-efficiency blue light-emitting polymers based on 3，6-silafluorene and 2，7-silafluorene. Journal of Polymer Science Part A，2007，45(21)：4941-4949.

[39] Wang F, Jin S, Sun W, et al. Enhancing the performance of blue quantum dots light-emitting diodes through interface engineering with deoxyribonucleic acid. Advanced Optical Materials, 2018, 6(21): 1800578.

[40] Lin Q, Wang L, Li Z, et al. Nonblinking quantum-dot-based blue light-emitting diodes with high efficiency and a balanced charge-injection process. ACS Photonics, 2018, 5(3): 939-946.

[41] Conaghan P J, Menke S M, Romanov A S, et al. Efficient vacuum-processed light-emitting diodes based on carbene-metal-amides. Advanced Materials, 2018, 30(35): 1802285.

[42] Zhang Z, Ye Y, Pu C, et al. High-performance, solution-processed, and insulating-layer-free light-emitting diodes based on colloidal quantum dots. Advanced Materials, 2018, 30(28): 1801387.

[43] Wang F, Sun W, Liu P, et al. Achieving balanced charge injection of blue quantum dot light-emitting diodes through transport layer doping strategies. Journal of Physical Chemistry Letters, 2019, 10(5): 960-965.

[44] Li J L, Liang Z, Su Q, et al. Small molecule-modified hole transport layer targeting low turn-on-voltage, bright, and efficient full-color quantum dot light emitting diodes. ACS Applied Materials & Interfaces, 2018, 10(4): 3865-3873.

[45] Sun Y, Wang W, Zhang H, et al. High-performance quantum dot light-emitting diodes based on Al-doped ZnO nanoparticles electron transport layer. ACS Applied Materials & Interfaces, 2018, 10(22): 18902-18909.

[46] Qu X, Zhang N, Cai R, et al. Improving blue quantum dot light-emitting diodes by a lithium fluoride interfacial layer. Applied Physics Letters, 2019, 114(7): 071101.

[47] Zhao J M, Zhang S T, Wang X J, et al. Dual role of LiF as a hole-injection buffer in organic light-emitting diodes. Applied Physics Letters, 2004, 84(15): 2913-2915.

[48] Cheng T, Wang F, Sun W, et al. High-performance blue quantum dot light-emitting diodes with balanced charge injection. Advanced Electronic Materials, 2019, 5(4): 1800794.

[49] Liu Y, Jiang C, Song C, et al. Highly efficient all-solution processed inverted quantum dots based light emitting diodes. ACS Nano, 2018, 12(2): 1564-1570.

[50] Kwak J, Bae W K, Lee D, et al. Bright and efficient full-color colloidal quantum dot light-emitting diodes using an inverted device structure. Nano Letters, 2013, 12(5): 2362-2366.

第六章　近红外量子点发光二极管

6.1 引　言

近红外(NIR)在夜视、生物医学成像、光通信、计算和敌友识别系统中均有潜在应用。目前,商用近红外量子点发光二极管主要由Ⅲ-Ⅴ型半导体外延生长在晶体衬底上,并在专用洁净室中进行处理。这限制了它们集成到各种光电器件中,并且还增加了成本。因此,高效和低成本近红外量子点材料的研究与开发引起了广泛的关注。其中重点研究的包括有机发光二极管(OLED)、钙钛矿发光二极管(PeLED)、量子点发光二极管(QLED)。OLED很难扩展到近红外光谱范围内,因为有机分子通常会发出小于1 μm的波长的光[1]。另外对于OLED,根据带隙定律,振动耦合增加和随后快速激发态淬灭[2,3],发光量子产率随发射波长的增加而降低。相反,仅通过简单地改变钙钛矿以及量子点的组成和尺寸,就可以轻松地将发射光谱从可见光调整到近红外范围,这可以完美地与二氧化硅光纤的"透明窗口"匹配。值得注意的是,目前研究中钙钛矿材料的外量子效率是相对最好的,但其发射光谱在近红外范围内调整是有限的,对于未掺杂的钙钛矿材料其发射波长限制在800 nm以内,此外钙钛矿材料的稳定性仍是其在商业化道路上的最大绊脚石。总而言之,在近红外发射波长范围中,QLED具有更好的综合性能。

QLED材料研究过程中,与可见胶体量子点的发展相比,由于缺乏有效的合成方法和表征技术等挑战,近红外量子点的发展过程相对缓慢。近红外量子点主要有以下几类:Ⅳ(Si、Ge、Ge Sn)[4]、Ⅳ-Ⅵ(PbS、PbSe、PbTe)[5]、Ⅲ-Ⅴ(InAs、InSb)[6]、Ⅱ-Ⅵ(HgCdTe、HgSe、HgTe)[7]、Ⅰ-Ⅵ(Ag$_2$S、Ag$_2$Se、Ag$_2$Te)[8]以及Ⅰ-Ⅲ-Ⅵ(CuInS$_2$、CuInSe$_2$、AgBiS$_2$、AgInSe$_2$)[9]。新兴的近红外量子点还包括金属卤化物钙

钛矿纳米晶体,如 $CsSnI_3$、$CsSn_xPb_{1-x}I_3$、$FAPbI_3$ 和 $Cs_xFA_{1-x}PbI_3$。如图 6.1 所示,这些近红外量子点在不同光谱区域具有广泛可调性[10]。其中,传统的近红外量子点(PbS 和 CdHgTe 等)虽然具有窄带隙,但由于重金属离子的固有危害,限制了它们的进一步应用。尽管在有机相中合成了具有较低毒性的 $CuInS_2$ 和 $AgInSe_2$ 近红外量子点,但合成步骤烦琐、反应条件苛刻以及需要采取配体交换和相转移的后处理,这也在一定程度上限制了其进一步的应用。其中,铅基量子点由于具有窄带隙(0.28 eV)、较大的激子玻尔半径(46 nm)和高摩尔吸光系数(约 $105\ L \cdot mol^{-1} \cdot cm^{-1}$),被认为是开发近红外 QLED 的有前景的候选者。本章主要介绍三种研究更为广泛的近红外量子点材料并阐述这些材料的优化方案,包括配体工程、核壳工程、基体工程,最后对近红外 QLED 研究进行展望。

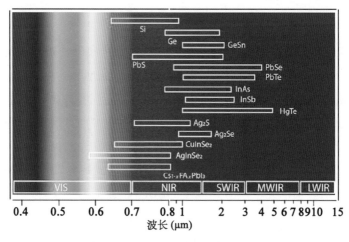

图 6.1 代表性近红外量子点的发射波长范围示意图

6.2 近红外量子点材料

目前在 LED 领域,Ⅳ-Ⅵ、Ⅱ-Ⅵ、Ⅳ量子点和钙钛矿量子点具有优异的特性,因此有关的研究最为广泛。2014 年之后,钙钛矿量子点由于其优异的光电性能和相对更为简单的溶液制备方法受到大量的关注。由于已有近红外钙钛矿的专著,在本章就不再讨论。图 6.2 所示为近几年近红外量子点比较大的性能突破。这些性能突破都体现在近红外量子点材料上,包括配体工程、核壳工程、基体工程。

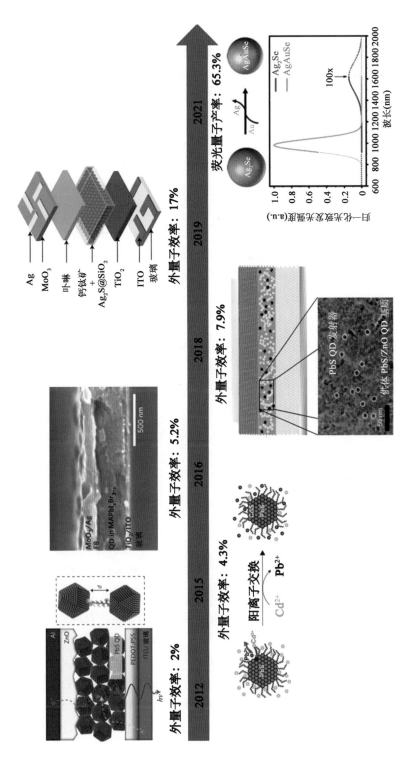

图 6.2　近几年基于近红外量子点的 PbX 量子点的发展

2012 年,Wise 等人通过使用不同长度的双功能化的连接分子来调控量子点间的距离,从而达到在量子点层中载流子注入与辐射复合的平衡。最终他们的器件的辐射强度和外量子效率相比当时最好的记录分别提高了 8 倍和 2 倍[11]。胶体量子点合成过程中表面会形成大量的缺陷,从而导致非辐射复合的增加。2015 年,Vladimir 等人通过阳离子交换的方法合成核壳结构的 PbS/CdS 量子点来降低 PbS 核中的光致发光的湮灭。这种核壳结构量子点所制备的器件的外量子效率和能量转换效率是当时记录的 2 倍以上[12]。为了提高器件的效率和稳定性,有研究者尝试将量子点加入聚[2-甲氧基-5-(2-乙基己氧基)-1,4-亚苯基亚乙烯基](MEH-PPV)等有机物中[13,14],这种方法虽然提升了器件性能,但增加了能量的损耗且启亮电压和工作电压上升。考虑到目前研究火热的钙钛矿材料具有很高的载流子迁移率,在 2015 年 Sargent 课题组率先将有机-无机钙钛矿作为 PbS 量子点的基体材料,之后通过优化钙钛矿与量子点的晶格匹配,以及使用多量子阱钙钛矿材料,该体系的外量子效率不断攀升[15-17]。2019 年,Abd 等人将 Ag_2S 量子点加入缺陷很少且载流子迁移率更高的含 Cs 的三元阳离子钙钛矿中,同时在器件结构方面引入界面层优化提升载流子注入平衡,得到了 17% 的高外量子效率[18]。与之前有机和钙钛矿基体的化学钝化不同,2018 年 Gerasimos 等人采用 ZnO 量子点作为基体利用远程电荷钝化的方法来降低缺陷态密度[19]。这种方法更为简单且高效,并得到了 7.9% 的外量子效率。为了实现近红外量子点在生物科学中的应用,具有高荧光量子产率和良好的生物相容性是必不可少的,2021 年中国科学院苏州纳米技术与纳米仿生研究所的王强斌团队利用合金化策略合成了银-金-硒化(AgAuSe)量子点,获得了 65.3% 的荧光量子产率[20]。

6.2.1 硫属元素铅量子点

在已经发现的所有类型的近红外量子点中,Ⅳ-Ⅵ组的硫属元素铅基量子点(PbX;PbX=PbS,PbSe,PbTe)因为它们的窄带隙(室温下分别为 0.41 eV、0.278 eV 和 0.31 eV)、宽带吸收、大的激子玻尔半径(由于高介电常数和较小的有效载流子)以及产生多个激子,在基础科学研究和技术应用中都显示出了巨大的前景。此外,它们的带隙可以从大约 0.3 eV 广泛调节到大于 2.0 eV。这些引人注目的特性使 PbX 量子点在近红外光电应用中成为理想的候选者[21]。近几年,近红外 PbS QLED 领域取得极大进展,如表 6.1 所示。

为了获得理想的近红外胶体量子点,选择合适的合成方法和控制反应条件至关重要。对于 PbX 量子点,快速成核、连续生长的热注射合成法由于成本低、制备简单、产率高,是最常用的合成方法。PbX 量子点是由铅和硫属前驱体在一个合成体系中与溶剂和配体反应生成。目前,在合成过程中最常用的溶剂是十八烯和油酸。油酸也是近红外量子点配体的主要选择,用于稳定量子点、钝化近红外量子点表面的悬键。

油酸铅是铅盐(如氯化铅、氧化铅和醋酸铅)与油酸等非配位溶剂(如十八烯和二苯醚)反应生成的常见前驱体之一。在某些情况下,油胺也被用作配体。有许多硒源可用于制备硒的前驱体,如三辛基膦硒(TOP-Se)和双(三甲基甲硅烷基)硒(TMS-Se),SeO_2 和硒脲。双(三甲基甲硅烷基)硫(TMS-S)也是合成 PbS 量子点常用的硫前驱体。2003 年,Hines 等人采用高温下将 TMS-S 注入油酸铅前驱体的方法,获得荧光量子产率为 $20\% \sim 30\%$、粒径分散较窄($10\% \sim 15\%$)的 PbS 量子点。还有其他材料可以作为合成 PbS 量子点的硫源,如硫粉、硫乙酰胺、硫化钠、硫化氢气体、硫脲。但在许多含硫化合物中,得到的量子点荧光量子产率不高,可调范围小于用 TMS-S 合成的量子点。通过将 Te 粉末溶解在 TOP 中得到合成 PbTe 量子点所需要的三辛基碲前驱体。2006 年,Murphy 等人通过向在十八烯溶剂下 PbO 和油酸反应生成的油酸铅中注入 TOP-Te 合成了 PbTe 量子点。

由于使用 TOP-Se 合成 PbSe 量子点、使用 TMS-S 合成 PbS 量子点,以及使用 TOP-Te 合成 PbTe 量子点在空气中毒性强且不稳定,许多研究者将重点放在寻找可替代且环保的前驱体上。虽然上述其他硫属化合物前驱体也可用于合成高质量的量子点,但由于反应的要求或量子点质量的原因,仍不能完全取代 TOP-Se、TMS-S 和 TOP-Te。

表 6.1　近红外 PbS QLED 研究进展

年份	电致发光峰值(nm)	外量子效率峰值(%)	辐射亮度[W/(sr·m²)]
2012	1232	2.0	6.4
2015	1242	4.3	0.75
2016	1391	5.2	2.6
2017	1500	4.12	6.04
2018	1400	7.9	9

6.2.2　硫属元素镉量子点

最近,基于过渡金属(如 Ir 和 Pt)配合物的 OLED 和 PeLED,其近红外光源的峰值处外量子效率已高达 20%(在 803 nm 处为 20.7%,在 800 nm 处为 21.6%)。然而,对于基于过渡金属配合物的近红外 LED,高成本、相对稀缺的资源以及高亮度下的效率下降仍然是限制其大规模和长期应用的巨大挑战;发射波长在近红外区域,有机染料和半导体聚合物经常遭受低荧光量子产率的困扰;钙钛矿半导体经常遭受严重的陷阱介导的非辐射损失,这已被确定为 LED 的主要效率限制因素。此外,高度不稳定的特性仍然阻碍了其工业化。

作为替代材料,Ⅱ-Ⅵ半导体量子点由于具有高荧光量子产率、易于调节的尺寸依赖性发射、低成本的解决方案、可加工性以及可扩展的高质量量子点生产而显示出作为近红外发射器的独特优势。基于Ⅱ-Ⅵ量子点(特别是Ⅰ型结构)的可见光 LED 的最新进展已经满足了显示器和固态照明的要求。优化壳材料以获得与空穴传输层 HOMO 实现更好的能级匹配的新策略,进而促进其工业化。但是,简单地调整高质量Ⅰ型量子点的尺寸并不能将其发射波长调制到深红光或近红外区域,这限制了它们在近红外领域中的应用。然而,CdTe/CdSe Ⅱ型量子点可以容易地延伸到近红外区域,同时具有较高的荧光量子产率和良好的稳定性(由于核的价态和导带能级比壳层的能级更高),这使它们成为最有前景的近红外材料。

6.2.3 硅量子点

半导体纳米晶体因具有量子尺寸效应、高荧光量子产率和可溶液法加工等优异的性能而具有吸引力。科研工作者对Ⅱ-Ⅵ、Ⅲ-Ⅴ和Ⅳ-Ⅵ半导体纳米晶体进行了大量的研究。特别值得注意的是Ⅱ-Ⅵ和Ⅳ-Ⅵ纳米晶体,它们已被证明在电磁频谱的可见光和红外光区域均具有可调电致发光性能[22]。

尽管人们对Ⅱ-Ⅵ和Ⅳ-Ⅵ胶体半导体纳米晶体的研究兴趣很大,但对Ⅳ类系统(包括硅)的关注却较少。块状硅的特征在于间接带隙,但直径小于 5 nm 的硅纳米晶体(SiNC)已被证明有异常高的荧光量子产率。硅纳米晶体因其潜在的低毒性和高自然丰度也很有吸引力。因此,已经尝试将硅纳米晶体集成到混合发光器件中[22]。

2010 年,Cheng 等人通过非热等离子体工艺合成硅纳米晶体,然后在溶液中用1-十二碳烯有机配体钝化,制备了混合纳米晶体-有机发光二极管(NC-OLED),该器件通常由放置在有机电子传输层之间的无机纳米晶体发光层组合得到[23]。尽管它们的外量子效率达到了 PbX 的 0.6%,但远远低于 PbX 荧光量子产率的 67%。先前对于 SiNC-OLED 观察到的低效率还可能反映了 SiNC 层中电荷载流子注入效率低且受限。通过创建双重异质结构解决了优化的宽带隙空穴传输层和电子传输层材料的使用等问题,该异质结构允许将电荷载流子和激子都限制在纳米晶体发光层中。因此,在 2011 年,Cheng 等人实现了 8.6% 的最佳外量子效率。

6.3 近红外量子点材料优化

6.3.1 配体工程调控近红外量子点

合成 PbS 量子点使用长链烷基作为配体(如油酸或油胺),然而这些长链绝缘配体阻挡了量子点之间载流子的注入与传输,极大地降低了光电子器件的性能。因此,对于光电子器件,有必要用短链配体[如 3-巯基丙酸(MPA)和 8-巯基辛酸(MOA)]取代原始的长链烷基来改善量子点之间载流子的传输,从而提升器件的性能。有机配体交换主要有两种方法:固态配体交换和溶液相配体交换。

固态配体交换的工艺如图 6.3(a)所示。通过旋涂将带有长链烷基配体的量子点沉积在基板上,之后在膜上覆盖含有短链有机配体的溶液。在短暂的浸泡后通过旋涂除去溶液,然后将质子溶剂滴在基板上清洗交换的配体以及过量的新的短链有机配体。另外需要仔细调整量子点浓度来确保配体完全交换,每层的厚度通常为 10~30 nm。

溶液相配体交换的工艺如图 6.3(b)所示,其中长链烷基配体的量子点分散在非极性溶剂中,短链亲水性有机配体溶解在极性溶剂中。量子点被短链亲水性有机配体包裹后转移到极性溶剂中。配体交换后的量子点溶液可用作油墨,并且可以通过一步旋涂法制备薄膜,直接进行旋涂或喷涂而无须其他的交换步骤。

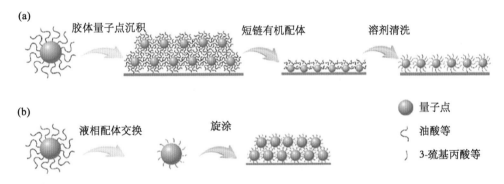

图 6.3 (a)固态配体交换;(b)溶液相配体交换

目前,发光二极管、太阳能电池以及光电二极管大多数使用固态配体交换。该方法工艺简单,且可产生平滑且紧凑的量子点薄膜,其长链烷基配体基本上被除去,且巯基配体和量子点之间的强结合使得交换能够快速且有效地进行。

6.3.2 核壳结构调控近红外量子点

为了提高量子点的稳定性,在量子点核上生长了一种带隙更大、化学稳定性更好的壳材料来钝化陷阱态,这样可以限制核内的空穴和电子并且保护核不暴露于空气中。

核壳结构量子点通常分为两种类型:Type-Ⅰ型,即电子与空穴波函数被限制在量子点的同一区域（核或者壳）；Type-Ⅱ型，即电子与空穴波函数被分立到量子点的两个区域。Type-Ⅱ型量子点的带隙能小于量子点核与壳各自的带隙能，这样一来，就使得量子点的荧光发射光谱发生红移。形成核壳结构的途径有两种，一种是阳离子交换，另一种是外延壳生长。所涂覆的壳体可存在于均匀壳体、成分梯度壳体或合金壳体三种情况下。

阳离子交换是形成 PbX 量子点壳的最常用方法，因为靠近表面的 Pb^{2+} 很容易与溶液中的其他金属离子（如 Cd^{2+}）交换，这可以通过产生的蓝移发射来证明。与仅使用核的量子点相比，核壳量子点由于减小了 PbX 量子点的尺寸，所以会有蓝移发射。Pietrygaet 等人在 2008 年首先采用阳离子交换方法生产了 PbSe/CdSe 和 PbS/CdS 核壳量子点，这些量子点对光谱衰减和谱移是稳定的[24]。

6.3.3　基体中的量子点

由于可调的带隙、高外量子效率及可溶液法制备，胶体量子点逐渐成为有前景的红外发光材料。然而，引言中提到了量子点在固态薄膜状态下会有强烈的发光淬灭。解决量子点自淬灭的方法包括：生长保护壳结构、包覆绝缘的有机配体及引入聚合物基体等。

自 2002 年以来，有机材料和无机材料被用作量子点的基体材料。2002 年，Tessler 等人使用聚[2-甲氧基-5-(2′-乙基己氧基)-1,4-亚苯基亚乙烯基]（MEH-PPV）作为基体材料[14]。与聚合物在可见光区的光谱相比，量子点-聚合物复合材料的光致发光强度明显减弱。这一差异证明聚合物主体的能量传递到了 InAs/ZnSe 量子点。虽然制备的器件外量子效率达到了 0.5% 左右，但启亮电压却相当高（约 15 V）。与聚合物混合的方法仅适用于核壳结构材料，而具有良好应用前景的近红外材料 PbX 为单一结构材料。2005 年，Sargent 课题组嵌入了配体交换后的单一结构 PbS 量子点到 MEH-PPV 中，通过改进荧光量子产率使器件的外量子效率增加了 30 倍以上[13]。

对于引入聚合物基体，为了得到较亮的发光需要高的电压来注入足够的电流，因此提高了功率损耗。总的来说，目前可用的量子点薄膜需在发光效率和电荷传输之间折衷，否则可能导致不可接受的高功耗[25]。考虑到钙钛矿有好的扩散长度，一些研究人员通过将量子点嵌入高迁移率钙钛矿基体（QDiP）中来克服这个问题[16—18,26,27]。

对于 QDiP 体系的两种异质材料结构，如图 6.4(a) 所示，相似是必要的，但不足以产生两者的外延键合，还必须考虑到能量。钙钛矿基体与胶体量子点之间的外延界面结构将提供出色的钝化性能，改善荧光量子产率。目前 QDiP 采用Ⅰ型能带排列的异质外延结构，如图 6.4(b) 所示，该类型异质外延结构通过空间限域增强辐射复合以适用于发光材料。使用Ⅰ型能带排列可使电子和空穴有效地从基体中漏出并被限制在量子点中[16]。合成 QDiP 主要包括量子点的制备以及通过再沉淀法制备量子点和钙钛矿杂化薄膜两个步骤[16—18,26]。

Sargent 课题组在 2015 年提出量子点异质外延生长钙钛矿而形成量子点在钙钛矿基体中的结构[17],2016 年通过调整钙钛矿中卤素离子的成分来获得更优的晶格匹配,如图 6.4(c)所示,从而得到了外量子效率为 5.2% 的器件[16]。考虑到金属卤化物钙钛矿中载流子动力学的快速、不平衡且大量的相分离,他们又报道了一种 QDiP 材料,如图 6.4(d)所示,该材料使用的基体是维度降低的钙钛矿,并在辐射亮度高达 7.4 W/(sr·m^2)的情况下在 980 nm 处实现了 8.1% 的外量子效率[26]。类似地,Yusoff 等人将 $Ag_2S@SiO_2$ 量子点嵌入钙钛矿基体中并通过优化器件的电荷注入平衡,在 1397 nm 波长处的外量子效率为 16.98%,功率转换效率为 11.28%[18]。

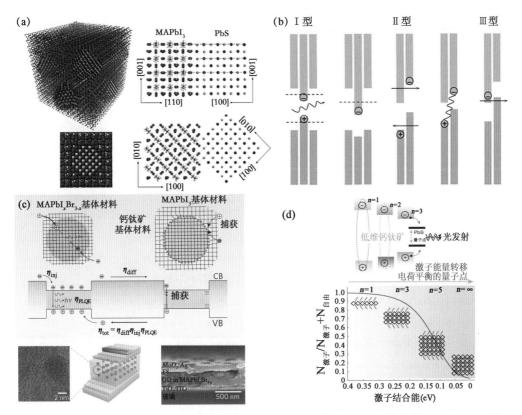

图 6.4 (a) QDiP 结构模拟;(b) 不同能带排列的异质外延结构;(c) 晶格参数匹配的 QDiP 结构;(d) 基体为准二维钙钛矿的 QDiP 体系

6.4 总结与展望

本章介绍了三种近红外量子点,即硫属元素铅量子点、硫属元素镉量子点及硅量子点。对于这三类材料分别按结构、合成方法、研究进展做了相应的阐述。此外,根据前人的研究归纳了影响器件外量子效率的主要因素,并对这些科学问题提出相应的理解及目前已有的处理方案。

近红外量子点的研究将会集中在环境友好型、无铅镉、寿命长且工作稳定的量子点材料方面。

参 考 文 献

[1] Yang X, Ren F, Wang Y, et al. Iodide capped PbS/CdS core-shell quantum dots for efficient long-wavelength near-infrared light-emitting diodes. Scientific Reports, 2017, 7(1): 14741.

[2] Siebrand W. Radiationless transitions in polyatomic molecules. I. Calculation of Franck-Condon factors. The Journal of Chemical Physics, 1967, 46(2): 440-447.

[3] Wilson J S, Chawdhury N, Al-Mandhary M R A, et al. The energy gap law for triplet states in Pt-containing conjugated polymers and monomers. Journal of the American Chemical Society, 2001, 123(38): 9412-9417.

[4] Wheeler L M, Anderson N C, Palomaki P K B, et al. Silyl radical abstraction in the functionalization of plasma-synthesized silicon nanocrystals. Chemistry of Materials, 2015, 27(19): 6869-6878.

[5] Hendricks M P, Campos M P, Cleveland G T, et al. A tunable library of substituted thiourea precursors to metal sulfide nanocrystals. Science, 2015, 348(6240): 1226-1230.

[6] Franke D, Harris D K, Chen O, et al. Continuous injection synthesis of indium arsenide quantum dots emissive in the short-wavelength infrared. Nature Communications, 2016, 7: 12749.

[7] Lei W, Antoszewski J, Faraone L. Progress, challenges, and opportunities for HgCdTe infrared materials and detectors. Applied Physics Reviews, 2015, 2(4): 041303.

[8] Zhang Y, Hong G, Zhang Y, et al. Ag_2S quantum dot: A bright and biocompatible fluorescent nanoprobe in the second near-infrared window. ACS Nano, 2012, 6(5): 3695-3702.

[9] Li L, Daou T J, Texier I, et al. Highly luminescent $CuInS_2$/ZnS core/shell nanocrystals: Cadmium-free quantum dots for in vivo imaging. Chemistry of Materials, 2009, 21(12): 2422-2429.

[10] Lu H, Carroll G M, Neale N R, et al. Infrared quantum dots: Progress, challenges, and opportunities. ACS Nano, 2019, 13(2): 939-953.

[11] Sun L, Choi J J, Stachnik D, et al. Bright infrared quantum-dot light-emitting diodes through inter-dot spacing control. Nature Nanotechnology, 2012, 7(6): 369-373.

[12] Supran G J, Song K W, Hwang G W, et al. High-performance shortwave-infrared light-emitting devices using core-shell (PbS-CdS) colloidal quantum dots. Advanced Materials, 2015, 27 (8): 1437-1442.

[13] Konstantatos G, Huang C, Levina L, et al. Efficient infrared electroluminescent devices using solution-processed colloidal quantum dots. Advanced Functional Materials, 2005, 15(11): 1865-1869.

[14] Tessler N, Medvedev V, Kazes M, et al. Efficient near-infrared polymer nanocrystal light-emitting diodes. Science, 2002, 295(5559): 1506-1508.

[15] Gao L, Quan L N, García De Arquer F P, et al. Efficient near-infrared light-emitting diodes based on quantum dots in layered perovskite. Nature Photonics, 2020, 14(4): 227-233.

[16] Gong X, Yang Z, Walters G, et al. Highly efficient quantum dot near-infrared light-emitting diodes. Nature Photonics, 2016, 10(4): 253-257.

[17] Ning Z, Gong X, Comin R, et al. Quantum-dot-in-perovskite solids. Nature, 2015, 523 (7560): 324-328.

[18] Vasilopoulou M, Kim H P, Kim B S, et al. Efficient colloidal quantum dot light-emitting diodes operating in the second near-infrared biological window. Nature Photonics, 2019, 14(1): 50-56.

[19] Pradhan S, Di Stasio F, Bi Y, et al. High-efficiency colloidal quantum dot infrared light-emitting diodes via engineering at the supra-nanocrystalline level. Nature Nanotechnology, 2019, 14 (1): 72-79.

[20] Yang H, Li R, Zhang Y, et al. Colloidal alloyed quantum dots with enhanced photoluminescence quantum yield in the NIR-II window. Journal of the American Chemical Society, 2021, 143(6): 2601-2607.

[21] Liu H, Zhong H, Zheng F, et al. Near-infrared lead chalcogenide quantum dots: Synthesis and applications in light-emitting diodes. Chinese Physics B, 2019, 28(12): 128504.

[22] Cheng K Y, Anthony R, Kortshagen U R, et al. High-efficiency silicon nanocrystal light-emitting devices. Nano Letters, 2011, 11(5): 1952-1956.

[23] Cheng K Y, Anthony R, Kortshagen U R, et al. Hybrid silicon nanocrystal-organic light-emitting devices for infrared electroluminescence. Nano Letters, 2010, 10(4): 1154-1157.

[24] Pietryga J M, Werder D J, Williams D J, et al. Utilizing the lability of lead selenide to produce heterostructured nanocrystals with bright, stable infrared emission. Journal of the American

Chemical Society，2008，130(14)：4879-4885.

[25] Qiu W，Xiao Z，Roh K，et al. Mixed lead-tin halide perovskites for efficient and wavelength-tunable near-infrared light-emitting diodes. Advanced Materials，2019，31(3)：1806105.

[26] Gao L，Quan L N，García De Arquer F P，et al. Efficient near-infrared light-emitting diodes based on quantum dots in layered perovskite. Nature Photonics，2020，14(4)：227-233.

[27] Ishii A，Miyasaka T. Sensitized Yb^{3+} luminescence in $CsPbCl_3$ film for highly efficient near-infrared light-emitting diodes. Advanced Science，2020，7(4)：1903142.

第七章　白光量子点发光二极管

7.1　白光的产生

1879年爱迪生制造了世界上第一批可供使用的钨丝白炽灯,引发一场新兴电光源技术革命。迄今为止,人类利用电能照明来扩大生产活动已有一百多年的历史。电能是经济可持续发展的重要因素,照明的损耗占到了全世界能源消耗的20%左右,而照明灯仅有30%的电能用来发光,其他以热的形式耗散。为了应对庞大的电能需求,减少二氧化碳排放,很多国家宣布将逐步淘汰高能耗的白炽灯。一直以来,研发出新型高效的电光源一直是人类科学研究的重要目标。

LED是一种常用的发光半导体器件,通过电子与空穴复合释放能量发光,LED可高效地将电能转化为光能,它在各种需要照明及显示的领域应用广泛。在过去五十年,许多课题组对于LED的研究投入了极大的精力,制备出了各种具备优异光电性能的发光材料和器件。由于LED长寿命、高效率的优点,其有望替代白炽灯。目前制备白光LED的主流方案是黄光稀土荧光粉YAG：Ce^{3+}与蓝光LED相结合。但YAG：Ce^{3+}的红光发光部分缺失,主要集中在黄绿光区,致使白光LED的色温偏高(CCT>4500 K),显色指数偏低(CRI<80)。且稀土荧光粉的颗粒一般为微米级别,尺寸比较大会导致光散射,降低发光器件效率。因此,亟须探索出用于制备高效率和高显色性白光LED的材料。而在性能各异的LED材料中,量子点发光材料由于其高色纯度、可调谐发射波长、高荧光量子产率及卓越的内在稳定性,外加一系列研究领域的潜力,包括生物医学、光电探测、新能源与信息显示等,吸引了更多研究者的注意[1]。

7.2 白光 LED 用量子点

量子点是纳米尺寸的半导体晶体,具有发射波长可调、荧光量子产率高、可溶液法加工等优点,在显示照明领域受到广泛关注和研究。QLED 是将量子点制成薄层作为 LED 器件的发光层。QLED 的结构与 OLED 非常相似,主要区别在于 QLED 的发光中心是由量子点组成的,电子和空穴会聚在量子点层中形成光子[2]。

自从 1994 年 QLED 首次出现以来,白光 QLED 的研究发展十分迅速。迄今为止,研究者们一直致力于优化量子点的光学性质、提高量子点的稳定性、增强量子点的相容性、降低量子点的毒性。基于蓝光 LED 与 CdSe 量子点的白光 LED 已经成功制备,其显色指数约为 91,优于商品化的 YAG:Ce^{3+} 白光 LED。但作为白光 LED 的颜色转换材料,CdSe 量子点的前景并不明朗,一方面是因为重金属元素 Cd 有毒,另一方面是其较小的斯托克斯位移导致的严重的自吸收和能量传递将引起 LED 效率降低。相对于传统的白光 LED,量子点作为下转换材料的 QLED 比传统的白光 LED 占据更多红光光谱,可覆盖更多光谱。在可见光区,红光成分越多,得到的白光色温就越低,用于室内环境照明时感觉舒适且能够延缓视觉疲劳,灯光对人眼刺激较低。因此,急需开发低毒、高效且具有大斯托克斯位移的白光 QLED 材料。

白光 LED 基于量子点光致发光机理的实现方式有三种:黄-蓝光复合白光量子点、三基色发光量子点复合以及激发能直接发射白光的量子点等。这三种方式从根本上可以分为两类,一种是单一发光制备白光器件,另外一种是复合发光制备白光器件,二者各有优劣。单一发光白光器件需要合成特殊材料作为白光的单发光层,这种方法对发光层材料要求较为苛刻,可能代价高昂且难以实现;而两组或两组以上量子点的混合通常在不同的发射波长之间带来不同的衰减率,导致器件性能随时间的推移而恶化,因此制成的器件的稳定性目前并不令人满意。以下将介绍制作白光QLED 的一般方法及最新进展。

7.2.1 黄-蓝光复合白光量子点

黄光 QLED 的发射波长为 570~590 nm,其最重要的应用就是复合蓝光发光芯片来制作白光 QLED。高效率蓝光和黄光器件(或荧光粉)的制备是此类白光器件至关重要的基石,具有巨大的潜在商业价值。目前商用黄光荧光粉主要采用珍贵的稀土元素,成本高、污染大,亟须寻找替代品。此外,如果能够实现高效率黄光器件的一步制备,相较于使用红光和绿光合成黄光,在效率上依然有显著的提升。因此,研究高性能黄光 QLED,具有潜在的研究价值。

目前已报道的黄光发光材料主要有含镉类量子点和无镉类量子点。含镉类量子点有 CdTe、CdSe 等,无镉类量子点有 InP、InGaN、铯钙钛矿量子点及掺杂碳量子点。

1. 含镉类黄光量子点

2008 年,Tan 的团队报道了以 CdSe/ZnS 核壳结构量子点作为发光层的白光 QLED[3]。他们设计了一种新的白光 QLED 结构,其基底为蓝光聚合物聚 N,N'-双(4-丁基苯基)-N,N'-双(苯基)联苯胺(poly-TPD)薄膜,在上面沉积了一层黄光的 CdSe/ZnS 核壳量子点,形成一种简单的双层发光器件,产生二元互补白光。通过优化量子点层的厚度,他们在大范围的偏压下实现了稳定、明亮的白光 QLED。器件的启亮电压低至 3.15 V,最大亮度为 2600 cd/m²。CIE 色坐标仅从(0.32,0.36)略微移动到(0.33,0.37)。该项工作证明复合黄光与蓝光器件能够得到高效的白光器件,但在器件结构上具有很大的可改进性。双层发光器件不具备空穴传输层和电子传输层,因此在激子传输效率上大大降低,使得激子复合的效率远不如多层结构器件高效。此外,通过调控发光层厚度来调节器件性能需要进一步探究其内在机理。

2014 年,Yin 等人报道了用于白光 LED 的 CdTe 量子点和 YAG:Ce³⁺荧光粉,如图 7.1 所示[4]。将 CdTe 量子点和 YAG:Ce³⁺荧光粉与蓝色发光芯片相结合,白光 LED 在 20 mA 时显示出 CIE 色坐标为(0.30,0.29)和显色指数为 75 的白光区。这一发现证实了通过添加 CdTe 量子点与 YAG:Ce³⁺荧光粉的复合量子点,白光 LED 的显色指数提高。但此项工作没有成功合成出高性能、低成本的黄光荧光粉。

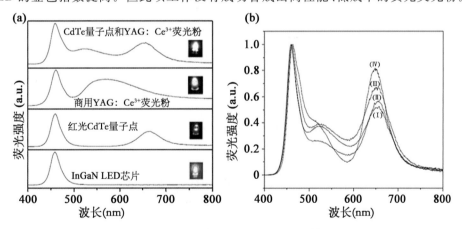

图 7.1 (a) InGaN LED 芯片、红光 CdTe 量子点、商用 YAG:Ce³⁺荧光粉、CdTe 量子点和 YAG:Ce³⁺荧光粉的光致发光光谱;(b) YAG:Ce³⁺荧光粉与 CdTe 量子点的比例分别为 1(Ⅰ)、1.25(Ⅱ)、1.5(Ⅲ)和 1.75(Ⅳ)

[图(a)中插图显示了在 20 mA 的工作电流下各个 LED 的照片]

2. 无镉类黄光量子点

2013 年,Jang 团队报道了一种简单的溶剂热合成 InP/ZnS 核壳量子点的方法,该方法使用比最常用的三-(三甲硅基)膦[P(TMS)₃]更安全、更便宜的磷前驱体——三-(二甲氨基)膦,即 P[N(CH₃)₂]₃[5]。InP 量子点的带隙可以通过改变 150℃的溶剂热生长时间(4 h 和 6 h)来方便地控制,并且在 220℃连续加热 6 h 后,InP/ZnS 核壳量子点呈现绿光和黄光,荧光量子产率为 41%～42%。此外,绿光和黄光 InP/ZnS 核壳量子点的混合物被应用于产生具有更宽光谱覆盖的白光,在 20 mA 时,显色指数为 76,发光效率为 32.1 lm/W。这项工作推进了不含镉的黄光量子点的合成方法,但由于含磷量子点依然有毒,环境友好性较差。

2015 年,Yang 团队报道了基于 InGaN 蓝量子阱和绿黄量子点的白光 LED,如图 7.2 所示[6]。采用金属有机化学气相沉积法生长了由 4 层 InGaN/GaN 量子点和 4 层 InGaN/GaN 量子阱组成的无磷白光 LED。通过混合量子点的绿黄光和量子阱的蓝光,在电流注入下显示出白光发射。注入电流为 5 mA 时,量子点和量子阱的电致发光光谱峰值对应波长分别为 548 nm 和 450 nm,显色指数为 62。这项工作采用量子阱和量子点的复合,实现了白光器件的制备,较为新颖,但显色指数上略显逊色,只能应用于不需要进行色彩分辨的领域,限制因素较大。

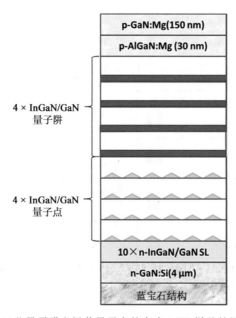

图 7.2 基于 InGaN 蓝量子阱和绿黄量子点的白光 LED 样品的原理图 InGaN/GaN

此后,Park 研究团队报道了高亮度黄绿色发光的 CuInS₂(简写为 CIS)胶体量子点,如图 7.3 所示[7]。他们在 CuInS₂ 量子点外包覆了多层 ZnS 量子点。随着第一层和第二层 ZnS 壳层的形成,荧光光谱的发射峰移向较短波长(670 nm→559 nm),外量子效率从核量子点的 31.7% 显著增加到 80.0%。将 CIS/ZnS/ZnS 量子点涂覆在蓝光 LED 上,制备出白光 QLED。白光 QLED 显示明亮的自然白光,CIE 色坐标为(0.3229,0.2879),发光效率为 80.3 lm/W,色温为 6140 K,显色指数为 73。所制备的白光 QLED 对正向电流的增加也相对稳定。该研究结果表明,CIS/ZnS/ZnS 量子点是一种很有前途的无镉白光量子点材料。

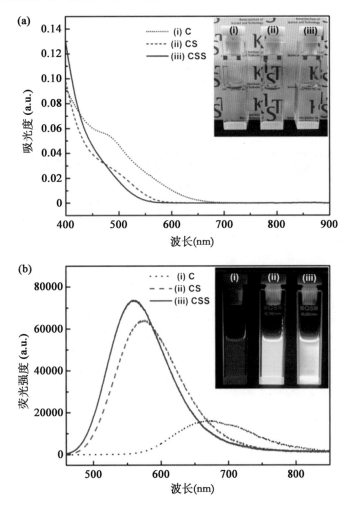

图 7.3　CIS 核(简写为 C)、CIS/ZnS 核壳(简写为 CS)和 CIS/ZnS/ZnS 核/壳/壳(简写为 CSS)量子点的吸收光谱和光致发光光谱

[图(a)和(b)中的插图分别显示了在室内光线和紫外线灯下拍摄的 CIS、CIS/ZnS 和 CIS/ZnS/ZnS 溶液的照片]

2016年，Wang团队报道了基于铯铅卤化物钙钛矿量子点的多色荧光LED、一系列由全无机铯铅卤化物钙钛矿量子点和蓝光LED芯片组合而成的单色发光LED器件，如图7.4所示[8]。该工作设计了液相变色层来保持量子点的高外量子效率，同时防止量子点受到水、氧等环境因素的影响，并进一步证明这种结构可以抑制器件表面的热效应。黄光QLED在发光效率为63.4 lm/W时，外量子效率为12.4%。此外，这些器件在工作电流增加的情况下也表现出良好的色彩稳定性，在2890 K的色温下，液态温白光QLED的显色指数可以达到86。这项工作为钙钛矿量子点在高效能黄光器件及白光器件的制备方面探索了新的方向。

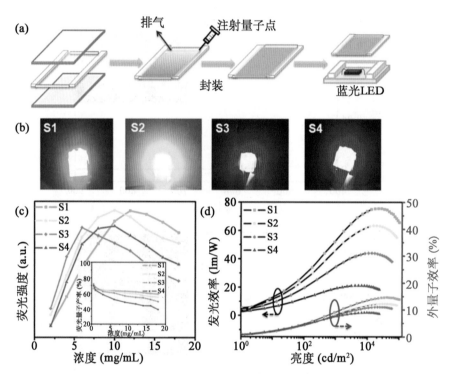

图7.4 （a）液体型QLED的工艺流程；（b）在黑暗条件下，在40 mA下每个发光颜色不同的LED样品的图片；（c）随着溶液中量子点浓度的增加，每个单色光的输出强度；插图是荧光量子产率与每个单色发射的量子点浓度的关系；（d）发光效率和外量子效率与每个单色光QLED的亮度的函数关系

（S1：绿色；S2：黄色；S3：红橙色；S4：红色）

2018年，He等人研究了$CsPb(Br_x I_{1-x})_3$钙钛矿量子点的高纯黄光及其在黄光LED中的应用，如图7.5所示[9]。该工作系统性地研究了荧光量子产率为50%的黄

光 QLED,设计了一种新颖的黄光 QLED 的隔热结构。在驱动电流从 5 mA 到 150 mA 的工作范围内,黄光 QLED 的 CIE 色坐标几乎没有变化。此外,在 6 mA 下,器件发光效率达到 13.51 lm/W。这些结果表明,这种隔热结构的 $CsPb(Br_xI_{1-x})_3$ 钙钛矿量子点在高纯度黄光 QLED 中有潜在的应用前景。

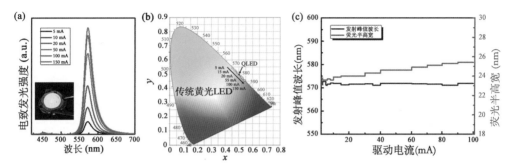

图 7.5　不同驱动电流下 QLED 的性能:(a) 电致发光光谱;(b) 黄光 QLED 的 CIE 色坐标;(c) 发射峰值波长和荧光半高宽随驱动电流的变化

　　2020 年,Wang 等人报道了一种用于光致发光器件的高效红、黄、蓝光碳量子点的可控合成方法,如图 7.6 所示[10]。大多数报道的碳量子点是亲水的,而 Wang 等人报道了一种油溶性的碳量子点,这对提升器件效率十分关键。这项工作通过对溶剂和反应温度的调控,采用溶剂热法成功制备了具有高荧光量子产率的红、黄、蓝光碳量子点。碳量子点、PVP 复合荧光粉及复合薄膜被成功制备,并且得到了以碳量子点和 PVP 为基体的红、黄、蓝光 QLED,其 CIE 色坐标为(0.29,0.33)。这项工作为处理多色掺杂的碳量子点复合材料的发光机理及应用提供了新的思路。

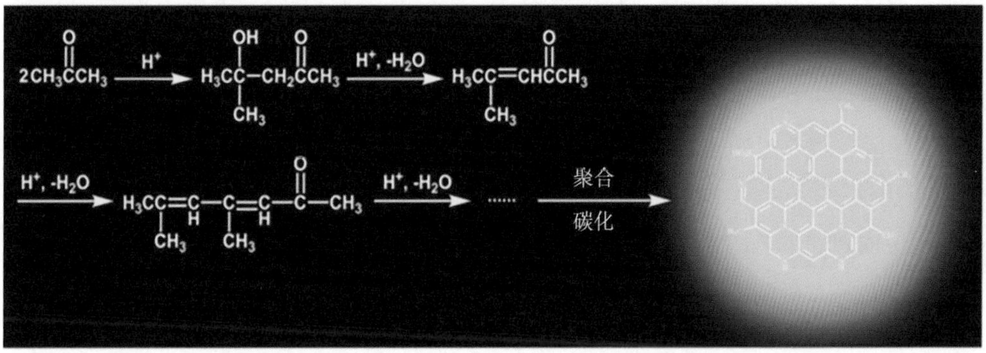

图 7.6　油溶性共掺杂碳量子点的合成路线示意图

7.2.2 三基色发光量子点复合

量子点材料按照其荧光发射峰范围可划分为红光量子点[22]、蓝光量子点[23]和绿光量子点[24],它们也被称为三基色发光量子点材料,通过三基色发光量子点复合得到白光的研究进展相较慢一些。2005年,Perez-paz等人在CdSe/ZnCdMgSe材料系统中展示了一种具有自组装量子点叠层的电致发光白光QLED[11]。用分子束外延法在InP衬底上生长了这种结构。通过控制CdSe层的沉积时间,可以精确地调整每个CdSe量子点的尺寸和发射波长。因此,分别对应于红光、绿光和蓝光发射的三个堆叠CdSe量子点层的组合被混合、电驱动以获得白光。然而,报告中并未给出白光光源的重要参数,包括显色指数、色坐标和相关色温。2006年,Li等人利用发射蓝光(490 nm)、绿光(540 nm)和红光(618 nm)的CdSe/ZnS核壳量子点制备了三基色白光LED,通过混合不同尺寸的三基色CdSe/ZnS核壳量子点作为发光层,得到了CIE色坐标为(0.32,0.45)的白光,在58 mA/cm² 时的最大亮度为1050 cd/m²,在空气中的启亮电压为6 V[12]。

Anikeeva等人也报道了在电驱动结构中使用三种量子点的混合物作为单层发射体,该器件的外量子效率为0.36%,CIE色坐标为(0.35,0.41),显色指数为86[13]。然而,量子点周围的有机表面配体存在电荷注入问题,并在量子点与电荷传输层之间产生较大的势垒,致使电致发光白光量子点难以构建出性能更好的量子点。虽然受到电荷注入问题的困扰,但基于量子点的白光QLED在过去十年中也得到了实现。通常,通过将红光量子点和绿光稀土荧光粉或绿光量子点和黄光稀土荧光粉的组合安装在蓝光GaN芯片上,所得到的白光LED可以显示高显色指数值。除了量子点和稀土荧光粉的结合外,具有不同发射波长的量子点的混合物也为白光LED的集成提供了新的选择。Chen等人报道了一种基于InGaN的蓝光芯片与红光、绿光CuInS₂量子点的混合集成,白光LED的显色指数为95,相关色温为4600~5600 K[14]。通过用蓝光或紫光GaN芯片以适当的比例激发不同发射波长的CdZnS/ZnS和CdZnS/ZnSe量子点的混合物,也可以获得显色指数大于90的白光LED[15]。

Zhang等人研制了一种特殊结构的白光QLED[16]。通过将红光、蓝光和绿光量子点混合在一起,最佳峰值电流效率为22.54 cd/A,外量子效率为7.07%,如图7.7所示。为了解决红光、蓝光和绿光量子点之间的非辐射荧光共振能量转移(FRET)问题,他们开发了串联白光QLED。通过叠加蓝光和黄光QLED,两个单元串联白光

QLED 的峰值电流效率为 30.3 cd/A,最高外量子效率为 15.2%。为了进一步提高颜色稳定性和效率,研制了红光、蓝光、绿光三单元串联白光 QLED,其电流效率为 55.06 cd/A,外量子效率为 23.88%,亮度为 65690 cd/m²。此外,串联白光 QLED 具有高的色彩稳定性,纯白色 CIE 色坐标为(0.33,0.34),显色指数为 80,展示的串联白光 QLED 具有高效、纯白、高色稳定性和高显色性等优点。

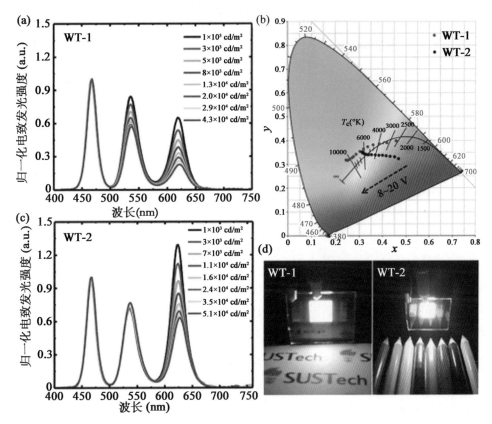

图 7.7　(a) WT-1 的归一化电致发光光谱;(b)不同驱动电压下的 WT-1 和 WT-2 的 CIE 色坐标;(c) WT-2 的归一化电致发光光谱;(d) WT-1 和 WT-2 在 15 V 下工作的照片

Jang 等人以廉价、安全的 P[N(CH₃)₂]₃ 氨基膦为原料合成了具有 82% 和 80% 荧光量子产率的多壳绿光和红光 InP/ZnSeS/ZnS 量子点,然后以 3-氨基丙基三乙氧基硅烷(ATPMS)为基础,通过无催化、无水的溶胶凝胶反应形成量子点-二氧化硅复合材料[17],如图 7.8 所示。发现水蒸气的缓慢供应和催化剂的缺乏可以有效地防止量子点的损伤,从而在二氧化硅反应过程中最大限度地保留其原始荧光。这些具有单色、双色 InP 量子点和二氧化硅的复合材料在蓝色 LED 芯片上集成并封装在一起。在 60 mA 下持续工作一段时间,评估用这种方式制造的双色和三色 QLED 的器件稳定性,在 100 h 的运行后,初始量子点发射仍能保持高达 93%～94% 的显著优势,表明了二氧化硅嵌入量子点钝化的有效性。

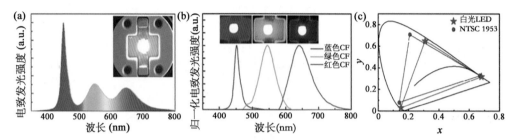

图 7.8　(a) 用绿光、红光 InP/ZnSeS/ZnS 量子点-二氧化硅复合材料封装的 QLED 的典型电致发光光谱和电致发光图像(60 mA);(b) 标准化的蓝光、绿光、红光光谱和相应的图像;(c) 与白光 LED 和 NTSC 标准的三种原色的个别滤色辐射相对应的 CIE 色坐标

Hu 等人开发了一种聚合物介导的量子点组装策略,通过混合方法制备出具有微球形貌和白光发射的三色量子点@多孔硅(QD@Psi)粉末[18]。如图 7.9 所示,制备的 B-QD@Psi、(Y-CuInS$_2$@ZnS)@Psi 和(R-CuInS$_2$@ZnS)@Psi 远远优于之前报道的量子点或基于量子点的复合材料。三色 QD@Psi 表现出优异的光稳定性,明显优于相应的量子点水溶液,热稳定性高。制作的 LED 显示太阳光谱模拟发射的功率效率高达 127.5 lm/W,CIE 色坐标为(0.37,0.37),相光色温为 4500 K。与商用白光 LED 相比,由于 CuInS$_2$@ZnS 量子点的光谱吸收,紫外光完全被 B-QD 中的共轭结构吸收,蓝光发射较弱,所以是一种相对健康的 LED 光源。此外,这种基于量子点的 LED 的显色指数为 97,可用于要求高显色指数的应用领域。

7.2.3　直接发射白光的量子点

量子点有两种发光形式,一种是基于量子点的直接电致发光,另一种是利用量子点作为纳米荧光粉,产生光致发光。基于窄带发射的电致发光 QLED 能够实现高纯度的发光,直接发白光的 QLED 是目前研究的热点。只有一种类型的量子点层光致发光发出白光,这种白光可由紫外 LED 的光源直接激发。此类型的白光 LED 可克服由多个量子点或荧光层制备的器件由于自吸收、散射和重吸收而存在的一些普遍缺点。

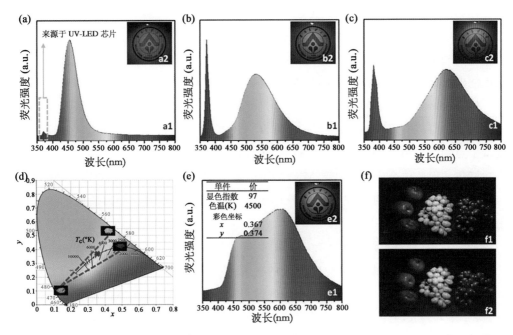

图 7.9　(a)~(c) 单个发光 LED 涂层 B-QD@Psi(Y-CuInS$_2$@ZnS)@Psi、(R-CuInS$_2$@ZnS)@Psi 粉末的发光光谱和相应的图像;(d) CIE 色坐标;(e) 白光 LED 涂层三色 QD@Psi 的发光光谱和相应的图像;(f) 用白光 LED 下的水果颜色(f1)与基于 QD@Psi 的三色白光 LED 下的水果颜色(f2)[18]

　　使用不含重金属的量子点作为白光 LED 荧光粉,相对来说环境友好、更可持续。例如,Zhang 等人提出了一种非常有趣的基于 CZIS 量子点的白光 LED[19]。可使用市售低毒前驱体(醋酸铜、醋酸锌、醋酸铟和硫磺粉)制备白光发光量子点。此外,这些量子点在可见光到近红外波段(520~750 nm)具有可调谐的发射波长,并且在不覆盖任何宽带隙壳材料的情况下具有较高的荧光量子产率(>70%)。与其他胶体量子点相比,用这种方法制备的 CZIS 量子点具有长的发光寿命、大的斯托克斯位移、良好的化学和热稳定性。利用商业化的蓝白光 LED 覆盖 CZIS 量子点薄膜,制作了一种简单的照明器件,芯片发射的光通过量子点薄膜传输时,LED 的颜色由冷蓝光转变为暖黄光。

　　Chen 等人展示了直接利用发白光的 ZnSe 量子点制备白光 LED 的方法,以及其在照明应用中的巨大潜力[20]。他们以 ZnO 和 Se 粉末为前驱体,采用胶体化学方法合成了直接发白光的 ZnSe 量子点。在设定环境条件下,样品的光致发光在可见光范围内表现出较强的白光发射(半高宽约为 200 nm)。在此基础上,采用近紫外 InGaN

芯片作为激发源制作白光 LED，CIE 色坐标为(0.38,0.41)。此外，Bowers 等人成功地获得了一种发射冷白光的 CdSe 量子点 LED[21]。该 CdSe 量子点(约 1.5 nm)具有较强发光强度和宽带发射(420～710 nm)，几乎覆盖了整个可见光区域，实现了 CIE 色坐标为(0.32,0.37)的相对平衡的白光发射。

但是大多数情况下，发光效率没有满足商用的需求，这在一定程度上限制了量子点在白光 LED 的进一步应用。为了提高发光效率，需要发展新的改性方法。通过改变量子点的掺杂浓度，可以成功地制备出不同的白光。Hickey 团队开发了一种通过多功能热注射胶体合成方法生产 Mn 和 Cu 共掺杂 ZnSe 量子点(Cu：Mn-ZnSe 量子点)的方法[22]，由此得到的量子点在胶体溶液和固态粉末中都具有高质量的白光发射，如图 7.10(a)所示，荧光量子产率为 17%。如图 7.10(b)～(d)所示，通过掺杂不同数量的 Cu 前驱体，量子点具有不同的荧光。图 7.10(e)(f)所示为 Mn-ZnSe 和 Cu：Mn-ZnSe 量子点中不同发射中心的荧光衰减特性。与 Mn-ZnSe 量子点样品(264 ms)相比，Cu：Mn-ZnSe 量子点的寿命可达 324 ms，这种双掺杂量子点可以大规模、环保地合成，有望成为未来白光 LED 的发展方向。虽然掺杂量子点的制备过程相对复杂，但是它提供了替换有毒元素参与制备 QLED 的可能性。

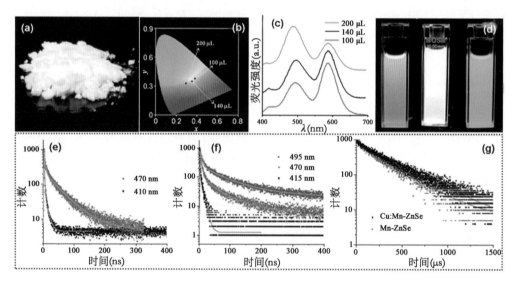

图 7.10　(a) Cu：Mn-ZnSe 量子点粉末在 365 nm 紫外灯下显示白光发射；(b)(c) 不同 Cu 前驱体含量的量子点的 CIE 色坐标和发射光谱；(d) 在 365 nm 紫外灯下拍摄的溶液样品照片；(e) Mn-ZnSe 量子点、(f) Cu：Mn-ZnSe 量子点在不同的峰位置的光致发光衰减轨迹；(g) Cu：Mn-ZnSe 和 Mn-ZnSe 量子点在 585 nm 处的光致发光衰减轨迹[22]

7.3　总结与展望

在 QLED 发展早期,以 CdSe 量子点的研究为核心,量子点发光范围宽、光学性能差、成本高、利润低。由于表面缺陷及悬键作用,激子无辐射跃迁损耗异常显著,这也是量子点发光器件需解决的最核心的问题。要解决这个问题,研究者提出了许多可行的策略。对量子点进行表面钝化修饰最早被人们提出来。随着对量子点发光材料研究的不断发展,研究者发现通过用宽禁带外壳(如 CdS、ZnS、ZnSe 等)包覆 CdSe核量子点,无辐射跃迁问题被显著改善。核壳结构成为修饰量子点发光材料的优选策略,使得材料发光范围变窄(<25 nm),且荧光量子产率达到 90% 以上[23]。但核壳结构相对于普通结构量子点,合成较为复杂、成本较高,需要进一步改进。对量子点的粒径进行调控也是一种策略。量子点组装成一个细小的薄膜,量子点点间距降低,激子更容易被一个具有缺陷的量子点所捕获而发生无辐射跃迁[24],导致能量转移效率的降低。因此,增加壳层粒径成为一个可选的策略。例如,Lim 团队发现 CdSe/ZnS 量子点薄膜较量子点溶液的荧光寿命显著降低,量子点薄膜的效率随着量子点粒径尺寸的增加而逐渐恢复,表明点间微动引起的能量转移效率的降低可以通过增加壳厚度而抑制[25]。因此,多壳层量子点的探索成为新的研究方向。此外,配体修饰的策略也被证实十分有效。用强结合的稳定配体(如硫醇、油酸等)取代不稳定的配体,使得量子点在经历多次净化提纯后依然能够保持初始的性能[26]。

除了无辐射跃迁导致的能量转移效率降低,另外最大的问题在于高效量子点发光器件一般都含有镉元素。镉元素毒性很大,必须逐渐实现替代。探索高效无镉的量子点发光材料,仍然是未来的研究主流。

直接发射白光的 LED 用量子点可以避免多层的不同发射波长之间带来不同的衰减率导致器件性能随时间的推移而变差的问题,且可以发出窄带高纯度白光,但目前研究难度大。即便如此,由于其独特优势所在,仍有巨大的研究潜力。三基色复合白光 LED 用量子点相较于直接发射白光和黄蓝复合发光量子点来说,研究进度相对较慢,因为无毒量子点(如 ZnS,ZnSe)发射峰位置主要集中在蓝光区域,很难像含镉量子点改变尺寸即可得到三基色量子点,进而复合得到白光。黄光量子点发光器件目前最活跃也最广泛地应用在与蓝光器件进行复合,制备高效白光器件方面。因此,未来的发展方向主要向白光器件靠拢。

从材料角度来讲,量子点主要在制备、表面钝化及配体修饰等方面有较大提升空间。如何快速、低成本制备核壳结构或合金结构的量子点是主要的研究方向。粒径也成为改善量子点之间荧光淬灭的核心要素之一,因此量子点粒径的调控和优化也是制备时需要考虑的因素之一。配体修饰方面,为保证量子点的纯化和使用寿命,寻找强结合的稳定配体也十分关键。

  从器件角度来讲,器件需要进一步对传输层材料进行优化。选取适当的空穴传输层和电子传输层材料,相较于传统的双层发光结构将显著提升各项发光性能。在传输层材料的选取方面,能级的匹配、激子流失的抑制、传输层材料本身的光学特性及稳定性都将成为考虑的要素。

参 考 文 献

[1] Shirasaki Y, Supran G J, Bawendi M G, et al. Emergence of colloidal quantum-dot light-emitting technologies. Nature Photonics, 2012, 7(1): 13-23.

[2] Kastner M A. Artificial atoms. Physics Today, 1993, 46(1): 24-31.

[3] Zhanao T, Hedrick B, Fan Z, et al. Stable binary complementary white light-emitting diodes based on quantum-dot/polymer-bilayer structures. IEEE Photonics Technology Letters, 2008, 20(23): 1998-2000.

[4] Yin Y, Wang R, Zhou L. CdTe quantum dots and YAG hybrid phosphors for white light-emitting diodes. Luminescence, 2014, 29(6): 626-629.

[5] Jang E P, Yang H. Utilization of solvothermally grown InP/ZnS quantum dots as wavelength converters for fabrication of white light-emitting diodes. Journal of Nanoscience and Nanotechnology, 2013, 13(9): 6011-6015.

[6] Yang D, Wang L, Lv W B, et al. Growth and characterization of phosphor-free white light-emitting diodes based on InGaN blue quantum wells and green-yellow quantum dots. Superlattices and Microstructures, 2015, 82: 26-32.

[7] Park S H, Hong A, Kim J H, et al. Highly bright yellow-green-emitting CuInS$_2$ colloidal quantum dots with core/shell/shell architecture for white light-emitting diodes. ACS Applied Materials & Interfaces, 2015, 7(12): 6764-6771.

[8] Wang P, Bai X, Sun C, et al. Multicolor fluorescent light-emitting diodes based on cesium lead halide perovskite quantum dots. Applied Physics Letters, 2016, 109(6): 063106.

[9] He Y, Gong J, Zhu Y, et al. Highly pure yellow light emission of perovskite CsPb(Br$_x$I$_{1-x}$)$_3$ quantum dots and their application for yellow light-emitting diodes. Optical Materials, 2018, 80: 1-6.

[10] Zheng K, Li X, Chen M, et al. Controllable synthesis highly efficient red, yellow and blue car-

bon nanodots for photo-luminescent light-emitting devices. Chemical Engineering Journal, 2020, 380: 122503.

[11] Perez-Paz M N, Zhou X, Muñoz M, et al. CdSe self-assembled quantum dots with ZnCdMgSe barriers emitting throughout the visible spectrum. Applied Physics Letters, 2004, 85(26): 6395-6397.

[12] Li Y Q, Rizzo A, Cingolani R, et al. Bright white-light-emitting device from ternary nanocrystal composites. Advanced Materials, 2006, 18(19): 2545-2548.

[13] Anikeeva P O, Halpert J E, Bawendi M G, et al. Electroluminescence from a mixed red-green-blue colloidal quantum dot monolayer. Nano Letters, 2007, 7(8): 2196-2200.

[14] Chen B, Zhong H, Wang M, et al. Integration of CuInS$_2$-based nanocrystals for high efficiency and high colour rendering white light-emitting diodes. Nanoscale, 2013, 5(8): 3514-3519.

[15] Li F, You L, Li H, et al. Emission tunable CdZnS/ZnSe core/shell quantum dots for white light-emitting diodes. Journal of Luminescence, 2017, 192: 867-874.

[16] Zhang H, Su Q, Sun Y, et al. Efficient and color stable white quantum-dot light-emitting diodes with external quantum efficiency over 23%. Advanced Optical Materials, 2018, 6(16): 1800354.

[17] Jang E P, Jo J H, Lim S W, et al. Unconventional formation of dual-colored InP quantum dot-embedded silica composites for an operation-stable white light-emitting diode. Journal of Materials Chemistry C, 2018, 6(43): 11749-11756.

[18] Hu G, Sun Y, Zhuang J, et al. Enhancement of fluorescence emission for tricolor quantum dots assembled in polysiloxane toward solar spectrum-simulated white light-emitting devices. Small, 2020, 16(1): 1905266.

[19] Zhang J, Xie R, Yang W. A Simple route for highly luminescent quaternary Cu-Zn-In-S nanocrystal emitters. Chemistry of Materials, 2011, 23(14): 3357-3361.

[20] Chen H S, Wang S J J, Lo C J, et al. White-light emission from organics-capped ZnSe quantum dots and application in white-light-emitting diodes. Applied Physics Letters, 2005, 86(13): 131905.

[21] Bowers M J, Mcbride J R, Rosenthal S J. White-light emission from magic-sized cadmium selenide nanocrystals. Journal of the American Chemical Society, 2005, 127(44): 15378-15379.

[22] Panda S K, Hickey S G, Demir H V, et al. Bright white-light emitting manganese and copper Co-doped ZnSe quantum dots. Angewandte Chemie International Edition, 2011, 50(19): 4432-4436.

[23] Dabbousi B O, Rodriguez-Viejo J, Mikulec F V, et al. CdSe/ZnS core-shell quantum dots: Synthesis and characterization of a size series of highly luminescent nanocrystallites. The Journal of Physical Chemistry B, 1997, 101(46): 9463-9475.

[24] Kagan C B M, Nirmal M and Bawendi M G. Electronic energy transfer in CdSe quantum dot solids. Physical Review Letters, 1996, 76(9): 1517-1520.

[25] Lim J, Jeong B G, Park M, et al. Influence of shell thickness on the performance of light-emitting devices based on CdSe/Zn$_{1-x}$Cd$_x$S core/shell heterostructured quantum dots. Advanced Materials, 2014, 26(47): 8034-8040.

[26] Shen H, Cao W, Shewmon N T, et al. High-efficiency, low turn-on voltage blue-violet quantum-dot-based light-emitting diodes. Nano Letters, 2015, 15(2): 1211-1216.

第八章 无镉量子点发光材料与器件

8.1 引 言

量子点因其优异的内在特性引起科研工作者的广泛关注。量子点具有高荧光量子产率、高色纯度、低成本的溶液处理能力和易于调节的发射波长,这些特性非常有助于制备出具有优异性能的 QLED。为了增强红光、绿光、蓝光 QLED 的电致发光性能,科学家们已经进行了许多尝试。截至 2020 年,三基色 QLED 的外量子效率记录均已超过 20%[1-3]。与商业化的 OLED 相比,QLED 具有更好的色纯度,材料的合成更简单,有望应用于下一代显示和照明产业。

但是,典型含镉量子点(如 CdSe)QLED 中镉元素的毒性仍是 QLED 大规模应用面临的重大挑战。量子点材料中镉元素的存在不仅会对环境造成严重损害,还会对人体健康造成严重损害。欧盟的《电子电气设备中限制使用某些有害物质指令》(简称《RoHS 指令》)中已经规定禁止任何消费类电子产品中含有超过痕量重金属元素的相关材料。因此,科学家们为实现高性能的无镉量子点材料付出了许多努力。但是,目前无镉量子点材料的光电性能仍不占优势,无法与含镉量子点材料的性能相媲美。

图 8.1 简单介绍了无镉量子点及无镉 QLED 的发展历史,并在表 8.1 列出了具有代表性的无镉 QLED 的性能参数。早在 1995 年,Nozik 课题组首先合成了 InP 量子点。随后一系列的 I-III-VI 类量子点被依次合成,其中研究最多的主要是 CuInS 类量子点。然而直到 2011 年下半年,科学家们才制造出第一个以 InP 量子点为发光层的 QLED,虽然其外量子效率仅约为 0.008%,但这揭开了无镉 QLED 发展的序幕。之后其他无镉 QLED 相继问世。目前红光、绿光和蓝光 QLED 的最高外量子效率记录分别为 21.4%、20.2% 和 9.5%。在本章中,我们主要介绍一些传统的绿光环

图 8.1 无镉量子点及无镉 QLED 的发展历史

保量子点材料的发展历程。本章提到的无镉量子点不仅不包含镉元素，并且也不含有其他毒性较大的重金属如 Pb、As 等。在后文中，我们主要介绍无镉量子点 InP、Ⅰ-Ⅲ-Ⅵ类和 ZnSe 的 QLED 技术发展历程，讨论改善 QLED 性能的一些方法并进行展望。

表 8.1　部分无镉 QLED 的结构与性能

量子点	发射峰（nm）	外量子效率（%）	器件结构	参考文献
ZnSe/ZnS	约 470	0.65	PEDOT：PSS/PVK/QD/ZnO/Al	[4]
ZnSe/ZnS	约 441	—	Al/MoO$_3$/CBP 或 TCTA/QD/ZnO	[5]
ZnSe/ZnS	400~455	7.83	PVK/QD/ZnO	[6]
ZnSeTe/ZnSe/ZnS	441	4.2	PEDOT：PSS/PVK/QD/ZnMgO/Al	[7]
CuInS$_2$/ZnS	580	1.1	ITO/PEDOT：PSS/PVK/QD/ZnO/Al	[8]
Cu：Zn-In-S	580	—	ITO/PEDOT：PSS/poly-TPD/QD/TPBI/LiF/Al	[9]
CuInS$_2$/ZnS	579	2.19	ITO/PEDOT：PSS/PVK/QD/Zn$_{0.9}$Mg$_{0.1}$O/Al	[10]
CuInS$_2$/ZnS	约 580	3.22	ITO/ZnO/QD/CBP/TCTA/MoO$_3$	[11]
CuInS$_2$/ZnS	573	0.63	ITO/PEDOT：PSS/PVK/QD/ZnO/Al	[12]
Zn-Cu-Ga-S/Cu-In-S	475	7.1	ITO/PEDOT：PSS/HIL/PVK/QD/ZnMgO/Al	[13]
Ag-In-Zn-S/ZnS	550	0.39	ITO/PEDOT：PSS/PVK/QD/ZnO/Al	[14]
Cu-In-Zn-Se-S	约 600	—	ITO/PEDOT：PSS/TFB/QD/ZnO/Al	[15]
CuInS$_2$/ZnS	645	约 3	ITO/ZnO/QD/CBP/CBP/MoO$_3$/Al	[16]
InP/ZnSeS	532	0.008	PEDOT：PSS/poly-TPD/InP/TPBi$_3$	[17]
InP/ZnSeS	约 520	3.46	ITO/ZnO/PFN/QD/TCTA/MoO$_3$/Al	[18]
InP/GaP/ZnS//ZnS	530	6.3	ITO/PEDOT：PSS/TFB/QD/ZnO/Al	[19]
InP/ZnSe/ZnS	约 630	21.4	ITO/PEDOT：PSS/TFB/QD/ZnMgO/Al	[20]
InP/GaP/ZnS//ZnS	488	1.01	ITO/PEDOT：PSS/TFB/QD/ZnO/Al	[21]

8.2　量子点和 QLED

8.2.1　InP 量子点

InP 量子点是无镉量子点中的一种明星材料。它具有低毒性和宽且可调的发射波长，已被认为是替代重金属用于商业量子点显示器和固态照明的理想材料。目前，InP 以其 21.4% 的外量子效率保持着无镉 QLED 的性能记录，这已经接近了理论极限[20]。

　　最早在 1995 年,Nozik 课题组合成了 InP 量子点,并对合成条件进行优化。他们改变了溶液中前驱体的浓度和反应温度,以获得不同粒径的 InP 量子点,合成的量子点发出红光、绿光[22]。在接下来的二十多年里,科学家们通过改进合成方法以实现对 InP 量子点结构的控制,包括粒径大小、核壳结构和合金化等[23—29]。直到 2011 年,Lee 课题组合成了 InP/ZnSeS 核壳量子点并制造出了第一个结构为 PEDOT∶PSS/poly-TPD/InP/TPBi₃ 的以 InP 量子点为发光层的 QLED[17],如图 8.2(a)(b)所示。他们合成的材料具有核壳结构,且壳层组分在沿半径方向呈现梯度均匀性,有助于增强量子点的稳定性,有效限制了激子波函数,并减少了光氧化或配体交换在材料表面缺陷处产生的氧化物和激子非辐射复合。虽然该器件的外量子效率非常低,仅约为 0.008%,并且器件发光光谱内存在杂峰,但该研究开启了基于 InP 量子点的 QLED 研究的序幕。2012 年,Sun 课题组使用厚的 ZnS 外壳有效地钝化了 InP 纳米晶体的表面缺陷,从而改善了包括荧光量子产率在内的光学性能,如图 8.2(c)(d)所示,并缩小了发射光谱的半高宽[30]。但是,由于器件的能级匹配不够完善,器件的发射光谱中除了量子点的发射峰外,在短波段存在 poly-TPD 的寄生发射峰,这对显示器件的色纯度有害。

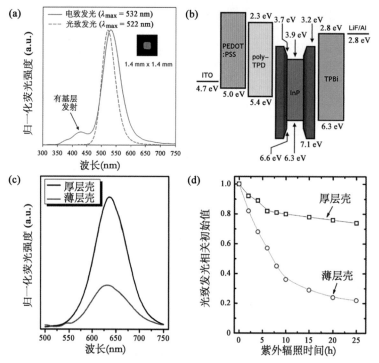

图 8.2　(a) InP 量子点和 QLED 的发射光谱;(b) 器件各层能级图;
(c)(d) 量子点的不同壳层厚度对于荧光强度和稳定性的影响

2016 年,为了去除基于 InP 量子点的 QLED 电致发光光谱中有机层的发射峰,提高器件的色纯度,Char 课题组尝试了两种不同的空穴传输层材料:TFB 和 PVK[31]。实验结果如图 8.3 所示,与 TFB 不同,使用 PVK 作为空穴传输层的器件没有寄生发射峰。他们认为这是由于 PVK 的 LUMO 能级比 TFB 的高,抑制了电子继续穿过发光层与空穴传输层中的空穴结合,从而有效去除了该有机层的发射峰。不过该实验也显示,在器件效率上,使用 TFB 的器件(外量子效率为 2.5%)的性能优于使用 PVK 的器件(外量子效率为 1.4%),因为 TFB 具有更高的迁移率,从而使 QLED 获得了更高的电流效率。

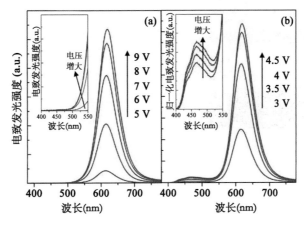

图 8.3　(a) PVK 和(b)TFB 作为空穴传输层材料对于器件电致发光的影响

电子传输层作为另一种重要的传输电荷功能层,Liu 课题组比较了两个不同的电子传输层材料 ZnMgO 和 ZnO 对基于 InP 量子点的 QLED 电致发光的影响[32],实验器件结构和结果如图 8.4 所示。他们指出 ZnMgO 可以利用较高的最高占据分子轨道平衡发光层的电荷结合,从而改善器件性能。

目前有很多关于 InP 量子点结构的研究,其中核壳结构的性能较为优异。而核壳结构存在层与层之间的晶格匹配问题,会产生较多的界面缺陷,降低了激子的复合效率,因此科研工作者对壳层进行继续优化,比如引入中间层 GaP,该层的存在使晶格失配最小化,成功减少了界面缺陷。量子点结构、器件结构和实验结果如图 8.5 所示。基于该类多层结构的 InP 量子点的 QLED 可以实现高达 13.7 cd/A 的电流效率和 6.3%的外量子效率[19]。

图 8.4 不同电子传输层材料 ZnMgO 和 ZnO 的能级匹配图和器件结构示意图

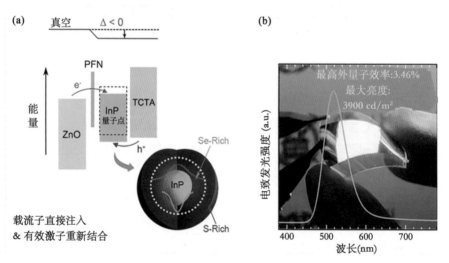

图 8.5 (a) 插入 PFN 后的器件能级图与量子点结构示意图；(b) 器件的电致发光光谱与相应性能数值

2019 年，Jang 研究小组对基于 InP/ZnSe/ZnS 量子点的 QLED 进行了特别优化，其最高外量子效率接近 21.4%[20]。他们通过较复杂的实验操作合成并优化了该类量子点。在制备出 InP 核后,他们在 ZnSe 壳生长的早期阶段加入了 HF 溶液,以防止由 InP 再氧化而导致的缺陷,如生成的 $InPO_x$ 或 In_2O_3。然后通过依次添加相关的前驱体,在 InP/ZnSe 量子点上再生长一层 ZnS 壳,降低材料在制备成器件后由俄歇复合和荧光共振能量转移产生的效率损失。所获得的 InP(3.3 nm)/ZnSe(1.9 nm)/ZnS(0.3 nm)量子点产生红色发光,荧光量子产率为 98%。然而该量子点是六面体形状的,而非类球形的,研究人员将壳的生长温度提高到 340℃,以优化量子点的均匀形状并成功将荧光量子产率提高到 100%。同时,QLED 中的电荷传输也受表面配体的影响。为了消除由表面上油酸配体的烷基链过长造成的对电子或空穴载流子的阻挡,采用配体交换法把表面配体改为己酸来减少烷基链长。最后,研究人员设计并制备了相应器件,即 ITO/PEDOT：PSS(35 nm)/TFB(25 nm)/QD(20 nm)/ZnMgO(40 nm)/Al(100 nm),其结构如图 8.6 所示,其外量子效率为 21.4%,1000 cd/m² 的亮度下寿命为 4300 h(T_{75})。该红光器件的性能可与含镉 QLED 所达到的最佳性能相媲美,成为基于 InP 量子点的 QLED 的发展历史中重要的里程碑。

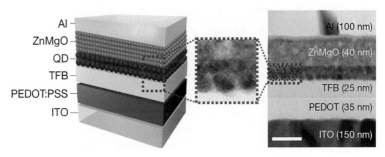

图 8.6　高效率的无镉 QLED 的器件结构图

理论上讲,量子点的发光范围可以通过调整其尺寸大小以改变能带带隙宽度来实现荧光发射范围的调控[33]。通常情况下,量子点直径越小,发射光谱和吸收光谱会发生蓝移。然而,蓝光和绿光的 InP 量子点由于在尺寸上一般会比红光的 InP 量子点小,因此合成难度高,并且其较宽的带隙对电子传输层也提出了更高的要求,这严重限制了基于 InP 量子点的 QLED 在蓝光和绿光区域的应用。

2013 年,Char 课题组使用 PFN 层改善了基于 InP 量子点的绿光 QLED 中的电荷平衡[18]。其量子点中厚的 ZnSeS 异质结构壳对提高 QLED 的外量子效率也起着重要作用。该器件达到了 3.46% 的外量子效率和 3900 cd/m² 的最大亮度。Teng 课题组设计了一种具有 InP/GaP/ZnS//ZnS 核壳结构的量子点,其荧光量子产率约为 70%[19]。GaP 界面层的插入有效地减小了晶格失配并减少了界面缺陷。厚的 ZnS

外壳旨在抑制由旋涂后紧密堆积的量子点之间的荧光共振能量转移导致的性能损失。相关绿光 QLED 的外量子效率和电流效率分别为 6.3% 和 13.7 cd/A,这也是目前实现的最高效的基于 InP 量子点的绿光 QLED。

作为三基色中难度最大的蓝光 InP 量子点,由于非常小的粒径和较差的均一性都会使量子点膜中产生荧光共振能量转移,从而导致能量损失。蓝光要求量子点具有大的带隙,这也导致低的载流子注入效率和传输效率,限制了蓝光 InP 量子点的效率。2017 年,Deng 课题组首先使用 InP/ZnS 量子点作为发光层制造了蓝光 QLED。他们使用 P(DMA)$_3$ 代替 P(SiMe$_3$)$_3$ 作为 InP 量子点合成磷前驱体[34]。前者具有适当的反应速度,这有利于在实验中控制 InP 核的尺寸大小和均一性。通过结合卤化锌的胶体方法形成卤化物-胺钝化层,可以较好地消除表面缺陷。此外,他们通过生长 ZnS 壳进一步提高其荧光量子产率,成功合成了蓝光 InP/ZnS 小核厚壳量子点,其荧光量子产率可高达 76.1%。相应的设备在 10 V 的偏压下可以获得 90 cd/m² 的最大亮度,不过他们在文献中没有提及外量子效率。2020 年,Du 课题组制备了蓝光 InP/GaP/ZnS//ZnS 的核壳结构量子点,其具有高荧光量子产率(约 81%)和高色纯度(半高宽为 45 nm)[21]。器件能级结构和测试结果如图 8.7 所示。在实验中,GaP 中间壳层的引入成功降低了晶体匹配度较低导致的缺陷。延长外壳生长时间成功增加了壳的厚度,从而减轻了荧光共振能量转移对于量子点膜的效率损失。他们制备的具有 ITO/PEDOT:PSS/TFB/QD/ZnO/Al 结构的器件,其外量子效率能达到1.01%。

在白光 QLED 中,InP 量子点常作为混合光源中的一种组成部分。它通常用作红光或绿光的发射光源,在器件底部 GaN 芯片发射蓝光的激发下,InP 量子点和黄光磷光体粉末或其他层产生发射光,最后混合的颜色为白光。如图 8.8(a)~(d)所示,Kim 课题组将 YAG:Ce³⁺ 荧光粉与发红光的 InP/GaP/ZnS 量子点混合并应用于白光 QLED[35]。他们将红光 InP 量子点和荧光粉与硅树脂在甲苯溶剂中混合,除去溶剂后,再将荧光粉-量子点硅胶混合物滴在 InGaN 蓝光 LED 芯片上,并在 150℃ 下固化 4 h。白光 QLED 的发光效率为 54.71 lm/W,显色指数为 80.56,色温为 7864 K。随后,该课题组使用相似的器件结构开发了另一种基于 InP 量子点的白光 QLED,如图 8.8(e)~(g)所示,其显色指数达到 95[30]。他们通过将更多颜色引入光谱以提高白光的品质。在新的器件中,InP 量子点层发出绿光,poly-TPD 发出蓝光,poly-TPD 和 TPBi 之间的界面形成的激子复合物发出红光。

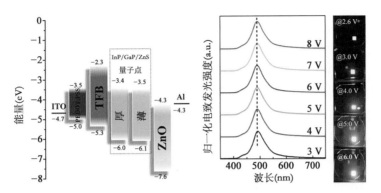

图 8.7　基于 InP 量子点的蓝光 QLED 的能级图和性能测试

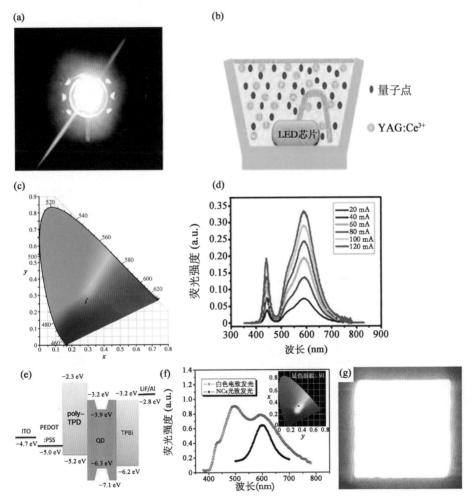

图 8.8　(a)~(d) 荧光粉和 InP 量子点共混制备白光 QLED；(e)~(g) 量子点与其他层发出复合光

8.2.2　ZnSe 量子点

前文提到,目前 InP 量子点已经在红光器件上实现了 21% 以上的外量子效率,但由于其本体材料具有较小的带隙,很难制出高效率 InP 的蓝光 QLED,而已经开发出的 ZnSe 量子点,本体带隙能量为 2.8 eV,量子点的发射光谱范围在紫外和蓝光之间[36]。

2012 年,So 课题组制备了基于 ZnSe/ZnS 的蓝光 QLED[4],其装置的结构为 PEDOT:PSS/poly-TPD 或 PVK/QD/ZnO/Al。该器件中,PVK 以其较低的 HOMO 能级作为空穴传输层材料,从而增强了空穴注入效率。他们还优化了空穴传输层和电子传输层的厚度,以进一步提高器件的性能。所获得的器件表现出 0.65% 的外量子效率。后来,Zhao 课题组制备了基于 ZnSe/ZnS 的深蓝光 QLED[5]。他们制备的倒置器件在 441 nm 处具有电致发光峰值,半高宽窄至 15.2 nm,最大亮度为 1170 cd/m²,但文献中同样未提及外量子效率。他们将器件的高性能归因于量子点的厚壳(约 8 nm)及电子传输层中 CBP 和 ZnO 的最佳电荷平衡。2015 年,Shen 课题组介绍了一种新颖的"低温注入和高温生长法"[6],并在合成 ZnSe/ZnS 这类核壳量子点时采用了这种方法。这与大多数传统的在高温下以壳层生长的常规成核方法不同,合成的量子点表现出单分散性且荧光量子产率高达 80%,半高宽为 12~20 nm,光谱范围为 400~455 nm,具有良好的发射波长可调性,制备的 QLED 如图 8.9 所示,最大亮度为 2632 cd/m²,外量子效率为 7.83%,它达到了 ZnSe 蓝光 QLED 系列中最高的外量子效率,但是其电致发光峰值波长为 429 nm,偏蓝紫光。

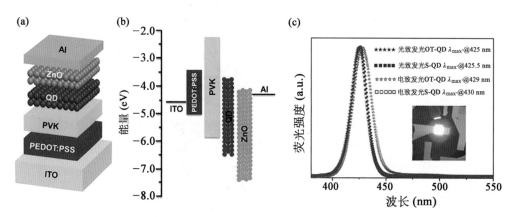

图 8.9　目前器件效率最高的蓝紫光无镉 QLED 的结构示意图、能级图和发光光谱

为了获得纯蓝光 QLED，Yang 课题组通过将具有较窄带隙(2.25 eV)的 ZnTe 与 ZnSe 量子点合金化，降低 ZnSe 量子点的带隙宽度，这为实现蓝光发射提出了一种更可行的方法[7]。通过调整 Te/Se 的比例，可以在 422～500 nm 内调节荧光发射峰的波长。最后，实验中具有最佳 ZnSe 内壳厚度的双壳 ZnSeTe/ZnSe/ZnS 量子点在 441 nm 处产生合适的蓝光光致发光峰，70％的高荧光量子产率和 32 nm 的半高宽。如图 8.10 所示，将获得的量子点用于制备第一个基于 ZnSeTe 量子点的蓝光 QLED。该器件能产生 1195 cd/m² 的峰值亮度、2.4 cd/A 的电流效率和 4.2％的外量子效率。

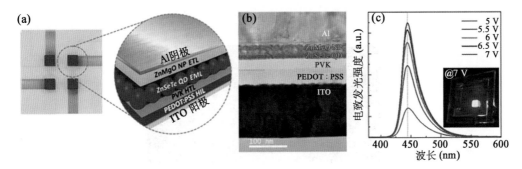

图 8.10　基于 ZnSeTe 三元量子点的蓝光 QLED 的结构和电致发光光谱

8.2.3　Ⅰ-Ⅲ-Ⅵ量子点

Ⅰ-Ⅲ-Ⅵ量子点作为另一类无镉量子点，由于其具有低的毒性、高的摩尔吸光系数、高的缺陷容忍度，在光电子和生物医学领域具有诱人的潜力而受到众多研究人员的关注。科研人员已经合成了一系列该类量子点，包括 $CuGaSe_2$、$CuInS_2$、$AgInSe_2$、$CuInSe_2$、$CuGaS_2$ 及其衍生物等[14,37—42]，发光范围如图 8.11 所示。从 21 世纪初到现在，化学家们通过分子单源前驱体的低温热解、溶剂热法、部分阳离子交换、水基合成等方法合成了Ⅰ-Ⅲ-Ⅵ量子点[10,43—45]。

比较特殊的是，Ⅰ-Ⅲ-Ⅵ量子点中的 CuInS(CIS)类，发光的主要贡献不是来自其带隙，而是来自其固有缺陷和[Cu]/[In]的组成比例产生的给体-受体对[46]。一般认为给体-受体对主要是由 $2V_{Cu}^- + In_{Cu}^{2+}$ 对形成的，其中 In_{Cu}^{2+} 是 Cu 位被取代的 In 离子产生的给体，V_{Cu}^- 是 Cu 空位产生的受体。S 空位产生的另一种给体(V_S^{2+})可以使用过量的烷硫醇进行系统的消除。此外，缺陷态可以通过后合成热处理进行实验调节，如退火等。

虽然在 21 世纪初，研究人员已经合成了不同的Ⅰ-Ⅲ-Ⅵ量子点，但近年来这类量子点在 LED 中的应用才得到了发展。在 2011 年,Xu 课题组首次报道了通过高温有机溶剂法合成的以 $CuInS_2$-ZnS 合金(ZCIS)为核、ZnSe/ZnS 为双层壳的量子点器件在近带边缘产生发射光谱的现象[47]。他们可以通过调节量子点的尺寸大小来微调器件荧光发射峰波长。如图 8.12 所示,在他们制备的红光、黄光和绿光 QLED 中,最大亮度分别达到 1200 cd/m^2、1160 cd/m^2 和 1600 cd/m^2,而相应器件在 0.82 mA/cm^2 的注入电流密度、10 cd/m^2 的亮度下,电流效率分别为 0.58 cd/A、0.49 cd/A 和 0.62 cd/A。

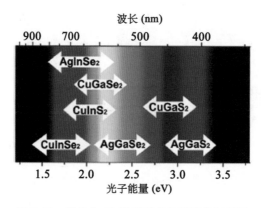

图 8.11　部分 I-III-VI 量子点的荧光发射范围

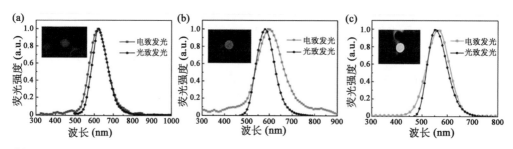

图 8.12　$CuInS_2$-ZnS/ZnSe/ZnS 量子点实现的红光、黄光、绿光的光致发光光谱和器件电致发光光谱

2012 年,Zhong 课题组发现了化学计量数对于 $CuInS_2$ 的晶体结构和光学性质的影响,这解释了其光致发光发射演化与[Cu]/[In]摩尔比的关系[48]。他们开发的量子点粉末合成方法可以通过选择合适的[Cu]/[In]摩尔比,调整合金和核壳结构扩大反应的量,一次实验可以制备 10 g 以上,且扩大合成量后对量子点的品质影响很小。所制得量子点的发光峰范围在 500～800 nm,并且相应的红光(606 nm)和黄光(577 nm)QLED 的最大亮度分别约为 1700 cd/m^2 和 2100 cd/m^2。2014 年,Yang 研

究团队利用高发光 $CuInS_2/ZnS$ 量子点制造了相应的 QLED[8]。他们改变了量子点发光层的厚度,优化后的器件的峰值亮度为 1564 cd/m²,电流效率为 2.52 cd/A。在 580 nm 波长下的外量子效率为 1.1%,首次报道了该类量子点器件的外量子效率值。同年,该研究团队又设计合成了具有不同 Ga 元素含量的 $CI_{1-x}G_xS/ZnS$ 核壳量子点[49],它们的光致发光峰值波长在 479~578 nm,而荧光量子产率为 20%~85%。相应 QLED 的结构是 ITO/PEDOT：PSS/PVK/QD/ZnO/Al。该器件的最大亮度为 1673 cd/m²,电流效率为 4.15 cd/A,并且随着量子点的 Ga 元素含量的增加,外量子效率从 1.54% 降低到 0.007%。他们认为,Ga 含量的增加让量子点发光层的导带升高,使得电子注入变得更加困难,电流和电荷平衡变差,从而导致亮度降低。

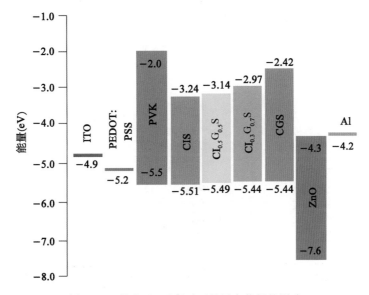

图 8.13　掺入 Ga 元素对于量子点能级的影响

电子传输层材料研究也引起了科学家们的注意。2015 年,Yang 课题组研究了电子传输层材料 CIS 对 QLED 性能的影响[10]。他们将具有不同电子能级的三个 $Zn_{1-x}Mg_xO(x=0、0.05、0.1)$ 纳米晶体作为电子传输层材料应用于器件制备中,发现这些电子传输层材料对于 QLED 的亮度和效率存在很大程度的影响。如图 8.14 所示,与纯 ZnO 相比,通过合金化 ZnMgO 能提高其导带能级,降低电子注入势垒,可以显著改善器件性能。

2016 年,Yang 课题组研究了量子点的壳厚度对其荧光量子产率的影响[50],研究结果如图 8.15 所示,增加壳层厚度可以将荧光量子产率从 79% 提高到 89%。壳层最厚的量子点,其相应器件的电流效率达到高达 18.2 cd/A,外量子效率为 7.3%。

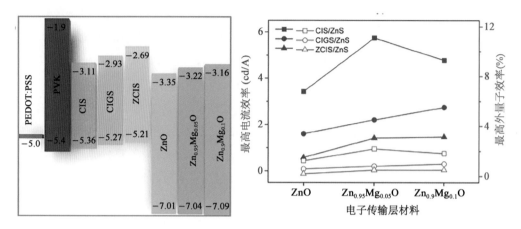

图 8.14 不同电子传输层的能级图与制成的相应器件的性能

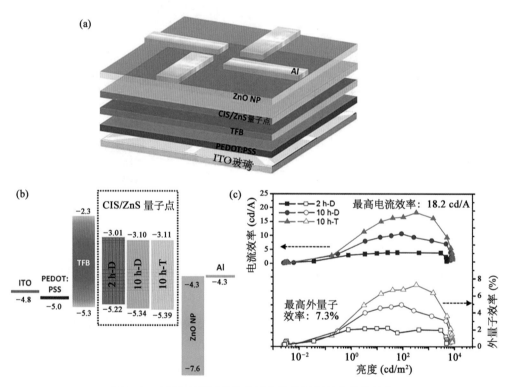

图 8.15 不同壳层厚度的量子点的能级图及其器件性能

由于 CIS 量子点的发光光谱范围较广,它们常被用于制备照明的白光 QLED

中[51]，部分成果如图 8.16 所示。2013 年，通过控制合成步骤，Zhong 课题组合成了
基于 CuInS₂ 的高发光亮度的纳米晶体[52]，其绿光量子点的荧光量子产率为 60%，红
光量子点的荧光量子产率为 75%。通过将选定的基于 CuInS₂ 的量子点与蓝光发光
芯片集成在一起，可以实现发射波长可调（包括白光）的白光 QLED。他们还探索了
基于 CuInS₂ 的量子点在大功率纳米晶体-白光 LED 中的应用。基于双荧光粉的纳
米晶体-白光 LED 中，高功率器件的显色指数可以达到 90。

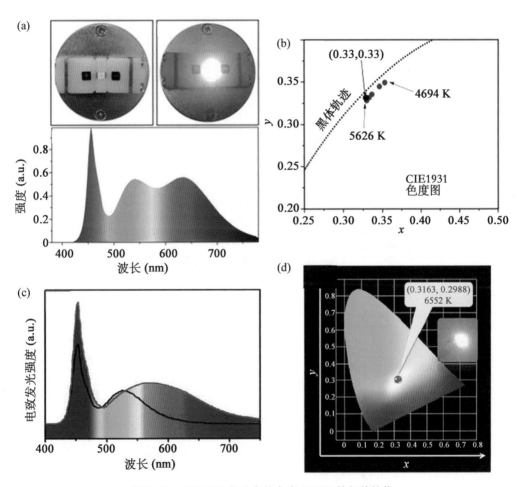

图 8.16　基于 CIS 量子点的白光 QLED 的相关性能

　　2014 年，Liu 课题组通过简单的溶剂热法合成了具有各种[Cu]/[In]比的黄铜矿
CIS 量子点[53—56]。通过调节[Cu]/[In]的摩尔比，成功合成了发射波长可调的 CIS
量子点。辐射途径是通过给体-受体对重组形成的，从而产生了宽泛的荧光发射带。

使用绿光荧光粉 $Ba_2SiO_4:Eu^{2+}$ 以及发射橙光和红光的 CIS/ZnS 量子点制造白光 LED,该器件在 20 mA 正向电流和约 90 的高显色指数值下,发光效率为 36.7 lm/W。

关于报道蓝光I-Ⅲ-Ⅵ量子点的文献较少。2017 年,Yang 课题组研究了三元 Cu-Ga-S(CGS)量子点以及将 Zn 加入后,合金化获得的四元 Zn-Cu-Ga-S(ZCGS)量子点。制备的 ZCGS/ZnS 核壳量子点可以发蓝色荧光,且荧光量子产率在 78%~83%[57]。2019 年,该课题组利用该材料制备的蓝光 QLED,其外量子效率能达到 7.1%[13]。

CIS 量子点一般荧光发射峰较宽,这也是其作为显示材料的不足之处。科研人员尝试缩小其荧光发射峰的半高宽。Park 课题组发现与传统的纯核或薄壳样品相比,厚壳 CIS/ZnS 量子点在单量子点水平上显示出更高的光稳定性,并大大降低了荧光发射峰的半高宽,如图 8.17 所示[58]。他们指出,量子点发光光谱的大范围扩展不是固有性质,而是发射能量点对点变化的结果。这和 CIS 量子点中发射机制给体-受体对的特殊性有关。

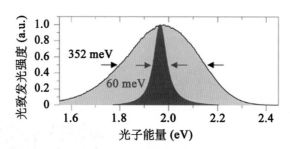

图 8.17 CIS 量子点的窄荧光发射峰的研究

8.3 优化 QLED 性能的方法

优化 QLED 性能的方法通常可分为配体工程、壳体工程和 QLED 结构。对于器件的效率而言,外量子效率 $=\eta_{out}\times\eta_{in}$,$\eta_{out}$ 与器件光耦合系数有关,而 η_{in} 与材料本身性质如荧光量子产率等相关性更高。而对于显示材料来说,颜色的控制也是重要的影响因素。因此,通过各种方法对器件进行优化,可实现所需要的颜色和性能。

8.3.1 配体工程

在合成步骤中,配体是合成量子点不可或缺的部分。因为量子点的表面缺陷会俘获电荷并抑制其结合,进而降低 QLED 的性能,而配体可以减少量子点表面缺陷,提高器件性能。配体的长烷基链也会抑制电荷注入量子点,降低激子的复合。但是长的烷基链有利于结晶,过度减小烷基链也不利于量子点的表面质量。因此,理想方案是合成适当的配体,该配体有助于形成晶体,同时又不会严重阻碍电荷的注入。科研人员开发了另一种配体交换的方法。例如,2016 年,Shen 课题组使用 6-巯基己醇(MCH)合成的羟基封端的 CIS 量子点[11]。如图 8.18 所示,他们首先合成了带有油胺(OLA)配体的 CIS 量子点,该类配体具有较长的烷基链,有利于生长较高表面质量的量子点。之后他们再进行配体交换,用 6-巯基己醇修饰量子点,最后获得的材料在

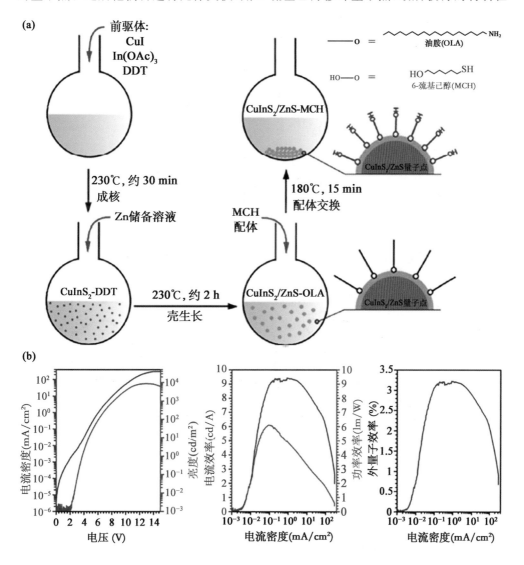

图 8.18　(a) 配体交换实验流程示意图;(b) 相应器件的性能

QLED 中表现出优异的性能。6-巯基己醇配体可以调节 ZnO 电子传输层和 CIS 量子点之间的势垒高度,从而提高了从 ZnO 层到量子点的电子注入效率。经过优化后,器件的最大亮度为 8735 cd/m^2,外量子效率为 3.22%。

2019 年,Jang 研究团队实现了无镉 QLED 的外量子效率记录[20]。在他们的实验中,减小了配体对电子或空穴载流子的有害阻碍,采用配体交换的方法,用己酸(HA)交换 DDT,减少烷基链长度,降低了电荷注入的势垒。Xu 课题组也采用一种新型的交换配体 2-乙基己硫醇(EHT)来改善 QLED 中的电荷平衡[59]。如图 8.19 所示,使用该配体交换的量子点作为发光层,优化后的 QLED 具有 2354 cd/m^2 的最大亮度、0.63% 的外量子效率以及较低的启亮电压(2.7 V)。

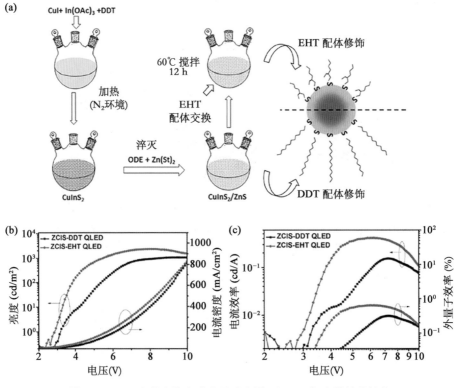

图 8.19　(a) 配体交换实验流程示意图;(b)(c) 相应器件的性能

8.3.2　壳体工程

量子点薄膜中的俄歇复合和荧光共振能量转移在很大程度上影响了 QLED 的性能。因此,核壳量子点的壳层厚度对于 QLED 的性能很重要。例如,Sun 课题组使用较厚、应力消除的 ZnS 外壳有效地钝化了 InP 量子点的表面缺陷,从而改善了荧光量子产率等光学性能,并缩小了荧光发射峰的半高宽[30]。InP 量子点的荧光量子产率在生长额外的 ZnS 外壳后从 12.3% 升至 38.1%。在量子点的稳定性上,对于不带额外 ZnS 壳的 InP 纳米晶体,在紫外照射(365 nm,3 mW/cm²)的 10 h 内,其荧光强度迅速降低(降至其初始值的 70%)。对于带有附加 ZnS 壳的 InP 纳米晶体,连续照射25 h 后,也几乎看不到光降解。

此外,量子点的壳层厚度可能会影响发射波长,通过调整壳层厚度可以对颜色进行微调。ZnSe 量子点通常由于其较大的带隙而发出紫色光。Yang 课题组发现,电子离域化程度取决于当前量子点系统中 ZnSe 内壳的存在及其厚度[7]。如图 8.20 所示,ZnSeTe/ZnS 量子点的原始荧光发射峰在插入 1 nm 和 1.5 nm 厚的 ZnSe 内壳时出现红移。荧光发射峰红移的趋势来自载流子(主要是电子)泄漏到相邻壳中。与ZnSeTe/ZnS 相比,ZnSeTe/ZnSe 界面处的导带偏移更小,因此在某种程度上可能发生电子泄漏。

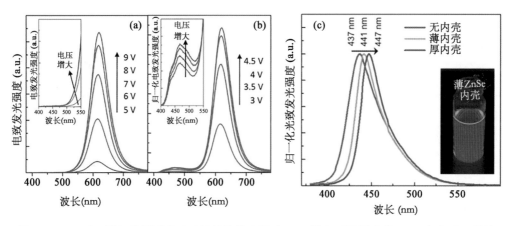

图 8.20 (a)(b)增加壳层厚度对于材料的荧光影响;(c)插入不同厚度的 ZnSe 内壳对于量子点发光光谱的影响

对于量子点而言,壳层的生长速度对其性能也有一定影响。如图 8.21 所示,Banin 课题组通过调整前驱体的活性控制壳层的生长速度,发现相同的厚度下,热力学控制的较慢壳层生长速度有利于增强荧光量子产率,并且有效抑制了量子点的闪烁现象[60]。他们认为较慢的壳层生长速度可以减少量子点核壳之间界面的缺陷,从而提高材料的性能。

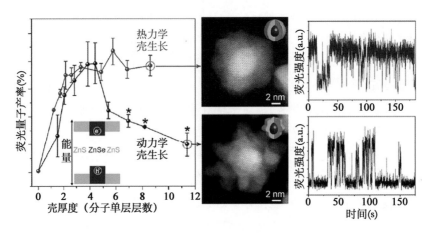

图 8.21　不同壳层生长速度对于量子点的荧光强度和荧光闪烁的影响

8.3.3　QLED 结构优化

电子传输层作为高性能 QLED 不可缺少的部分,空穴传输层和电子传输层材料对于器件中的电荷传输和平衡载流子起着重要作用。图 8.22(a)列出了 InP 量子点的部分电子传输层材料的能级图[61]。Liu 课题组研究了电子传输层材料对器件性能的影响,他们比较了两个不同的电子传输层材料 ZnMgO 和 ZnO,前者显示出更好的器件性能。因为在他们的器件中,ZnMgO 具有较高的 LUMO 能级,加强了电子注入,从而提高了外量子效率。Chen 课题组研究了在 n 型电子传输层的 ZnO 纳米颗粒中掺 Mg 对电荷传输平衡的影响[62]。如图 8.22(b)所示,Mg 掺杂量的增加可以拓宽 ZnO 的带隙,改变其能级,提高其电阻率,降低电流密度,提高器件效率。而 Deng 课题组除了在 ZnO 纳米颗粒内掺入 Mg 外,还引入了 Cl,成功将外量子效率提高到 4.05%[63]。尽管许多科研人员认为,空穴传输层和电子传输层材料与量子点发光层的能级匹配很重要,但 Kamat 课题组提出,不能将能级匹配视为优化器件性能的唯一指标[64]。他们设计了使用 PVK 和 TPD 作为空穴传输层材料的器件,如图 8.22(c)所示。结果表明,较高的电导率以及层之间有效能量或电荷传输路径的存在,对器件具有非常重要的影响。它们可以将启亮电压降低 50% 以上,并将器件的相对效率提高 5 倍以上。

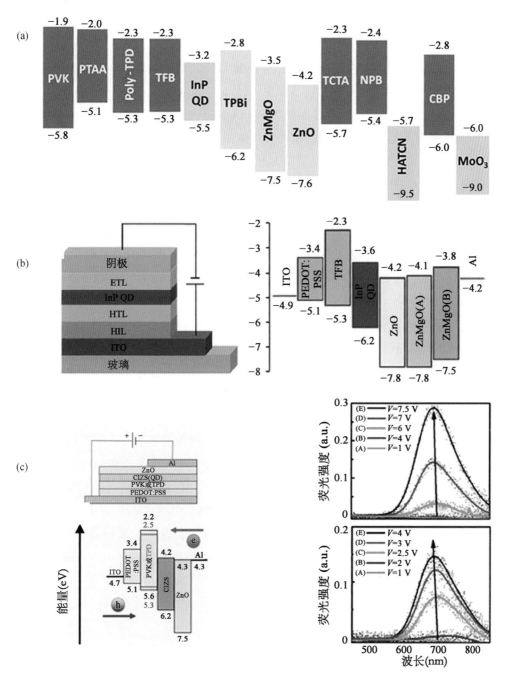

图 8.22　（a）对于 InP 量子点，常见电子传输层材料的能级图；（b）在电子传输层内掺入 Mg 对于器件能级结构的影响；（c）空穴传输层材料能级匹配度较高而 QLED 的启亮电压较低

8.4　总结与展望

尽管无镉 QLED 的整体性能无法与含镉 QLED 媲美,但因为无毒这个最大优势,仍然吸引着科学家的关注。在本章中,我们讨论了无镉量子点合成、配体工程、壳体工程和 QLED 结构优化等方面的发展,以及提高无镉 QLED 效率的方法。在 QLED 中,俄歇复合和荧光共振能量转移严重损害了器件的性能。因此,在量子点上生长一层厚壳来缓解量子点成膜后彼此核心的紧密堆积。在引入核壳结构后,两个不同层的晶格存在不匹配度,核壳结构会在核表面产生界面缺陷,降低了量子点的发光效率,因此引入了中间壳和合金核壳结构,这在很大程度上提高了 QLED 的性能。而在量子点晶体生长时,长烷基链配体虽然有利于晶体生长,但它提高了制备器件时注入量子点的电荷势垒,因此采用了配体交换方法来缩短配体的烷基链长度,同时降低了对量子点的结晶影响。除电荷发光层外,电子传输层材料对于载流子运输和平衡也起着重要作用。为了提高 QLED 的性能,应同时注意电子传输层材料的能级匹配和电荷迁移率。

无镉 QLED 较低的外量子效率仍是 QLED 投入实际应用的重要挑战。尽管基于 InP 量子点的红光 QLED 的外量子效率达到了 21.4%,接近于 OLED 的外量子效率,但是绿光和蓝光 QLED 仍较为落后。因此,需要引入具有比传统材料更深的 HOMO 能级、更好的空穴迁移率的新型空穴传输层材料,尤其是在蓝光 QLED 发光材料的 LUMO 能级更深的情况下。另外,为了实现电荷平衡,可以通过引入缓冲层[65],适量减少过多的空穴或电子。除能量转移效率外,器件的使用寿命仍然是一个挑战,厚的外壳可以防止量子点受潮和暴露于空气中,还可以进行适当的封装。最后,在器件结构上,通过特殊设计可以提高光耦合输出效率。钙钛矿 LED 的成就是使用了不连续的钙钛矿和低反射率的聚合物,从而显著提高了光耦合输出效率[66]。具有特殊设计的类似结构在无镉 QLED 中可能会起到重要作用。

参 考 文 献

[1] Dai X, Zhang Z, Jin Y, et al. Solution-processed, high-performance light-emitting diodes based on quantum dots. Nature, 2014, 515(7525): 96-99.

[2] Yang X, Zhang Z H, Ding T, et al. High-efficiency all-inorganic full-colour quantum dot light-emitting diodes. Nano Energy, 2018, 46: 229-233.

［3］ Zhang H，Sun X，Chen S. Over 100 cd/A efficient quantum dot light-emitting diodes with inverted tandem structure. Advanced Functional Materials，2017，27(21)：1700610.

［4］ Xiang C，Koo W H，Chen S，et al. Solution processed multilayer cadmium-free blue/violet emitting quantum dots light-emitting diodes. Applied Physics Letters，2012，101(5)：053303.

［5］ Ji W，Jing P，Xu W，et al. High color purity ZnSe/ZnS core/shell quantum dot based blue light-emitting diodes with an inverted device structure. Applied Physics Letters，2013，103(5)：053106.

［6］ Wang A，Shen H，Zang S，et al. Bright，efficient，and color-stable violet ZnSe-based quantum dot light-emitting diodes. Nanoscale，2015，7(7)：2951-2959.

［7］ Jang E P，Han C Y，Lim S W，et al. Synthesis of Alloyed ZnSeTe Quantum Dots as Bright，Color-Pure Blue Emitters. ACS Applied Materials & Interfaces，2019，11(49)：46062-46069.

［8］ Kim J H，Yang H. All-solution-processed，multilayered $CuInS_2$/ZnS colloidal quantum-dot-based electroluminescent device. Optics Letters，2014，39(17)：5002-5005.

［9］ Zhang W，Lou Q，Ji W，et al. Color-tunable highly bright photoluminescence of cadmium-free Cu-doped Zn-In-S nanocrystals and electroluminescence. Chemistry of Materials，2013，26(2)：1204-1212.

［10］ Van Der Stam W，Berends A C，Rabouw F T，et al. Luminescent $CuInS_2$ quantum dots by partial cation exchange in $Cu_{2-x}S$ nanocrystals. Chemistry of Materials，2015，27(2)：621-628.

［11］ Bai Z，Ji W，Han D，et al. Hydroxyl-terminated $CuInS_2$ based qantum dots：Toward efficient and bright light-emitting diodes. Chemistry of Materials，2016，28(4)：1085-1091.

［12］ Gugula K，Stegemann L，Cywiński P J，et al. Facile surface engineering of $CuInS_2$/ZnS quantum dots for LED down-converters. RSC Advances，2016，6(12)：10086-10093.

［13］ Yoon S Y，Kim J H，Kim K H，et al. High-efficiency blue and white electroluminescent devices based on non-Cd Ⅰ-Ⅲ-Ⅵ quantum dots. Nano Energy，2019，63：103869.

［14］ Choi D B，Kim S，Yoon H C，et al. Color-tunable Ag-In-Zn-S quantum-dot light-emitting devices realizing green，yellow and amber emissions. Journal of Materials Chemistry C，2017，5(4)：953-959.

［15］ Guan Z，Tang A，Lv P，et al. New insights into the formation and color-tunable optical properties of multinary Cu-In-Zn-based chalcogenide semiconductor nanocrystals. Advanced Optical Materials，2018，6(10)：1701389.

［16］ Wang T，Guan X，Zhang H，et al. Exploring electronic and excitonic processes toward efficient deep-red $CuInS_2$/ZnS quantum-dot light-emitting diodes. ACS Applied Materials & Interfaces，2019，11(40)：36925-36930.

［17］ Lim J，Bae W K，Lee D，et al. InP@ZnSeS，core@composition gradient shell quantum dots with enhanced stability. Chemistry of Materials，2011，23(20)：4459-4463.

[18] Lim J, Park M, Bae W K, et al. Highly efficient cadmium-free quantum dot light-emitting diodes enabled by the direct formation of excitons within InP@ZnSeS quantum dots. ACS Nano, 2013, 7(10): 9019-9026.

[19] Zhang H, Hu N, Zeng Z, et al. High-efficiency green InP quantum dot-Based electroluminescent device comprising thick-Shell quantum dots. Advanced Optical Materials, 2019, 7(7): 1801602.

[20] Won Y H, Cho O, Kim T, et al. Highly efficient and stable InP/ZnSe/ZnS quantum dot light-emitting diodes. Nature, 2019, 575(7784): 634-638.

[21] Zhang H, Ma X, Lin Q, et al. High-brightness blue InP quantum dot-based electroluminescent devices: The role of shell thickness. Journal of Physical Chemistry Letters, 2020, 11(3): 960-967.

[22] Mic′Ic′ O I, Sprague J R, Curtis C J, et al. Synthesis and characterization of GaP, InP, and GaInP$_2$ quantum dots. Journal of Physical Chemistry, 1995, 99(19): 7754-7759.

[23] Wolters R H, Arnold C C, Heath J R. Synthesis of size-selected, surface-passivated InP nanocrystals. Journal of Physical Chemistry, 1996, 100(17): 7212-7219.

[24] Mic′Ic′ O I, Cheong H M, H. Fu A Z, et al. Size-dependent spectroscopy of InP quantum dots. Journal of Physical Chemistry, 1997, 101(25): 4904-4912.

[25] Adam S, Talapin D V, Borchert H, et al. The effect of nanocrystal surface structure on the luminescence properties: Photoemission study of HF-etched InP nanocrystals. Journal of Physical Chemistry, 2005, 123(8): 084706.

[26] Euidock Ryu S K, Eunjoo Jang, Shinae Jun, Hyosook Jang, Byungki Kim, and Sang-Wook Kim. Step-wise synthesis of InP/ZnS core-shell quantum dots and the role of zinc acetate. Chemistry of Materials, 2009, 21(4): 2621-2623.

[27] Lim K, Jang H S, Woo K. Synthesis of blue emitting InP/ZnS quantum dots through control of competition between etching and growth. Nanotechnology, 2012, 23(48): 485609.

[28] Cao F, Wang S, Wang F, et al. A layer-by-Layer growth strategy for large-size InP/ZnSe/ZnS core-shell quantum dots enabling high-efficiency light-emitting diodes. Chemistry of Materials, 2018, 30(21): 8002-8007.

[29] Li Y, Hou X, Dai X, et al. Stoichiometry-controlled InP-based quantum dots: Synthesis, photoluminescence, and electroluminescence. Journal of the American Chemical Society, 2019, 141(16): 6448-6452.

[30] Yang X, Zhao D, Leck K S, et al. Full visible range covering InP/ZnS nanocrystals with high photometric performance and their application to white quantum dot light-emitting diodes. Advanced Materials, 2012, 24(30): 4180-4185.

[31] Jo J H, Kim J H, Lee K H, et al. High-efficiency red electroluminescent device based on multi-

shelled InP quantum dots. Optics Letters，2016，41(17)：3984-3987.

[32] Kim J H，Han C Y，Lee K H，et al. Performance improvement of quantum dot-Light-emitting diodes enabled by an alloyed ZnMgO nanoparticle electron transport layer. Chemistry of Materials，2014，27(1)：197-204.

[33] Wang Y H. Nanometer-sized semiconductor clusters：Materials synthesis，quantum size effects，and photophysical properties. Journal of Physical Chemistry，1991，95(2)：525-532.

[34] Shen W，Tang H，Yang X，et al. Synthesis of highly fluorescent InP/ZnS small-core/thick-shell tetrahedral-shaped quantum dots for blue light-emitting diodes. Journal of Materials Chemistry C，2017，5(32)：8243-8249.

[35] Kim S，Kim T，Kang M，et al. Highly luminescent InP/GaP/ZnS nanocrystals and their application to white light-emitting diodes. Journal of the American Chemical Society，2012，134(8)：3804-3809.

[36] Liu Y，Tang Y，Ning Y，et al. "One-pot" synthesis and shape control of ZnSe semiconductor nanocrystals in liquid paraffin. Journal of Materials Chemistry，2010，20(21)：4451-4458.

[37] Nakamura H，Kato W，Uehara M，et al. Tunable photoluminescence wavelength of chalcopyrite CuInS$_2$-based semiconductor nanocrystals synthesized in a colloidal system. Chemistry of Materials，2006，18(14)：3330-3335.

[38] Castro S L，Bailey S G，Raffaelle R P，et al. Synthesis and characterization of colloidal CuInS$_2$ nanoparticles from a molecular single-source precursor. Journal of Physical Chemistry，2004，108(33)：12429-12435.

[39] Koo B，Patel R N，Korgel B A. Synthesis of CuInSe$_2$ nanocrystals with trigonal pyramidal shape. Journal of the American Chemical Society，2009，131(9)：3134-3135.

[40] Tang J，Hinds S，Kelley S O，et al. Synthesis of colloidal CuGaSe$_2$，CuInSe$_2$，and Cu(InGa)Se$_2$ nanoparticles. Chemistry of Materials，2008，20(22)：6906-6910.

[41] Zhang A，Dong C，Li L，et al. Non-blinking (Zn)CuInS/ZnS quantum dots prepared by in situ interfacial alloying approach. Scientific Reports，2015，5：15227.

[42] Yao D，Liu H，Liu Y，et al. Phosphine-free synthesis of Ag-In-Se alloy nanocrystals with visible emissions. Nanoscale，2015，7(44)：18570-18578.

[43] Jiao M，Huang X，Ma L，et al. Biocompatible off-stoichiometric copper indium sulfide quantum dots with tunable near-infrared emission via aqueous based synthesis. Chemical Communications，2019，55(100)：15053-15056.

[44] Castro S L，Bailey S G，Raffaelle R P，et al. Nanocrystalline chalcopyrite materials (CuInS$_2$ and CuInSe$_2$) via low-temperature pyrolysis of molecular single-source precursors. Chemistry of Materials，2003，15(16)：3142-3147.

[45] Lu Q，Hu J，Tang K，et al. Synthesis of nanocrystalline CuMS$_2$(M＝In or Ga) through a sol-

vothermal process. Inorganic Chemistry, 2000, 39(7): 1606-1607.

[46] Shin S J, Koo J J, Lee J K, et al. Unique luminescence of hexagonal dominant colloidal copper indium sulphide quantum dots in dispersed solutions. Scientific Reports, 2019, 9(1): 20144.

[47] Tan Z, Zhang Y, Xie C, et al. Near-band-edge electroluminescence from heavy-metal-free colloidal quantum dots. Advanced Materials, 2011, 23(31): 3553-3558.

[48] Chen B, Zhong H, Zhang W, et al. Highly emissive and color-tunable $CuInS_2$-based colloidal semiconductor nanocrystals: Off-stoichiometry effects and improved electroluminescence performance. Advanced Functional Materials, 2012, 22(10): 2081-2088.

[49] Kim J H, Lee K H, Jo D Y, et al. Cu-In-Ga-S quantum dot composition-dependent device performance of electrically driven light-emitting diodes. Applied Physics Letters, 2014, 105 (13): 133104.

[50] Kim J H, Yang H. High-efficiency Cu-In-S quantum-dot-light-emitting device exceeding 7%. Chemistry of Materials, 2016, 28(17): 6329-6335.

[51] Liu Z, Guan Z, Li X, et al. Rational design and synthesis of highly luminescent multinary Cu-In-Zn-S semiconductor nanocrystals with tailored nanostructures. Advanced Optical Materials, 2020, 8(6): 1901555.

[52] Chen B, Zhong H, Wang M, et al. Integration of $CuInS_2$-based nanocrystals for high efficiency and high colour rendering white light-emitting diodes. Nanoscale, 2013, 5(8): 3514-3519.

[53] Chuang P H, Lin C C, Liu R S. Emission-tunable $CuInS_2$/ZnS quantum dots: Structure, optical properties, and application in white light-emitting diodes with high color rendering index. ACS Applied Materials & Interfaces, 2014, 6(17): 15379-15387.

[54] Kim J H, Kim B Y, Jang E P, et al. A near-ideal color rendering white solid-state lighting device copackaged with two color-separated Cu-X-S (X = Ga, In) quantum dot emitters. Journal of Materials Chemistry C, 2017, 5(27): 6755-6761.

[55] Song W S, Kim J H, Lee J H, et al. Synthesis of color-tunable Cu-In-Ga-S solid solution quantum dots with high quantum yields for application to white light-emitting diodes. Journal of Materials Chemistry, 2012, 22(41): 21901-21908.

[56] Song W S, Yang H. Solvothermal preparation of yellow-emitting $CuInS_2$/ZnS quantum dots and their application to white light-emitting diodes. Journal of Nanoscience and Nanotechnology, 2013, 13(9): 6459-6462.

[57] Kim B Y, Kim J H, Lee K H, et al. Synthesis of highly efficient azure-to-blue-emitting Zn-Cu-Ga-S quantum dots. Chemical Communications, 2017, 53(29): 4088-4091.

[58] Zang H, Li H, Makarov N S, et al. Thick-shell $CuInS_2$/ZnS quantum dots with suppressed "blinking" and narrow single-particle emission line widths. Nano Letters, 2017, 17(3): 1787-1795.

［59］Li J，Jin H，Wang K，et al. High luminance of CuInS₂ -based yellow quantum dot light-emitting diodes fabricated by all-solution processing. RSC Advances，2016，6(76)：72462-72470.

［60］Ji B，Koley S，Slobodkin I，et al. ZnSe/ZnS Core/Shell quantum dots with superior optical properties through thermodynamic shell growth. Nano Letters，2020，20(4)：2387-2395.

［61］Wu Z，Liu P，Zhang W，et al. Development of InP quantum dot-based light-emitting diodes. ACS Energy Letters，2020，5(4)：1095-1106.

［62］Li D，Kristal B，Wang Y，et al. Enhanced efficiency of InP-based red quantum dot light-emitting diodes. ACS Applied Materials & Interfaces，2019，11(37)：34067-34075.

［63］Chen F，Liu Z，Guan Z，et al. Chloride-passivated Mg-doped ZnO nanoparticles for improving performance of cadmium-free, quantum-dot light-emitting diodes. ACS Photonics，2018，5(9)：3704-3711.

［64］Wepfer S，Frohleiks J，Hong A R，et al. Solution-processed CuInS₂ -based white QD-LEDs with mixed active layer architecture. ACS Applied Materials & Interfaces，2017，9(12)：11224-11230.

［65］Lin K，Xing J，Quan L N，et al. Perovskite light-emitting diodes with external quantum efficiency exceeding 20 percent. Nature，2018，562(7726)：245-248.

［66］Cao Y，Wang N，Tian H，et al. Perovskite light-emitting diodes based on spontaneously formed submicrometre-scale structures. Nature，2018，562(7726)：249-253.

第九章　交流电驱动的量子点发光二极管

QLED 具有荧光半高宽窄、荧光量子产率高、发射波长可调、稳定性高等优点。研究人员也一直在追求具有更高的发光效率、亮度和寿命的 QLED,以满足商业化应用的条件。根据不同的驱动方式,QLED 可以分为两种类型,即直流电(DC)驱动和交流电(AC)驱动。传统的 QLED 通常由直流电驱动,近几十年来,直流电驱动的 QLED 取得了很大进展。世界各国的科学家们致力于研究使用直流电驱动的 QLED 开发下一代全彩显示和固态照明。

但一些研究人员发现,QLED 的直流电驱动模式在原则上限制了它们的实际应用和性能。这种原理上的差异导致了交流电驱动的 QLED 具有一些独特优势。因此,交流电驱动的电致发光设备受到了广泛的关注。

9.1　直流电和交流电驱动 QLED 的发光原理

将直流电源加载到 QLED 的两个电极上时,器件被激发并发光,我们称这种设备为直流电驱动的 QLED,其器件结构如图 9.1 所示。正向偏压作用下,电子和空穴分别从阴极和阳极注入电子传输层和空穴传输层。

QLED 的原理一般被理解为光激发、电荷注入、能量转移和电离,如图 9.2 所示。在光激发理论中,通过吸收高能光子在量子点中形成激子。在电荷注入理论中,电子和空穴被注入电子传输层中,然后进入量子点层形成激子,激子重新结合并释放光子。在能量转移理论中,激子首先在发光层中的聚合物、有机小分子或无机半导体材料中形成,然后能量通过偶极子-偶极子之间的一种无辐射耦合形式传输到量子点。而电离机制认为一个大的电场可以使电子从一个量子点电离到另一个量子点,从而产生空穴。当这些电离事件发生在整个量子点薄膜中,产生的电子和空穴可以在同一量子点上相遇形成激子。

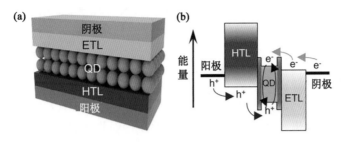

图 9.1　(a) 直流电驱动的 QLED 的代表性器件结构;(b) 典型 QLED 的能级图[1]

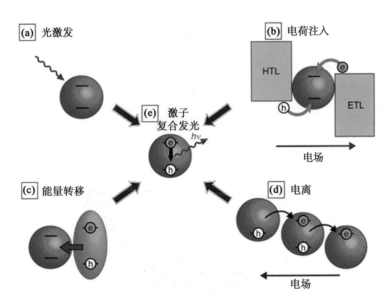

图 9.2　QLED 中使用的量子点有四种产生激子的途径:(a) 光激发:通过吸收高能光子在量子点中形成激子;(b) 电荷注入:相邻的电子传输层将电荷载流子直接注入量子点;(c) 能量转移:激子通过荧光共振能量转移从附近的供体分子转移到量子点;(d) 电离:大电场将电子从一个量子点电离到另一个量子点,从而产生空穴;(e) 激子形成后,激子复合发光[2]

　　直流电驱动的电致发光器件的工作原理通常被理解为电荷注入、能量转移,或者二者同时存在。而交流电驱动的电致发光器件一般用电离机制来解释。

　　根据器件结构和发光原理的不同,交流电驱动的电致发光器件可细分为以下几个种类。

9.1.1　场致交流电 QLED

场致交流电 QLED 是一种同时产生载流子和电场的非 p-n 结型器件,它以一种新的方式激发量子点的电致发光。这种设备的典型结构如图 9.3 所示。量子点发光层夹在两个介电层之间,两个电极在装置的顶部和底部。当电压加载到器件上时,电极没有向量子点发光层注入载流子,但可以观察到电致发光的产生。这一现象可以解释为当施加于量子点上的电压能量超过量子点的带隙时,量子点在电场中电离并产生自由电子。电离电子从一个量子点的价带转移到相邻量子点的导带,使量子点层产生空间分离的电子-空穴对。电子-空穴对重组发光(图 9.4)或向发光杂质(如 Mn^{2+})传输能量,激发杂质发光。在器件的两个电极上施加脉冲电压或正弦电压可以使器件发光。

当施加一个脉冲电压或正弦电压时,电离的电子和空穴将分别在电场下移动到量子点和介电层的界面。电子和空穴的这种分布形成了内部电场,减弱了外部电场的作用。当外部电场减弱或消失后,内部电场驱动电子和空穴向量子点层中心移动,然后重新复合发光。因此,虽然外部电场强度需要达到 5 mV/cm 才能激发自由载流子,但由于内部电场的形成,场致交流电 QLED 也可以在较低的电场下发光(约 1 mV/cm[3])。

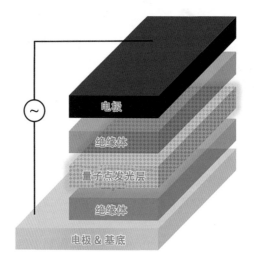

图 9.3　典型的场致交流电 QLED 的结构示意图

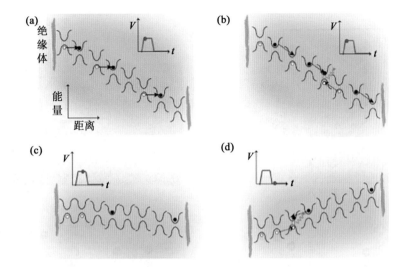

图 9.4　典型的场致交流电 QLED 的发光机制：(a) 在存在足够高的施加外部电场的情况下，电子可以从一个量子点的价带转移到相邻量子点的导带；(b) 电场中产生的电子和空穴可能会经历电场辅助传输到相邻量子点的激发态，在此期间，电子和空穴会形成激子并以非辐射或辐射方式复合；(c) 分布在量子点膜内的电子和空穴引起内部电场，屏蔽了施加的外部电场，并持续地重新分配电荷，使复合和发光在整个施加的脉冲中持续存在；(d) 如果施加的外部电场被移除(或减弱)，剩余的电荷就会产生一个与之前施加的外部电场方向相反的内部电场，从而导致电子和空穴相互移动，并在发光响应中产生一个发光峰

9.1.2　半场致半注入交流电 QLED

与场致交流电 QLED 不同，半场致半注入交流电 QLED 只有一个介电层，设置在发光层的下面或上面。这种器件的典型结构如图 9.5(a)所示，一种类型的载流子可以直接从外部电极注入，而另一种类型的载流子在器件内部产生。在正向驱动循环中，可以注入一种载流子，然后与内部产生的载流子结合形成激子，激子复合发光。结合后注入的载流子聚集在介电层表面。而当负向驱动循环时，积聚的载流子可以从外部电极释放并返回到原始状态，如图 9.5(c)(d)所示[4]。

在交流电激发的第一个半周期(充电过程)中，可以直接从 Al 电极注入电子，但是由于电介质绝缘，不可能从 ITO 侧注入空穴。因此，这时需要在器件内部产生空穴。这是通过 MoO_3/TFB 空穴产生层实现的。由于 MoO_3 具有低导带，并且与 TFB 的 HOMO 能级匹配良好，因此 TFB 的 HOMO 中的电子可以隧穿到 MoO_3 的导带中。然后，分别在 MoO_3 的导带和 TFB 的 HOMO 中产生电子和空穴，注入的

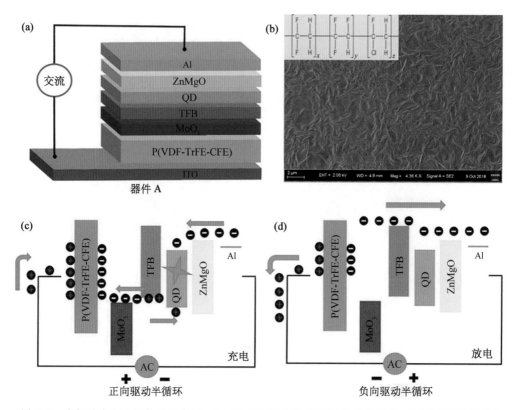

图 9.5 半场致半注入器件的示意图:(a) 交流电驱动的 QLED 的器件结构;(b) P(VDF-TrFE-CFE)的分子式和 SEM 图像;(c)(d) 交流电驱动的 QLED 的充电与放电工作过程

电子可以与产生的空穴复合,在此期间可以观察到发光。重组后,多余的电子在电介质表面积聚,同时,等量的正电荷迅速积聚在电介质层的另一侧,以保持电荷中性。充电过程完成后,无法再从 Al 电极注入电子,并且设备处于开路状态。在下一个半周期中施加反向电压时,累积的空穴和电子会放电,使设备恢复到其原始的未充电状态,并准备在下一个半周期中再次进行充电。

与场致交流电 QLED 相比,这种非对称交流电 QLED 可以允许一种载流子注入发光层中,从而增加了这种载流子的数量,增加了载流子结合的概率,显示出更高的亮度。然而,提高这种半场致半注入交流电 QLED 的电荷浓度平衡是实现低驱动电压、高亮度和高功率效率的关键和挑战。

9.1.3 交流/直流电双驱动模式 QLED

另一种类型的交流电驱动 QLED 的结构类似于传统的直流电驱动 QLED,采用一种宽带隙半导体(最常用的是 ZnO)作为电子传输层和保护层,将脆弱的量子点层与暴露在空气环境中的量子点层隔离开来。这种结构中的宽带隙半导体也可以看作是上节所述半场致半注入交流电 QLED 中的高介电常数介电层和空穴产生层的理想替代。图 9.6(a)(b)为该器件的典型结构及其能带排列,利用正向偏压可以将空穴从 p-Si 注入 CsPbBr$_3$ 量子点,从而突破价带的能带势垒。同时电子可以通过 ZnO 层注入,然后与 CsPbBr$_3$ 量子点中的空穴重新结合。

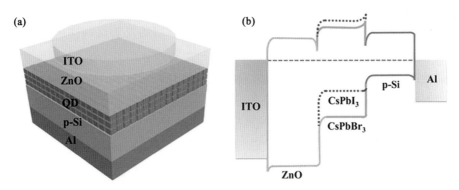

图 9.6　(a) 交流/直流电双驱动模式 QLED 的典型结构;(b) 交流/直流电双驱动模式 QLED 的能带图

虽然这种类型的器件在使用交流电驱动时只在正向偏压下产生发光,但在该系统中,交流电驱动方式比直流驱动方式具有更高的电致发光强度和更好的稳定性。交流电驱动方式下器件性能的改善有两个原因:一是在高电流密度下可以抑制热量的产生,因为与直流模式相比,该装置的运行时间更短;另一个原因是所施加偏压的频繁逆转减少了缺陷态的电荷积累,束缚电荷可以在每个周期内提取,从而减少缺陷的产生,也有助于提高设备的耐久性。

9.2　交流电驱动的 QLED 的优化策略

由于原理上的差异,交流电驱动的 QLED 比直流电驱动的 QLED 有以下优势:

① 在直流电驱动条件下,电极与活性材料界面会发生电荷积聚。电荷的积累会屏蔽外加电场,减少有效注入。然而,由于所施加偏压的频繁逆转,累积电荷的平均数量减少,这可能在高电流密度下减少三线态激子的湮灭。因此,该装置可以更有效地抵抗更高的电压。

② 在直流电驱动条件下,活性材料与电极之间可能发生电化学反应。而交流电驱动的 QLED 中较厚的介电层可以将器件与外界的湿气和氧气隔离,且可以有效地阻止这种电化学反应。从而提高了器件的使用寿命和稳定性。

③ 直流电驱动 QLED 连接 110/220 V、50/60 Hz 民用交流电源时,需要复杂的后端电子设备,如电源转换器、整流器等,因此损耗是不可避免的。然而交流电驱动的 QLED 可以很容易地集成到交流电线,没有任何电力损失。

④ 在直流载流子注入时必须考虑能级匹配问题。然而,场致交流电 QLED 避免了这样的麻烦。可以根据需要,将不同化学成分和能级的发光材料掺杂到同一器件上,使发光峰可以从可见光区调制到近红外区。

如前所述,根据原理交流电驱动的 QLED 可以分为三种不同的类型,因此优化其性能的策略也不同。

9.2.1 场致交流电 QLED 的优化

场致交流电 QLED 虽然可以消除传统直流电驱动的 QLED 在能级匹配方面的设计问题,开创了一种全新的 QLED 结构,但这类器件仍需要进一步优化。由于场致交流电 QLED 的结构相对简单,并且可以使用与直流电驱动的 QLED 相同的发光层,所以一些针对直流电驱动的 QLED 的优化策略也可以应用于场致交流电 QLED 中。要实现高效的场致交流电 QLED,需要考虑两个主要因素。第一,必须控制发光层中载流子的分布以增加光强。第二,绝缘层的介电常数必须高,才能降低电离所需的电场强度,降低驱动电压,提高击穿电压。介电层和发光层是场致交流电 QLED 的两个重要部分,因此提高其性能主要有以下两种方法:

1. 介电层优化

为了提高器件的性能,包括亮度和效率,重要的是提高发光层位置的场强,而不是提高整个器件的场强。当对器件施加交流偏压时,介质会发生极化,所施加的偏压可以根据每一层的电容在器件之间进行划分。所有电容元件的电容(在顶部和底部电极之间的所有层)构成了该装置的总电容。在施加的电压足够高之前,该设备不会发光,这个临界点被称为光发射的交流偏压阈值。当施加的偏压小于交流偏压阈值时,发光层之间的电压降不足以使量子点电离,不能观察到发光现象。当施加的偏压超过交流偏压阈值时,量子点在高电场中电离形成激子,导致光发射。

利用具有高介电常数的材料作为介电层,可以使外部场集中在发光层上,降低交流偏压阈值。

场致交流电 QLED 的电离在发光层内部产生局域载流子,消除了电荷注入或远程载流子传输的需要。可见,量子点层也可以是不连续的,甚至可以将量子点与介电材料混合制成场致交流电 QLED,如透明聚合物薄膜中的量子点矩阵。

Wood 等人证明了由嵌入绝缘聚合物中的量子点簇组成的发光层也同样可以用在电激发发射装置中,而不仅限于胶体量子点的光激发应用,以利用量子点分散时获得的更高的薄膜荧光量子产率[3]。量子点配体、绝缘聚合物基体和量子点浓度将决定量子点-聚合物薄膜中所得量子点簇的大小和空间分隔。增加活性层中量子点的质量分数对应于增加量子点-聚合物共混物中的簇尺寸,并降低共混膜的荧光量子产率。这个结果是可以预期的,因为较大的量子点簇更有可能包含缺陷态的量子点,这些量子点可以淬灭任何相邻量子点上的发光。

然而,尽管该膜在低量子点浓度下具有很高的荧光量子产率(70%±5%),但在此条件下无法观察到明显的电致发光。这可能是由于量子点的电离过程至少需要相互靠近的多个量子点,只有满足这一条件时电子才可以从一个量子点中提取出来并被转移到相邻的量子点中。因此,只有在较大的量子点簇中,才可以发生更多的电离过程。在具有纯量子点薄膜的器件中比在具有量子点簇的器件中积累的电荷更多。这些对绝缘体内部的量子点簇的初步观察证实,量子点薄膜中电场驱动的发光是高度局部化的过程,不需要在量子点薄膜中进行长距离传输。

为了进一步验证这一推断,研究人员试图利用共蒸发法制备的掺杂剂/宽禁带基质体系的发光有机分子薄膜构建类似的 LED 结构,如图 9.7(a)所示[3]。特定的量子点配体和绝缘聚合物基体的选择以及量子点的占比将决定量子点-聚合物薄膜中所得量子点簇的大小和空间分布。具有较大量子点簇的薄膜表现出较低的荧光量子产率,因为较大的量子点簇更可能包含有缺陷态的量子点,这些缺陷态可以淬灭任何相邻量子点的发光。研究人员选择了含三(2-苯基吡啶)合铱[Ir(ppy)$_3$]分子的薄膜,并将分子嵌入宽带隙有机基体双(三苯基甲硅烷基)苯(UGH2)中。对于含有 25%、50%、75% 和 100% 三(2-苯基吡啶)合铱(按质量计)的薄膜,增加活性层中三(2-苯基吡啶)合铱的质量分数对应于增加量子点-聚合物共混物中簇的尺寸,并降低共混膜的荧光量子产率,如图 9.7(b)的左图所示。为了便于直接比较含不同质量分数量子点的薄膜的电致发光响应[图 9.7(b)的右图],选择合适的量子点-聚合物薄膜厚度,使每个器件具有大致相同的量子点总数,并且通过施加不同的电场强度使两个器件中量子点之间的场强大致相同。由于分子聚集,有机分子薄膜的荧光量子产率随着三(2-苯基吡啶)合铱含量的增加而降低,而归一化电致发光强度随着三(2-苯基吡啶)合铱含量的增加而增加,因为较大的簇提供了更多的相邻分子,电离电子可以隧穿,这再次与量子点-聚合物结构的测量结果一致。

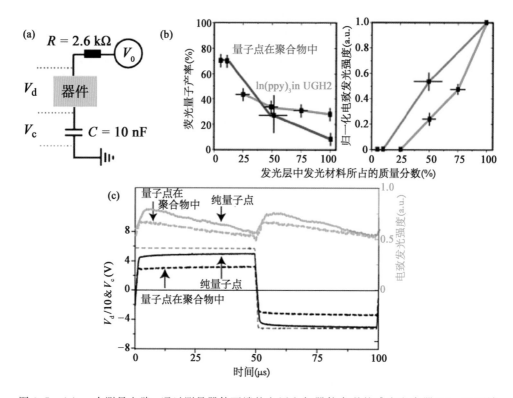

图 9.7 (a) 一个测量电路：通过测量器件两端的电压和与器件串联的感应电容器(10 nF)两端的电压来研究器件发光层中存在的电荷，电阻(2.6 kΩ)用于在突然的脉冲电压期间最大程度地减少对器件电极的损坏；(b) 荧光量子产率和归一化电致发光强度随发光层中发光材料比例变化的图：两种不同的半导体纳米级系统，即嵌入绝缘聚合物基体中的量子点(红色线)和嵌入带隙较宽的有机分子基体中的有机小分子(绿线)，显示出相同的趋势，即随着发射体质量分数的增加，荧光量子产率呈下降趋势，而电致发光强度呈上升趋势(这与量子点或发光分子簇尺寸的增加有关)；(c) 两种不同器件的时间分辨数据图：一种具有仅由量子点组成的发光层(实线)，另一种具有量子点-聚合物共混活性层(虚线)；选择施加电压，以使在量子点和量子点-聚合物层上均上下降约 3.3×10^5 kV/m 的电场强度

[图(c)中仅量子点器件的应用波形以灰色虚线显示，电致发光强度以橙色显示，感测电容器两端的电压以黑色显示]

单个量子点晶粒位置的场强随基体介电常数的变化可通过式(9.1)近似解析为：

$$E_Q = E_{matrix}\left[\frac{3\varepsilon_1}{2\varepsilon_1 + \varepsilon_2 - \phi(\varepsilon_2 - \varepsilon_1)}\right] \tag{9.1}$$

式中，量子点被近似为相对介电常数为 ε_2 的规则球形颗粒，周围包裹着介电常数为 ε_1 的电介质矩阵。$E_{matrix} = U/d$ 为矩阵(介电膜中的量子点矩阵)上的平均电场，而 ϕ

为量子点的体积分数。

由式(9.1)可知,无论是层状介质-量子点系统还是矩阵介质-量子点系统,我们都需要一种介电常数较高的介电材料来降低场致交流电 QLED 的交流偏压阈值,提高其性能。这一结论已被许多研究证实。Wood 等人已经证明使用 SiO_2 作为绝缘层的器件的交流偏压阈值大于使用 Al_2O_3 作为绝缘层的器件的交流偏压阈值,这是由于 SiO_2 的介电常数(ε 约为 3.9)小于 Al_2O_3(ε 约为 9)[3]。场致交流电 QLED 中常用的介电材料有 Al_2O_3[3,5]、SiO_2[3]、HfO_2[5]、TaO_x[6]等。

此外,有报告表明,通过在器件上增加电子阻挡层,可以在通过量子点层的电流密度减小的情况下获得电致发光所需的电场,并且随电压变化量子点膜上的荧光几乎没有淬灭[6,7]。

2. 发光层优化

交流电驱动的 QLED 与传统直流电驱动的 QLED 具有相似的量子点发光层,因此优化策略也相似。

Kobayashi 等人使用了一种低温制备无机交流电驱动的 QLED 的方法,其中以 CdSe/ZnS 量子点层作为发光层,由一种新的离子束沉积工艺形成[8]。采用一种离子束直接沉积技术,即液相分散量子点离子束沉积技术,在 ZnS 缓冲层上形成了大约 50 nm 厚的量子点发光层。该技术的一个重要特征是在相对较低的温度下由预先合成的量子点形成无表面活性剂的多晶薄膜,保持了显著的发光性能。他们选择了场致交流电驱动的 QLED 结构,以实现与原溶液光致发光精确匹配的电致发光特性、光子能量和线宽。与由单个离子(如锰离子)组成的典型发光中心相比,在量子点中电子的波函数的几何尺寸较大,因此在这种结构中,高电场加速电子,预计会有较大的碰撞截面。

Omata 等人也做了类似的工作[6]。他们使用与 Kobayashi 等人相同的溶液法制造了无机多层薄膜 QLED,使用胶体 ZnO 量子点作为发光层实现了 3.30 eV 的紫外波段的电致发光。电致发光光谱与 ZnO 量子点溶液的光致发光光谱相同,可以用量子限制的电子-空穴对复合来解释这样的电致发光现象。在 ZnO 量子点层两侧的薄 MgO 层是获得紫外电致发光发射的关键,而没有 MgO 层时只出现与缺陷有关的可见发射。这是由于 MgO 层可以帮助实现表面钝化并形成量子阱结构。Omata 等人还开发了一系列低毒、无镉的胶体三方黄铜矿 I-III-VI$_2$ 量子点和使用溶液法降低量子点膜中残留有机物的量子点激活场致交流电 QLED[9]。

9.2.2 半场致半注入交流电 QLED 的优化

Xia 等人引入 P(VDF-TrFE-CFE)作为一种半场致半注入式交流电 QLED 的介电层,因为其介电常数比常用的聚合物电介质[如聚乙烯苯酚(PVP)]和 SiO_2、Al_2O_3 等一些无机氧化物电介质的介电常数更高[4]。器件结构如图 9.5(a)所示。在前面的介绍中提到选择具有高介电常数的介电材料的重要性,对于半场致半注入交流电 QLED 中的介电材料,其原理是相似的。他们之所以选择 P(VDF-TrFE-CFE)作为介电层,是因为 P(VDF-TrFE-CFE)可以通过溶液法制备,因此可以实现全溶液法制备的交流电驱动电致发光器件。他们证明了器件的亮度受介电层厚度的影响很大,因为介电层厚度影响了器件整体的电容,从而决定了器件的电荷存储量。

$$C = \frac{\varepsilon_0 s}{4\pi k d} \tag{9.2}$$

式中,ε_0 是真空介电常数;s、k 和 d 分别代表表面积、相对介电常数和介电层厚度。由式(9.2)可知,介电层越薄,电容就越大,也就是说可以积累更多的电荷,从而可以注入更多的电子,产生更多的激子。但是,如果介电层太薄,由于薄介电层的绝缘能力差,可能会注入直流电流,导致器件在高压下被击穿。他们通过比较具有不同厚度 P(VDF-TrFE-CFE)的器件的亮度-频率特性,发现 P(VDF-TrFE-CFE)的最佳厚度为 680 nm。进一步增加 P(VDF-TrFE-CFE)的厚度会导致电容减小,从而减少存储的电荷量并最终降低器件的亮度。

1. 空穴产生层优化

正如我们在 10.2 节中提到,由于这类器件的原理,为了实现低驱动电压、高亮度和高功率效率,增强电荷浓度的平衡是至关重要和具有挑战性的。因此,空穴产生层产生空穴的能力是影响器件性能的另一个关键因素。

Xia 等人选择 MoO_3/TFB 空穴产生层来在器件内部生成空穴[4]。由于 MoO_3 导带与 TFB 的 HOMO 能级的完美匹配,TFB 的 HOMO 中的电子可以转移到 MoO_3 的导带,从而导致 TFB 中空穴的产生。然后,注入的电子可以与产生的空穴复合产生激子,进而产生荧光。由于无法有效地产生空穴,没有 MoO_3 的器件显示出非常低的亮度。具有 9 nm 厚度的 MoO_3 的器件表现出最佳性能。当以频率为 250 kHz 的 60 V 方脉冲电压驱动时,器件具有 65000 cd/m² 的最大亮度。当进一步增加 MoO_3 的厚度时,器件性能降低。这可能是因为空穴生成能力已饱和,随着 MoO_3 层的增加,空穴产生层中生成的空穴数量将不再增加。或在这种情况下注入的电子数量不能赶上空穴产生层中产生的空穴数量,并且厚的 MoO_3 层的绝缘性能成为影响器件性能的主要因素。

2. 串联结构

由于半场致半注入交流电 QLED 的独特原理，通过串联连接一个正置和一个倒置的半场致半注入交流电 QLED 可以产生两个发光区域，从而提高性能[4]。具有串联结构的半场致半注入交流电 QLED 可以在正半驱动周期和负半驱动周期均产生发光。在正半驱动周期中，正置的 QLED 激子重组发光，此时倒置的 QLED 放电。在即将到来的负半驱动周期中，两个器件的工作过程进行交换，即倒置的 QLED 在正置的 QLED 放电时发光，因此确保了在整个驱动周期中都发生了发光。这相当于利用放电电流来发光。由于发光时间占比的增加，串联装置的效率比常规装置提高了 30%。

9.2.3　交流/直流电双驱动模式 QLED 的优化

目前关于该类型器件优化的报道还比较少，但该类型的器件已经实现了比较低的启亮电压和功耗，且在交流电驱动模式下可以实现较好的工作稳定性。未来通过优化器件结构，例如量子点的钝化、膜厚度的控制以及空穴传输层的引入，可以期待实现亮度和发光效率的进一步提高。

参 考 文 献

［1］ Choi M K, Yang J, Hyeon T, et al. Flexible quantum dot light-emitting diodes for next-generation displays. npj Flexible Electronics, 2018, 2(1): 10.

［2］ Supran G J, Shirasaki Y, Song K W, et al. QLEDs for displays and solid-state lighting. MRS Bulletin, 2013, 38(9): 703-711.

［3］ Wood V, Panzer M J, Bozyigit D, et al. Electroluminescence from nanoscale materials via field-driven ionization. Nano Letters, 2011, 11(7): 2927-2932.

［4］ Xia F, Sun X W, Chen S. Alternating-current driven quantum-dot light-emitting diodes with high brightness. Nanoscale, 2019, 11(12): 5231-5239.

［5］ Wood V, Halpert J E, Panzer M J, et al. Alternating current driven electroluminescence from ZnSe/ZnS:Mn/ZnS nanocrystals. Nano Letters, 2009, 9(6): 2367-2371.

［6］ Omata T, Tani Y, Kobayashi S, et al. Ultraviolet electroluminescence from colloidal ZnO quantum dots in an all-inorganic multilayer light-emitting device. Applied Physics Letters, 2012, 100(6): 061104.

［7］Wood V，Panzer M J，Caruge J M，et al. Air-stable operation of transparent，colloidal quantum dot based LEDs with a unipolar device architecture. Nano Letters，2010，10(1)：24-29.

［8］Kobayashi S，Tani Y，Kawazoe H. Quantum dot activated all-inorganic electroluminescent device fabricated using solution-synthesized CdSe/ZnS nanocrystals. Japanese Journal of Applied Physics，2007，46(40)：966-969.

［9］Omata T，Tani Y，Kobayashi S，et al. Quantum dot phosphors and their application to inorganic electroluminescence device. Thin Solid Films，2012，520(10)：3829-3834.

第十章 量子点发光二极管的稳定性研究和衰减机理

10.1 引 言

众所周知,量子点材料具有较高的荧光量子产率、高色纯度、连续可调的发射光谱、可控的粒径尺寸、较好的光化学稳定性和热稳定性、可溶液处理等优异性能。自1994 年 QLED 问世以来,就引起了人们的广泛研究[1−3]。通常,在液晶显示器中使用的传统白光 LED 背光源是采用黄色荧光粉作为下转换器,按照全国电视系统委员会(NTSC)标准计算,它只能显示覆盖 70% 的色域,然而量子点材料具有更宽的色域和良好的色纯度,因而被视为下一代全彩显示和固态照明领域最具潜力的材料[1−6]。

在 QLED 发展初期,很少人对它在显示器方面的应用寄予特别的希望,主要原因是早期的 QLED 表现出极低的外量子效率(低于 1%)且最大亮度仅为 100 cd/m²,这远低于由 C. W. Tang 制备的 OLED 的性能。随着 2000 年以后 OLED 技术逐渐成熟,QLED 的研究也从 OLED 的结构优化和工作机理中得到了相当丰富的经验。此后,QLED 技术迅速发展,效率不断提高,性能不断完善[7,8]。目前,QLED 的红光、绿光、蓝光的外量子效率均可达到 20% 以上,这基本满足了 QLED 在发光效率方面的要求。同时,QLED 完全可以通过低成本高效的方式实现大规模生产,是用于大屏显示非常理想的选择,但对其进行大规模产业化生产面临的挑战之一是 QLED 的稳定性仍然不高[9,10]。红光和绿光 QLED 的寿命可以超过 10000 h,最大 T_{50} 为 190000 h,然而蓝光 QLED 的 T_{50} 仅为 47.4 h。据文献报道,OLED 的最大 T_{50} 可以达到 1000000 h(初始亮度为 1000 cd/m²),相比之下,不难发现 QLED 所面临的器件稳定性问题依然非常的严峻。

10.2　影响 QLED 稳定性的因素

为了深入理解 QLED 的稳定性,我们首先得明白它的器件结构与工作机理。通常 QLED 结构中包括 ITO 阴极、电子注入层、电子传输层、量子点发光层、空穴传输层、空穴注入层、金属阳极[11]。图 10.1(a)为 QLED 的结构示意图,器件在外加偏压下电子从阴极注入,经过电子传输层到达量子点发光层,同时空穴从阳极注入,经过空穴传输层到达量子点发光层与电子复合发光,具体如图 10.1(b)所示。图 10.2 为 QLED 各个功能层常用的材料汇总,根据器件的实际结构选择相应的功能层材料方能提高器件效率和稳定性。因此,要研究影响 QLED 稳定性的因素,必须深入研究各个功能层对器件的影响,下面将从以下几个方面来阐述影响 QLED 稳定性的因素。

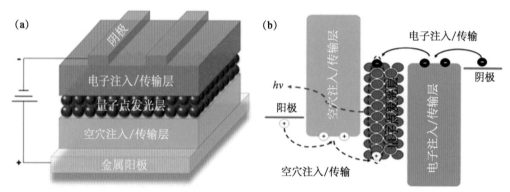

图 10.1　(a) QLED 的结构;(b) QLED 的工作机制

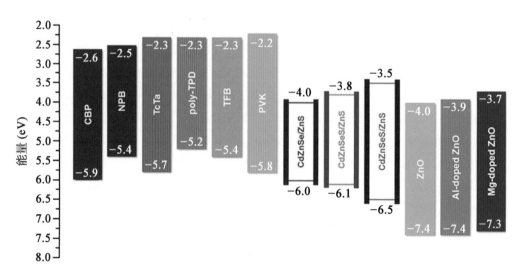

图 10.2　QLED 功能层的常用材料

10.2.1　量子点发光层

由于量子点材料的发光色纯度高、发射波长可调,荧光量子产率高和内在稳定性优秀,所以量子点非常适合作为高亮度 LED 的发光层。然而,在量子点合成的早期,只有核心的 CdSe 量子点具有较宽的发射范围、较低的荧光量子产率和较差的光学性能。经过后期对量子点材料的不断研究,发现可以在 CdSe 核量子点上外延生长CdS、ZnS 和 ZnSe 等宽带隙壳量子点,从而器件性能得到了很大的改善。无机壳层能有效钝化核量子点表面悬键引起的表面缺陷,从而显著提高量子点的荧光量子产率和稳定性。为了更加深入地了解核壳结构对量子点材料性能的影响,Lim 等人研究了光致发光和电致发光性能与壳体厚度的关系。他们发现 $CdSe/Zn_{1-x}Cd_xS$ 量子点随着壳层厚度的增加,量子点材料的寿命得到了改善,薄膜的外量子效率也有逐渐提高的趋势,这说明随着壳层厚度的增加,量子点点间共振能量传递引起的能量损失可以得到明显的抑制[12]。

除了壳层修饰策略外,配体工程是克服这一难题的另一途径。通过将不稳定配体替换为强结合配体,如硫醇或油酸盐,即使经过反复的提纯,量子点也可以保持初始状态。如图 10.3 所示,采用无膦前驱体注入法,在石蜡和油酸介质中制备了无保护气氛的高亮度 CdSe/CdS/ZnS 核壳量子点。将聚合物(如 PEG、PVA、PVP 和PAA)包覆在 CdSe/CdS/ZnS 核壳量子点上以提高稳定性。并且,核壳结构量子点可以通过抑制缺陷和荧光发射过程中的非辐射复合来提高荧光量子产率[13]。

10.2.2　空穴传输层

QLED 中空穴传输层的电荷迁移率比电子传输层的低,因此,载流子堆积以及激子复合通常发生在量子点和空穴传输层界面。过多的载流子会在这一界面堆积形成空间电荷,使激子淬灭,导致器件性能发生衰减。目前主要的方法是在 QLED 中的量子点和空穴传输层之间插入一层超薄的 1,3,5-三(1-苯基-$1H$-苯并咪唑-2-基)苯(TPBi)界面层,将载流子堆积的界面与激子形成区分开,这样可以很大程度地抑制激子的淬灭,提高了器件的性能[14]。

2015 年,Peng 等人采用 ZnO 电子传输层、CdSe/ZnS 量子点发光层、N,N'-二(萘-1-基)-N,N'-二(苯基)联苯胺(NPB)空穴传输层以及 HATCN 空穴注入层制备了反型结构的 QLED。在该器件中,同样存在电子注入比空穴注入容易从而导致器件性能衰减的问题[15]。于是,他们在 CdSe/ZnS 量子点和 NPB 空穴传输层之间嵌入了一层 TCTA 作为界面层来调控电荷平衡。虽然 TCTA 和 NPB 具有相近的

LUMO 能级,但是 TCTA 的电子迁移率远低于 NPB 的,这有效抑制了过多的电子隧穿经过 NPB 直接到达阳极,有利于将电子限制在量子点发光层。另外,由于 TCTA 的 HOMO 能级恰好介于 CdSe/ZnS 量子点和 NPB 的 HOMO 之间,因而形成了一个阶梯势垒,有效促进了空穴的注入。基于这两方面的原因,与原来的器件相比,经 TCTA 界面层修饰后,QLED 的外量子效率提高了 2.7 倍,发光强度提高了 2 倍,如图 10.4 所示。目前,我们对于空穴注入层和空穴传输层界面设计与 QLED 工作稳定性之间关系的基本认识是有限的。Dai 等人的研究证明在红光 QLED 的制备中,器件界面漏电子会诱导聚芴(空穴注入层)发生原位电化学还原反应,从而产生缺陷态并恶化电荷输运性质[16]。他们通过利用氧等离子体 PEDOT：PSS 空穴注入层使空穴注入层与空穴传输层界面具有更好的注入性能。这种简单的方法可以在量子点层中产生更有效的激子,并减轻漏电子引起的空穴传输层退化,从而使红光 QLED 具有更好的工作性能,即在 $1000 \sim 10000 \ \mathrm{cd/m^2}$ 的亮度下,也表现出高的外量子效率($>20.0\%$),并且在 $1000 \ \mathrm{cd/m^2}$ 亮度下,T_{95} 工作寿命为 4200 h。

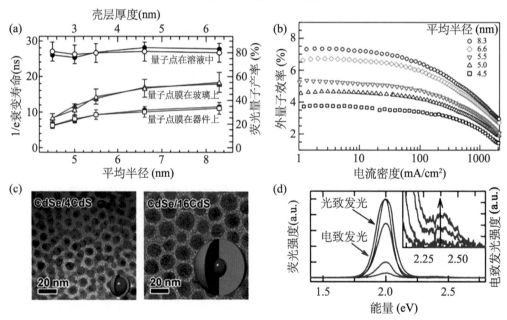

图 10.3 (a) 不同壳层厚度的 $CdSe/Zn_{1-x}Cd_xS$ 量子点在不同状态下的荧光衰变寿命(实心标记)和荧光量子产率(空心标记);(b) 基于量子点总半径不同的 QLED 的外量子效率;(c) CdSe 核分别与 4 层和 16 层厚度的 CdS 壳层形成的核壳结构量子点的透射电镜图像;(d) 量子点发光层的荧光光谱及驱动电压升高时 QLED 的电致发光光谱(插图为高能部分的电致发光光谱局部放大图)

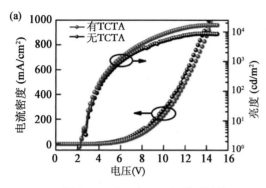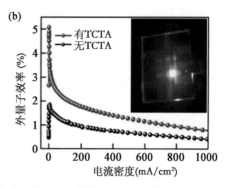

图 10.4　有、无 TCTA 界面层的 QLED 的电流密度-电压曲线、亮度-电压曲线及外量子效率-电流密度曲线

10.2.3　电子传输层

电子传输层负责将从阴极注入的电子传输到发光层中,如何减少电子在传输过程中的损失,提高器件的发光性能成为目前不得不考虑的问题。Lim 等人用 ZnO 作为电子传输层,InP/ZnSeS 量子点作为发光层,TCTA 作为空穴传输层,MoO_3 作为空穴注入层制备了 QLED。在该结构中,电子从 ZnO 注入 InP/ZnSeS 量子点的势垒(约为 0.5 eV)要高于空穴从 TCTA 注入量子点的势垒(约为 0.2 eV),导致电荷注入的不平衡[17]。一方面,高的电子注入势垒会增加器件的启亮电压;另一方面,不平衡的电荷注入会引起激子的非辐射复合。为解决上述问题,他们在 ZnO 电子传输层和 InP/ZnSeS 量子点层之间嵌入了一层铌铁酸铅(PFN)界面层,并对其厚度进行了优化。研究发现,PFN 的嵌入会在 ZnO 电子传输层和 InP/ZnSeS 量子点层的界面间形成一层偶极层,使得真空能级向下移动,从而降低电子注入的势垒高度。然而,随着PFN 厚度的增加,电子隧穿的势垒变宽,使得电子由 ZnO 层隧穿进入 InP/ZnSeS 量子点层变得困难。经过优化,他们发现用 0.5 mg/mL 的 PFN 溶液制备的 QLED 性能最好,此时的启亮电压最低(2.2 eV),发光强度最高(3900 cd/m^2),外量子效率也最高(3.46%)。

Lee 等人探索了具有高品质光致发光特性的无镉蓝光量子点的合成和高效QLED 的制备,如图 10.5 所示[18]。他们制备了荧光发射峰为 445 nm 的 ZnSeTe 多壳量子点,其荧光量子产率高达 84%,荧光半高宽为 27 nm。为了获得更好的电子传输层材料,通过与 Mg 反应对 ZnMgO 纳米晶体的表面进行了修饰,从而在修饰后的ZnMgO 纳米晶体表面形成 $Mg(OH)_2$ 层。$Mg(OH)_2$ 修饰层的存在,是电子迁移率降低的原因，可能是量子点发光层电荷平衡改善的原因。进一步研究发现，Mg(OH)$_2$ 层可以缓解量子点发光层的荧光发射淬灭。通过将蓝光 ZnSeTe 量子点和修饰后的 ZnMgO 电子传输层材料相结合，得到了亮度为 2904 cd/m^2、外量子效率为 9.5% 的高亮度、高效率的蓝光 QLED。

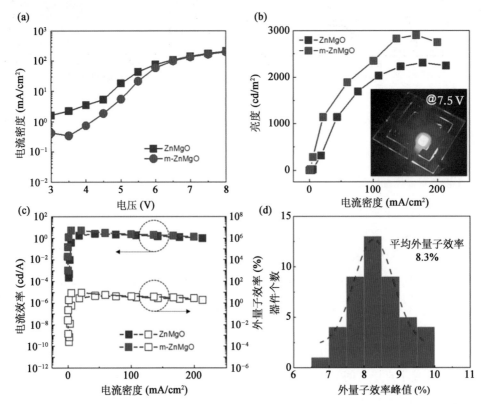

图 10.5 (a) 电流密度随外加电压的变化；(b)(c) 亮度(插图为 7.5 V 下采集的电致发光图像)、电流效率、外量子效率随基于原始 ZnMgO 纳米晶体电子传输层和修饰后的 ZnMgO 纳米晶体电子传输层的 QLED 的电流密度的变化；(d) 从 45 个器件中获得的基于修饰后的 ZnMgO 纳米晶体电子传输层的蓝光 QLED 的外量子效率峰值直方图

10.2.4 其他功能层

除了上面所述的这三种调控外，还有阴极界面调控和阳极界面调控。在阴极界面调控中，由于电子的注入势垒主要取决于阴极材料的费米能级与电子传输层材料的 LUMO 能级之差，一般来说，能级差越大，电子注入势垒越高，注入效率也就越低，如图 10.6(a) 所示。为了促进 QLED 中电子的注入，在阴极和电子传输层之间嵌入

一层界面层是比较常见的界面调控方法。同样对于阳极界面而言,虽然 ITO 的功函数对应能量较高(约 4.7 eV),但是当它作为阳极材料时,其功函数对应能量较大多数空穴传输层材料的 HOMO 能级能量低,因此空穴注入通常存在界面势垒,如图 10.6(b)所示,其中 $\Delta\Phi$ 为 ITO 功函数对应能量与空穴传输层的 HOMO 能级能量之间的差值。为了削弱空穴注入势垒,促进空穴的注入和传输,研究人员提出了许多可行的 ITO 阳极界面调控方法。其中,应用最广泛的是臭氧等离子体处理和引入PEDOT：PSS 界面层。臭氧等离子体处理一方面可以去除 ITO 表面残留的有机物,改善其润湿性能,从而有利于成膜;另一方面可以提高 ITO 的功函数,从而降低空穴注入势垒。由于 PEDOT：PSS 能级介于 ITO 和空穴传输层材料的 HOMO 能级之间,恰好能形成一个阶梯势垒,因而可以提高空穴注入效率。

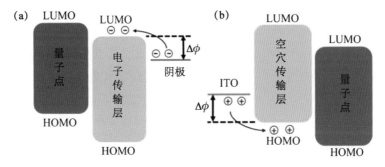

图 10.6 　(a) 电子注入势垒图;(b) 空穴注入势垒图

10.3　QLED 效率衰减机理

到目前为止,已经有很多有前途的研究集中在 QLED 性能的改善,特别是它的器件效率。众所周知,外量子效率是衡量 QLED 效率的最重要的参数,它由以下方程确定

$$外量子效率 = \gamma \times \eta_{rad} \times \eta_{out}$$

其中,γ 是用于形成激子的注入电荷的百分比;η_{rad} 是通过辐射跃迁重新结合的激子的比率;η_{out} 是向外辐射的效率,它决定了产生的光子中有多少能从器件中逸出。因而通过选择合适的能带水平和高迁移率的功能层,可以实现均匀的电荷注入,即注入发光层的电子数与空穴数相等,外量子效率就会提高。在参数 η_{rad} 方面,人们通过调整量子点的组成和结构来提高。从器件的角度来看,抑制激子因过量电荷、界面缺陷或相邻电子传输层而淬灭可以有效地提高 η_{rad}。对于向外辐射的效率 η_{out} 而言,可以

选择光透过率更好的材料来减少器件内部材料对光的吸收,或者也可以使用一些透明电极来制备全透明器件[19]。

器件在高电流密度状态下,外量子效率趋于下降,这种现象称之为效率滚降。通常,效率滚降用来衡量发光器件的稳定性。在高电流密度下,效率滚降幅度越小,说明该器件的稳定性越好。效率滚降也可以用临界电流密度来进行量化表征,临界电流密度表示器件的外量子效率从最大值下降到其一半时的电流密度,其临界电流密度相对变化越小,器件的效率滚降效应也相应越小[20]。

影响 QLED 在高电流密度下的效率滚降的因素已经开始受到关注。对于大多数类型的 LED 来说,效率滚降是一个不得不考虑的问题,虽然它的起源仍然存在一些争议,但是目前普遍认为辐射复合与陷阱介导的非辐射衰变和俄歇复合机制之间的竞争是导致在高电流密度下器件发生效率滚降的重要影响因素,并且后者经常起决定性作用[21—23]。俄歇复合是指在半导体中,电子与空穴复合时,把能量或者动量,通过碰撞转移给另一个电子或者另一个空穴,造成该电子或者空穴跃迁的复合过程,这是一种非辐射复合,是碰撞电离的逆过程。俄歇复合导致电荷载流子通过器件而没有形成有效的电子-空穴对,因而发生发光淬灭现象降低了器件的发光效率。Zou 等人为了研究俄歇复合对效率滚降的影响,通过采用多量子阱结构调整二维/三维钙钛矿中量子阱的宽度来抑制俄歇复合,结果表明钙钛矿量子点中多量子阱结构可以有效地减少效率滚降过程。一些报告表明,在较高的电流密度(约为 100 mA/cm^2)下,外量子效率会发生非常明显的滚降,在电流密度为 10~30 mA/cm^2 的情况下,外量子效率的峰值反而是更高,表明在这些器件中,存在一个显著的陷阱介导的非辐射衰变与辐射复合之间的竞争,低电流密度下的高外量子效率与高电流密度下的低效率滚降相结合的器件目前尚未实现[4]。

器件内部焦耳加热和电荷不平衡也常常被认为是影响器件效率滚降的因素之一。Kim 等人通过使用脉冲驱动来研究 QLED 的效率滚降,发现其可以承受高达 150 A/cm^2 电流密度,并且没有任何俄歇复合的迹象。在此条件下,他们把观察到的效率滚降归咎为焦耳加热和不平衡的电荷注入装置。焦耳加热增加了器件的局部温度,从而提高了激子的离解率,且可能影响有机层的电荷传输性质和平衡载流子注入[24]。对于在不平衡充注条件下工作的器件,多余的载流子可能会漏出,从而减少其外量子效率。对于一些量子点薄膜材料,在高电流密度下材料的降解和薄膜形态的破坏将在效率滚降过程中起到关键作用[25—28]。

10.4　总结与展望

虽然器件稳定性是制约其走向大规模产业化的关键影响因素,但是对于 QLED 的研究与应用从来没有停止,每过一段时间就会有新的机制被提出来解决其稳定性问题。未来对于提高 QLED 性能的机理研究应从这些方面着手,例如有效促进 QLED 中载流子的注入平衡,抑制发光层中激子的淬灭,减少器件的非辐射复合,从而显著提高器件的发光亮度、发光效率和稳定性。

尽管 QLED 在显示器领域存在许多挑战和竞争对手,但因其具有广泛的应用与卓越的性能,仍有十分广阔的发展前景,将来必定能够成为 OLED 和 PeLED 的有力竞争对手,我们期待着 QLED 显示屏在不久的将来成功商业化,并且在生活中大规模运用。

参 考 文 献

[1] Chang Y, Li K, Feng Y L, et al. Crystallographic facet-dependent stress responses by polyhedral lead sulfide nanocrystals and the potential "safe-by-design" approach. Nano Research, 2016, 9(12): 3812-3827.

[2] Liu S H, Liu X Y, Han M Y. Controlled modulation of surface coating and surface charging on quantum dots with negatively charged gelatin for substantial enhancement and reversible switching in photoluminescence. Advanced Functional Materials, 2016, 26(48): 8991-8998.

[3] Li X, Hu B, Zhang M, et al. Continuous and controllable liquid transfer guided by a fibrous liquid bridge: Toward high-performance QLEDs. Advanced Materials, 2019, 31 (51): e1904610.

[4] Zou Y, Ban M, Yang Y, et al. Boosting perovskite light-emitting diode performance via tailoring interfacial contact. ACS Applied Materials & Interfaces, 2018, 10(28): 24320-24326.

[5] Makarov N S, Lin Q L, Pietryga J M, et al. Auger up-conversion of low-intensity infrared light in engineered quantum dots. ACS Nano, 2016, 10(12): 10829-10841.

[6] Chiba T, Hayashi Y, Ebe H, et al. Anion-exchange red perovskite quantum dots with ammonium iodine salts for highly efficient light-emitting devices. Nature Photonics, 2018, 12(11): 681-687.

[7] Jiang X B, Li B, Qu X L, et al. Thermal sensing with CdTe/CdS/ZnS quantum dots in human umbilical vein endothelial cells. Journal of Materials Chemistry B, 2017, 5(45): 8983-8990.

[8] Xie Y Y, Geng C, Liu X Y, et al. Synthesis of highly stable quantum-dot silicone nanocomposites via in situ zinc-terminated polysiloxane passivation. Nanoscale, 2017, 9(43): 16836-16842.

[9] Balan A D, Olshansky J H, Horowitz Y, et al. Unsaturated ligands seed an order to disorder transition in mixed ligand shells of CdSe/CdS quantum dots. ACS Nano, 2019, 13(12): 13784-13796.

[10] Singh S, Samanta P, Srivastava R, et al. Ligand displacement induced morphologies in block copolymer/quantum dot hybrids and formation of core-shell hybrid nanoobjects. Physical Chemistry Chemical Physics, 2017, 19(40): 27651-27663.

[11] Cho Y J, Lee J Y. Low driving voltage, high quantum efficiency, high power efficiency, and little efficiency roll-off in red, green, and deep-blue phosphorescent organic light-emitting diodes using a high-triplet-energy hole transport material. Advanced Materials, 2011, 23 (39): 4568-4572.

[12] Lim M H, Jeung I C, Jeong J, et al. Graphene oxide induces apoptotic cell death in endothelial cells by activating autophagy via calcium-dependent phosphorylation of c-Jun N-terminal kinases. Acta Biomaterialia, 2016, 46: 191-203.

[13] Yan F, Xing J, Xing G, et al. Highly efficient visible colloidal lead-halide perovskite nanocrystal light-emitting diodes. Nano Letters, 2018, 18(5): 3157-3164.

[14] Yang D, Zou Y, Li P, et al. Large-scale synthesis of ultrathin cesium lead bromide perovskite nanoplates with precisely tunable dimensions and their application in blue light-emitting diodes. Nano Energy, 2018, 47: 235-242.

[15] Peng Y D, Yang A H, Xu Y, et al. Tunneling induced absorption with competing nonlinearities. Scientific Reports, 2016, 6: 38251.

[16] Dong Y, Chien L C, Lee S D, et al. Photoluminescent (PL) or electroluminescent (EL) quantum dots for display, lighting, and photomedicine (conference presentation). Advances in Display Technologies Ⅶ. International Society for Optics and Photonics, 2017, 10126: 1012605.

[17] Lin J, Hu D D, Zhang Q, et al. Improving photoluminescence emission efficiency of nanocluster-based materials by in situ doping synthetic strategy. Journal of Physical Chemistry C, 2016, 120(51): 29390-29396.

[18] Li G P, Wang H, Zhang T, et al. Solvent-polarity-engineered controllable synthesis of highly fluorescent cesium lead halide perovskite quantum dots and their use in white light-emitting diodes. Advanced Functional Materials, 2016, 26(46): 8478-8486.

[19] Wang H, Zhang X, Wu Q, et al. Trifluoroacetate induced small-grained CsPbBr$_3$ perovskite films result in efficient and stable light-emitting devices. Nature Communications, 2019, 10 (1): 665.

［20］Shi Z，Li Y，Zhang Y，et al. High-efficiency and air-stable perovskite quantum dots light-emitting diodes with an all-inorganic heterostructure. Nano Letters，2017，17(1)：313-321.

［21］Yuan F，Xi J，Dong H，et al. All-inorganic hetero-structured cesium tin halide perovskite light-emitting diodes with current density over 900 A/cm and its amplified spontaneous emission behaviors. Physica Status Solidi- Rapid Research Letters，2018，12(5)：1800090.

［22］Yuan S，Hao Y，Miao Y，et al. Enhanced light out-coupling efficiency and reduced efficiency roll-off in phosphorescent OLEDs with a spontaneously distributed embossed structure formed by a spin-coating method. RSC Advances，2017，7(69)：43987-43993.

［23］Yusoff A R B M，Gavim A E X，Macedo A G，et al. High-efficiency，solution-processable，multilayer triple cation perovskite light-emitting diodes with copper sulfide-gallium-tin oxide hole transport layer and aluminum-zinc oxide-doped cesium electron injection layer. Materials Today Chemistry，2018，10：104-111.

［24］Kim D，Lee T S. Photoswitchable emission color change in nanodots containing conjugated polymer and photochrome. ACS Applied Materials & Interfaces，2016，8(50)：34770-34776.

［25］Zhang X，Wang B，Zhong Q. Tuning PbS QD deposited onto TiO$_2$ nanotube arrays to improve photoelectrochemical performances. Journal of Colloid and Interface Science，2016，484：213-219.

［26］Zhao Z Y，Liu J Q，Li A W，et al. Strong coupling between J-aggregates and surface plasmon polaritons in gold nanodisks arrays. Acta Physica Sinica，2016，65(23)：231101.

［27］Zheng K，Lu M，Rutkowski B，et al. ZnO quantum dots modified bioactive glass nanoparticles with pH-sensitive release of Zn ions，fluorescence，antibacterial and osteogenic properties. Journal of Materials Chemistry B，2016，4(48)：7936-7949.

［28］Zheng K B，Zidek K，Abdellah M，et al. High excitation intensity opens a new trapping channel in organic-inorganic hybrid perovskite nanoparticles. ACS Energy Letters，2016，1(6)：1154-1161.

第十一章 量子点发光二极管中的电子/空穴注入与传输材料

11.1 引 言

胶体量子点近年来在开发高效和性能优异的显示技术方面得到了广泛关注。其中发展最迅速的器件是 QLED,因其在色彩饱和度、可溶液加工、稳定性以及窄荧光半高宽下的高显色指数方面的优越性已经吸引了众多研究和技术在该方向上展开。然而,采用先前的有机电子传输层材料制备的 QLED,其外量子效率的提升受到限制[1]。为突破这个瓶颈,多层 QLED 被用于进一步平衡载流子复合,优化电子传输层材料也因此显得尤为重要(图 11.1)。

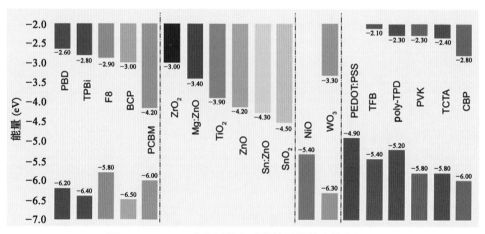

图 11.1 QLED 中常用的电子传输层材料及其能级图

11.2 电子传输层材料

11.2.1 金属氧化物电子传输层材料

通常来说,在 QLED 中用金属氧化物作为电子传输层材料是一种用于提升效率的普遍方法。常见的金属氧化物电子传输层材料有 ZnO、ZnMgO、TiO$_2$、SnO$_2$ 等。Zhao 等人着眼于使用 ZnO 作电子传输层材料来制备 QLED[2],也说明同时从发光层角度提升器件效率是有必要的。Qasim 等人报道了一种用热处理条件优化的 TiO$_2$ 薄膜电子传输层来制备 QLED[3]。为增加 QLED 的电子特性,通过改变热处理条件得到几种不同厚度的薄膜。由于电子传输层电子传导性的增加,得到热处理优化的器件在启亮电压和电压滚降方面均被降低。值得注意的是,较低的启亮电压和电压滚降使总的 QLED 的电效率提升了 81.5%。Caruge 等人使用溅射法制备无定形无机半导体材料,并将其作为稳定的电子传输层材料。该显示器件在 1950 cd/cm^2 的最大亮度下显示出优于 3.5 A/cm^2 的电流密度和接近 0.1% 的最高外量子效率,比之前报道过的器件的相关性能提升了 100 倍[4,5]。

11.2.2 电子传输层材料的修饰策略

1. 金属离子掺杂型电子传输层

ZnO 已经被广泛用作电子传输层材料,然而在器件中其不能大幅提升发光效率。为此,金属离子掺杂能够有效地调控 ZnO 的电子结构。受此启发,Cao 等人发现由固有的高功函数导致性能的降低,自发的电荷转移会发生在量子点/ZnO 界面处[6]。因此,他们通过 Ga 离子掺杂对 ZnO 纳米颗粒进行改良,使其在室温下实现能带结构的调控。同时他们还发现,由于用 ZnO 纳米颗粒充当电子传输层材料,CdSe/ZnO 量子点纳米颗粒及 ZnO 纳米颗粒界面间的转移可以被大幅削减,从而展现出高达 44000 cd/m^2 的发光亮度。当掺杂 8% 的 Ga 离子时,电流效率可高达 15 cd/A,是当时所报道的最高效的红光 QLED。

与此同时,为进一步促进电荷传输的平衡,Mg 离子掺杂的 Zn$_{0.95}$Mg$_{0.05}$O 作为电子传输层材料的想法被 Wang 等人提出来[7]。这种掺杂策略能够使导带最小值相比纯 ZnO 高 0.07 eV,因而能束缚过多的电子,可以抑制激子淬灭。另外,通过 Mg 离子掺杂 ZnO 可以有效减少氧空位的产生,Zn$_{0.95}$Mg$_{0.05}$O 的缺陷密度和电导率都得到降低也对抑制激子淬灭产生作用。该器件显示出 24.6 cd/A 的最大发光电流效率和

25.8 lm/W 的功率效率,相比未掺杂前分别增强了 19% 和 38%。这种策略可为实现高效白光 QLED 和其他光电器件的高效能发展奠定基础。

Al 离子掺杂的 ZnO 也被 Sun 等人用作电子传输层材料应用于绿光 QLED[8]。10% Al 离子掺杂的 ZnO 作为电子传输层材料时,器件显示出 59.7 cd/A 的最高电流效率和 14.1% 的外量子效率,是未掺杂器件的 1.8 倍,表明 Al 离子掺杂也是一个有效策略。

2. 金属盐掺杂型电子传输层

就 QLED 寿命提升而言,Lee 等人发现,对于红光 QLED,应用 Rb_2CO_3 在 Mg 掺杂的 ZnO 电子传输层材料中时,在效率滚降和工作寿命方面可以得到明显的提升[9]。结果显示,当 Rb_2CO_3 的掺杂浓度为 4%、厚度为 90 nm 时,器件的优化效果是最好的,可以在 100 cd/m² 的起始发光亮度下具有 14672 h 的长寿命(T_{90}),并且最大发光亮度可以达到 129100 cd/m²,在 60000 cd/m² 的发光亮度下最高电流效率也有 13.6 cd/A。这些性能的提升可以归结为 Rb_2CO_3 的存在形成一种强 n 型掺杂,通过不同薄膜的影响分析,还发现该方法使 Mg 掺杂的 ZnO 热稳定性得以增强。

11.2.3 电子传输层复合材料的设计

Zhang 等人通过将金属掺杂层和 ZnO 纳米颗粒层结合在一起得到优异的效率[10]。他们开发出一种由 ZnO 纳米颗粒和 Mg 掺杂 ZnO 纳米颗粒共同组成的电子传输层复合材料用于 QLED,可以将外量子效率提升至 13.5%。相比基于单一 ZnO 纳米颗粒和单一 Mg 掺杂 ZnO 纳米颗粒的电子传输层材料的 QLED,这个数值分别是它们的 1.29 倍和 1.33 倍。与此同时,还能在电压为 8.8 V 时将发光亮度增强至 22100 cd/m²。电子传输型器件进行电流-电压测量时发现,复合材料电子传输层能产生比 Mg 掺杂 ZnO 纳米颗粒层更高的电流。不仅如此,在同一启亮电压下,与未掺杂 ZnO 材料相比,应用复合材料电子传输层的器件显示出更低的泄漏电流密度。瞬态测量结果也显示,复合型电子传输层可以比传统未掺杂 ZnO 纳米颗粒层更有效地保证电荷传输平衡。

11.2.4 聚合物修饰电子传输层

为进一步增强电子传输特性,Yuan 等人致力于将聚乙氧基聚乙烯亚胺(PEIE)修饰传统 ZnO 纳米颗粒层作为电子传输层进行实际应用[11]。采用时间分辨光致发光法和瞬态电致发光法对器件提升进行调查,结果显示 PEIE 修饰 ZnO 纳米颗粒层可以限制电子注入量子点发光层并减少电子在 ZnO 与量子点界面处的堆积。这为抑制量子点传质过程从而增强器件效率提供了一个可行途径。结果表明，在基于 CuInS₂/ZnS 作为发光层的 QLED 中，PEIE 修饰层对其具有协同效应，从而可以在 650 nm 处的红光激发过程中，打破原有记录将电流效率提升至 2.75 cd/A。

11.2.5　有机-无机杂化电子传输层

在电子传输层的设计过程中，聚合物和金属组合实现有机-无机杂化同样具有一定价值。Alsharafi 等人注意到电子和空穴迁移率的巨大区别会导致界面处的激子淬灭和不平衡的电荷注入。他们的想法是用 Mg 和聚乙烯吡咯烷酮(PVP)组合后形成有机-无机杂化层再共同掺杂 ZnO 纳米颗粒形成电子传输层[12]。因此，通过调整 Mg 的掺杂浓度，ZnO 纳米颗粒的能带结构可以被调整，从而有效抑制量子点层与电子传输层界面处的自发电荷传输。而且表面激子淬灭位点和电子传输层的电子迁移率都可以通过 PVP 的掺杂加以调整。该方案使电流效率和外量子效率分别大幅提升至 16.16 cd/A 和 15.45%，相比传统未掺杂 ZnO 纳米颗粒得到 2.5 倍的提升。

11.2.6　双层堆叠型电子传输层材料

另一种解决 QLED 中载流子不平衡的途径是应用双层堆叠型电子传输层。其中一个例子是 Myeongjin 等人将两种金属氧化物 ZnO 和 SnO₂ 电子传输层进行堆叠得到双层堆叠的电子传输层，其中 SnO₂ 作为第二层电子传输层[13]。这种方法通过防止电子自发注入 ZnO 电子传输层来提升 QLED 中的电荷平衡，并使发光效率提升 1.6 倍。

11.3　空穴传输层材料

QLED 通常具有多层结构，其中电子注入层和空穴注入层之间的平衡是影响 QLED 效率和寿命的关键因素。然而，由于空穴和电子之间电荷注入和传输性能的差异，QLED 经常面临严重的电荷不平衡问题。目前常用的空穴传输层材料，例如，PEDOT：PSS、poly-TPD、TFB、PVK 等；小分子材料有 CBP、mCP、26DCzPPy、TCTA、TAPC、NPB 等；金属氧化物材料有 n 型的 MoOₓ、VOₓ、WO₃，p 型的 NiOₓ、CuO、Cu₂O 等。可根据正置和倒置 QLED 的结构设计灵活选择，以增强空穴注入。

PVK、TFB、poly-TPD 等都已成功应用于红光和绿光 QLED 中。然而,开发用于蓝光和深蓝光 QLED 的空穴传输层材料仍然非常困难且充满挑战。从能级匹配的角度来看,由于空穴传输层材料与量子点界面处的能量偏移较大,导致 QLED 中的载流子传输不平衡,很难将空穴注入蓝光量子点发光层中。除了开发新的空穴传输层材料外,对现有材料进行改良以改善空穴传输层性能也取得了一些进展。通常,提高空穴注入密度可以实现器件载流子平衡,有两种优化空穴传输层的策略,即掺杂和复合。掺杂策略是通过 p 型掺杂优化空穴传输层的空穴迁移率和 HOMO 能级或者价带最大值,而复合策略则是利用双层或多层空穴传输层形成阶梯能级,降低空穴注入势垒来提升空穴注入。通常用于掺杂和复合的材料包括有机小分子、高分子聚合物、金属氧化物等。此外,设计和合成新材料体系的相关研究也从未停止过。

11.3.1 掺杂

PEDOT：PSS 由于具有高透明度、高导电性、高功函数等优势而优于其他空穴注入层材料,从而被广泛应用于倒置结构全溶液加工 QLED 中。但是其缺点也显而易见,PEDOT：PSS 与量子点发光层间的界面缺陷会导致激子淬灭,影响器件寿命。另外,其酸性会腐蚀 ITO 基底,而吸湿性又会严重影响器件的稳定性。因此,需要将 PEDOT：PSS 进行物理化学改性和寻找其他有机空穴传输层材料来解决上述问题。对 PEDOT：PSS 进行修饰可减少界面激子淬灭。Wang 等人用甲醇处理 PEDOT：PSS 以降低与量子点发光层的接触势垒[14],将其用作绿光 QLED 的空穴传输层材料,启亮电压从 3.3 V 降低至 2.4 V,最大亮度由 201 cd/m² 提高至 1565 cd/m²。Wu 等人进一步比较了不同极性醇类处理的 PEDOT：PSS 对器件性能的影响[15]。研究发现,随着醇类极性的增大,PEDOT：PSS 膜的空穴迁移率提高,薄膜结晶性变好,相比使用乙醇和异丙醇处理,使用甲醇处理的结果获得了最高的电流效率和亮度。上述醇类处理的机理是使 PEDOT：PSS 中导电性差的含亲水基团的 PSS 被醇类溶解,从而使传输层的空穴迁移率提高。Lee 等人采用一种全新的掺杂策略,他们将一种商用含氟表面活性剂 Zonyl FS-300 加入 PEDOT：PSS,这种绝缘的表面活性剂能够降低空穴注入势垒和激子淬灭[16]。随着掺杂浓度的提升,HOMO 能级可以进一步降低。

Shi 等人报道了一种用于全无机 QLED 的空穴传输层的 p 型半导体 MgNiO[17]。这种宽禁带氧化物半导体可以通过镍镁元素配比调节禁带宽度,进而调控空穴注入性能。优化后的器件获得了亮度 3809 cd/m²、电流效率 2.25 cd/A 和外量子效率 2.39% 的优异性能。值得一提的是,该器件在没有封装的情况下实现了优异的空气稳定性,在 10 V 电压下连续工作超过 10 h 仍然保留 80% 的器件性能。无机氧化物作为空穴传输层材料的优点显而易见,但是由其中存在的金属空位产生的氧悬键可充当淬灭位点,因此需要额外钝化表面缺陷。

此外,还可以通过掺杂无机物克服 PEDOT:PSS 等有机空穴传输层材料的固有缺陷。Kim 等人用 MoO_3 掺杂的 PEDOT:PSS 作为空穴传输层,可以降低与发光层的接触势垒,提高空穴注入[18]。在掺杂质量分数为 0.3% 时,器件最大亮度为 9200 cd/m²。纳米材料特殊的表面物理性质也被用于改善空穴传输层性质和提升器件性能。Xu 等人证明,向 PEDOT:PSS 中掺杂 Au 纳米颗粒,利用其远场等离子体效应,优化发光层厚度使其与等离子体效应作用距离相近[19]。在蓝光 QLED 中实现了最大亮度 1110 cd/m²,最高外量子效率 1.64% 的优异性能。

图 11.2 展示了不同小分子掺杂剂的器件结构。Xu 等人使用 poly-TPD 的单体 TPD 作为掺杂剂掺入 PVK 溶液中,旋涂以获得复合空穴传输层材料。结果表明,与没有掺杂剂的器件相比,红光、绿光和蓝光器件的性能得到了改善[20]。CBP 被用于掺入 TFB 中以获得小分子-聚合物复合空穴传输层,实现高性能绿光器件,其最大亮度为 90152 cd/m²,远高于仅有 CBP 或仅有聚合物的器件的性能[21]。此外,通过向 TFB 基质中加入适量的 CBP,还可以优化空穴传输层表面的均匀性和耐湿性。TCTA 被用于掺入 TFB 中,获得的空穴传输层材料以制备蓝光 QLED,其外量子效率达到 10.7%,最大亮度为 34874 cd/m²。实验仿真表明,小分子掺杂策略可以改善器件中载流子的分布不平衡。电子和空穴的复合效率大大提高,从而使器件性能得到改善。由于电荷注入更加平衡,器件使用寿命也提高了约 3.5 倍[22]。可交联的小分子 CBP-V 也被作为掺杂剂添加到 TFB 中。与 CBP-V 混合的新型电子传输层材料降低了从电子传输层到量子点层的注入势垒,增强了空穴传输和复合效率,从而在空穴电流和电子电流之间实现了更好的平衡。更重要的是,可以通过交联反应来提高空穴传输层的热稳定性。CBP-V 的存在也抑制了激子淬灭[23]。Chae 等人比较了不同的小分子和聚合物空穴传输层材料对 QLED 性能的影响,并系统地研究了添加不同浓度的小分子材料作为掺杂剂对器件性能的影响。通过向 PVK 中添加具有高空穴迁移率的 TCTA 或 CBP,QLED 的电致发光性能得到了显著改善。添加质量分数为 20% 的 TCTA 后,QLED 的最大电流效率提高了 27%。TCTA 的添加有助于降低启亮电压,提高电流密度,提高亮度,在最佳的空穴传输层条件下,可实现最大亮度 40900 cd/m²,最高电流效率 14.0 cd/A,较窄荧光半高宽(<35 nm)的优异性能[24]。

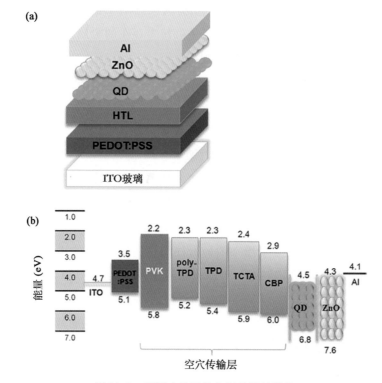

图 11.2　不同小分子掺杂剂的器件结构

无机金属氧化物具有深的价带能级（-5.5～-6.3 eV）、出色的耐湿性和空气稳定性等优点，因此也被广泛用于空穴传输层。通过进一步的修饰，有助于实现高效率的 QLED。Li 等人提出，通过掺杂氧化镍（NiO$_x$）和修饰表面的宽带隙氧化镁（MgO），实现了高亮度绿光 QLED[25]。同时使用这两种策略的发光器件可实现 10 V 工作电压下，6.08 cd/A 的电流效率和 40000 cd/m^2 的亮度。Chen 等人使用 11-巯基十一烷酸（MUA）修饰的 NiO 纳米颗粒作为空穴传输层材料[26]。MUA 的引入有助于减少 NiO 层的界面缺陷并抑制激子淬灭。此外，改性 NiO 的价带能级下降会促进空穴传输和电荷平衡，且表面工程提高了 NiO 膜的质量，从而减少了漏电流。所制备的全无机蓝光 QLED 的外量子效率达到 1.28%，使用寿命长达 6350 h。值得注意的是，用 MUA 修饰 NiO 后，器件的稳定性提高了 20 倍以上。Hong 等人通过采用有机-无机杂化策略，使用金属氧化物降低 PVK 的 HOMO 能级，构建 V$_2$O$_5$/PVK 异质结作为空穴传输层，并显著降低了量子点层与 PVK 层之间的注入势垒，如图 11.3 所示[27]。与标准的堆叠结构相比，使用该策略的倒置型 QLED 具有更好的电致发光性能，这是因为通过平滑的阶梯状空穴传导能级可以实现更加平衡的电荷载流子注入，并且在量子点层与 PVK 层异质结的界面处显著降低了最高 Δh。Jang 等人使用商品名为 Nafion 117 的全氟化单体（PFI），并向其中添加 Cu 掺杂的 NiO，以制成复合空穴传输层材料。PFI 的添加有效地促进了金属氧化物与聚合物之间的相分离，导致金属氧化物的能带弯曲，并且改善了空穴传输层与发光层之间的界面接触，所制备的绿光 QLED 的性能大大提高。具有 PFI 和 Cu-NiO 混合空穴传输层的绿光 QLED 的最大电流效率、功率效率和外量子效率分别为 7.3 cd/A，2.1 lm/W 和 2.14%，其外量子效率是不添加 PFI 和 Cu-NiO 器件的最高外量子效率的 4 倍[28]。

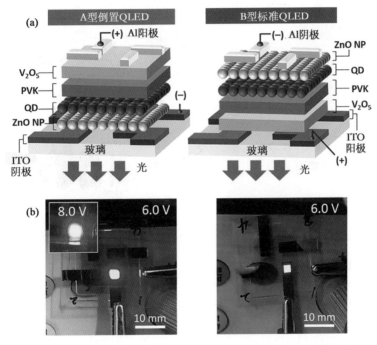

图 11.3　有机-无机杂化构建 V_2O_5/PVK 异质结作为空穴传输层

11.3.2　复合

Yang 等人基于 CBP/mCaP 构建了双层结构的空穴传输层。与基于单层空穴传输层的 QLED 相比，具有双层逐步优化的空穴传输层的 QLED 显示出明显增强的器件性能，HOMO 能级降低至 -6.27 eV，从而在绿光器件中实现了 12.6% 的外量子效率。因此这表明开发具有高 LUMO 能级的逐步空穴传输层材料是一种改善空穴传输/注入并促进器件中载流子平衡的非常有效的方法[29]。Wang 等人通过使用双层空穴传输层制备红光 QLED，该双层空穴传输层是通过在 poly-TPD 薄膜上热旋涂

PVK 层获得的,如图 11.4 所示[30]。通过热旋涂技术可以高质量地逐步制备空穴传输层,与基于单层空穴传输层的器件相比,该 QLED 的启亮电压下降,并且外量子效率大大提升至 15.3%。因此,可以证明,热旋涂是一种用于改善表面形貌和电荷平衡的有效技术。

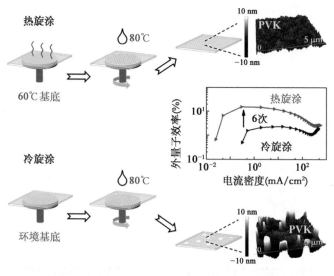

图 11.4　热旋涂技术示意图

11.3.3　新材料体系

Zhang 等人开发了一种聚合物空穴传输层材料 PIF-TPA,如图 11.5 所示,它使用烷基链取代的茚并芴与三苯胺共聚来增强分子间 π-π 相互作用,并获得优异的空穴迁移率[10^{-2} cm²/(V·s)][31]。因此,与 PF-TPA 相比,PIF-TPA 具有更高的电流效率、更低的启亮电压和更长的器件寿命。

Huang 等人开发了一种新型可交联小分子空穴传输材料 VB-FNPD[图 11.6(a)],用于 PEDOT:PSS 和发光层之间界面修饰和空穴传输,降低注入能垒的同时改善了量子点发光层薄膜的形貌,制备的绿光器件的最大电流效率为 0.90 cd/A[32]。Friend 课题组合成了一系列共轭聚电解质(CPEs)替代 PEDOT:PSS[图 11.6(b)],通过调节聚合物主链单体、烷基侧链长度和阳离子种类来调控电解质能级状态和电荷传输能力,有效实现了空穴注入和电子阻挡,优化后的器件的最高外量子效率达5.66%。

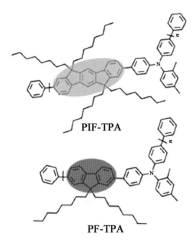

图 11.5　PIF-TPA 的分子结构图

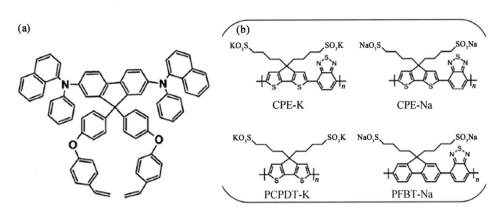

图 11.6　(a) VB-FNPD 的分子结构；(b) CPEs 类分子的结构

11.4　总结与展望

　　ZnO 纳米颗粒一直以来是被广泛使用的电子传输层材料,但在平衡电荷传输以提高 QLED 效率方面仍存在一定局限性。因而采用其他金属氧化物纳米颗粒来替代 ZnO 纳米颗粒,可以一定程度提升器件效率,同时还衍生出一系列修饰策略,比如金属离子掺杂、金属氧化物掺杂、金属盐掺杂等。此外,还有复合材料策略,设计有机聚合物和掺杂金属氧化物复合材料并应用于器件,不仅可以有效平衡电荷传输,还能减少激子淬灭,为未来高效的 QLED 的电子传输层的设计提供可能性。从长远来看,多层电子传输层的复合或将成为电子传输层的主流发展趋势,同时也可以将有机小分子考虑在内进一步提升载流子迁移率和注入特性。

　　尽管在有机小分子、聚合物和无机金属氧化物的空穴传输层材料的改性方面已经取得了一些进展,但是适用于蓝光 QLED 的深 HOMO/价带能级的空穴传输层材料仍然非常匮乏。新的空穴传输层材料在改善蓝光器件的性能方面起着关键作用,并有助于解决用于显示和照明的 QLED 的核心问题。

参 考 文 献

[1] Caruge J M, Halpert J E, Wood V, et al. Colloidal quantum-dot light-emitting diodes with metal-oxide charge transport layers. Nature Photonics, 2008, 2(4): 247-250.

[2] Zhao J, Zhang X Y, Zhang Y, et al. Quantum dot array LED research with ZnO as an electron transport layer. Applied Mechanics and Materials, 2013: 333-335, 1895-1898.

[3] Qasim K, Chen J, Zhou Y, et al. Enhanced electrical efficiency of quantum dot based LEDs with TiO_2 as the electron transport layer fabricated under the optimized annealing-time conditions. Journal of Nanoscience and Nanotechnology, 2012, 12(10): 7879-7884.

[4] Mueller A H, Petruska M A, Achermann M, et al. Multicolor light-emitting diodes based on semiconductor nanocrystals encapsulated in GaN charge injection layers. Nano Letters, 2005, 5(6): 1039-1044.

[5] Hikmet R A M, Talapin D V, Weller H. Study of conduction mechanism and electroluminescence in CdSe/ZnS quantum dot composites. Journal of Applied Physics, 2003, 93(6): 3509-3514.

[6] Cao S, Zheng J, Zhao J, et al. Enhancing the performance of quantum dot light-emitting diodes using room-temperature-processed Ga-doped ZnO nanoparticles as the electron transport layer. ACS Applied Materials & Interfaces, 2017, 9(18): 15605-15614.

[7] Wang L, Pan J, Qian J, et al. A highly efficient white quantum dot light-emitting diode employing magnesium doped zinc oxide as the electron transport layer based on bilayered quantum dot layers. Journal of Materials Chemistry C, 2018, 6(30): 8099-8104.

[8] Sun Y, Wang W, Zhang H, et al. High-performance quantum dot light-emitting diodes based on Al-doped ZnO nanoparticles electron transport layer. ACS Applied Materials & Interfaces, 2018, 10(22): 18902-18909.

[9] Lee Y, Kim H M, Kim J, et al. Remarkable lifetime improvement of quantum-dot light-emitting diodes by incorporating rubidium carbonate in metal-oxide electron transport layers. Journal of

Materials Chemistry C，2019，7(32)：10082-10091.

[10] Zhang Q，Gu X，Zhang Q，et al. ZnMgO：ZnO composite films for fast electron transport and high charge balance in quantum dot light-emitting diodes. Optical Materials Express，2018，8 (4)：909-918.

[11] Yuan Q，Guan X，Xue X，et al. Efficient $CuInS_2$/ZnS quantum dots light-emitting diodes in deep red region using PEIE modified ZnO electron transport layer. Physica Status Solidi-Rapid Research Letters，2019，13(5)：1800575.

[12] Alsharafi R，Zhu Y，Li F，et al. Boosting the performance of quantum dot light-emitting diodes with Mg and PVP Co-doped ZnO as electron transport layer. Organic Electronics，2019，75：105411.

[13] Park M，Roh J，Lim J，et al. Double metal oxide electron transport layers for colloidal quantum dot light-emitting diodes. Nanomaterials，2020，10(4)：726.

[14] Wang Z，Li Z，Zhou D，et al. Low turn-on voltage perovskite light-emitting diodes with methanol treated PEDOT：PSS as hole transport layer. Applied Physics Letters，2017，111 (23)：233304.

[15] Wu M，Zhao D，Wang Z，et al. High-luminance perovskite light-emitting diodes with high-polarity alcohol solvent treating PEDOT：PSS as hole transport layer. Nanoscale Research Letters，2018，13(1)：128.

[16] Lee S Y，Nam Y S，Yu J C，et al. Highly efficient flexible perovskite light-emitting diodes using the modified PEDOT：PSS hole transport layer and polymer-silver nanowire composite electrode. ACS Applied Materials & Interfaces，2019，11(42)：39274-39282.

[17] Shi Z，Li Y，Zhang Y，et al. High-efficiency and air-stable perovskite quantum dots light-emitting diodes with an all-inorganic heterostructure. Nano Letters，2017，17(1)：313-321.

[18] Kim D B，Yu J C，Nam Y S，et al. Improved performance of perovskite light-emitting diodes using a PEDOT：PSS and MoO_3 composite layer. Journal of Materials Chemistry C，2016，4 (35)：8161-8165.

[19] Xu T，Li W，Wu X，et al. High-performance blue perovskite light-emitting diodes based on the "far-field plasmonic effect" of gold nanoparticles. Journal of Materials Chemistry C，2020，8 (19)：6615-6622.

[20] Li J，Liang Z，Su Q，et al. Small molecule-modified hole transport layer targeting low turn-on-voltage，bright，and efficient full-color quantum dot light-emitting diodes. ACS Applied Materials & Interfaces，2018，10(4)：3865-3873.

[21] Zhao Y，Chen L，Wu J，et al. Composite hole transport layer consisting of high-mobility polymer and small molecule with deep-lying HOMO level for efficient quantum dot light-emitting diodes. IEEE Electron Device Letters，2020，41(1)：80-83.

[22] Wang F，Sun W，Liu P，et al. Achieving balanced charge injection of blue quantum dot light-emitting diodes through transport layer doping strategies. The Journal of Physical Chemistry Letters，2019，10(5)：960-965.

[23] Tang P，Xie L，Xiong X，et al. Realizing 22. 3% EQE and 7-fold lifetime enhancement in QLEDs via blending polymer TFB and cross-linkable small molecules for a solvent-resistant hole transport layer. ACS Applied Materials & Interfaces，2020，12(11)：13087-13095.

[24] Ho M D，Kim D，Kim N，et al. Polymer and small molecule mixture for organic hole transport layers in quantum dot light-emitting diodes. ACS Applied Materials & Interfaces，2013，5(23)：12369-12374.

[25] Jiang Y，Jiang L，Yan Yeung F S，et al. All-inorganic quantum-dot light-emitting diodes with reduced exciton quenching by a MgO decorated inorganic hole transport layer. ACS Applied Materials & Interfaces，2019，11(12)：11119-11124.

[26] Yoon S，Kim J，Kim K，et al. High-efficiency blue and white electroluminescent devices based on non-Cd I-Ⅲ-Ⅵ quantum dots. Nano Energy，2019，63：103869.

[27] Park Y R，Choi W K，Hong Y J. Hole barrier height reduction in inverted quantum-dot light-emitting diodes with vanadium(Ⅴ) oxide/poly(N-vinylcarbazole) hole transport layer. Applied Physics Letters，2018，113(4)：043301.

[28] Kim H M，Kim J，Jang J. Quantum-dot light-emitting diodes with a perfluorinated ionomer-doped copper-nickel oxide hole transporting layer. Nanoscale，2018，10(15)：7281-7290.

[29] Wang X，Shen P，Cao F，et al. Stepwise bi-layer hole-transport interlayers with deep highest occupied molecular orbital level for efficient green quantum dot light-emitting diodes. J IEEE Electron Device Letters，2019，40：1139-1142.

[30] Chen H，Ding K，Fan L，et al. All-solution-processed quantum dot light-emitting diodes based on double hole transport layers by hot spin-coating with highly efficient and low turn-on voltage. ACS Applied Materials & Interfaces，2018，10(34)：29076-29082.

[31] Gao P，Lan X，Sun J，et al. Enhancing performance of quantum-dot light-emitting diodes based on poly(indenofluorene-co-triphenylamine) copolymer as hole-transporting layer. Journal of Materials Science：Materials in Electronics，2020，31(3)：2551-2556.

[32] Huang C F，Keshtov M L，Chen F C. Cross-linkable hole-transport materials improve the device performance of perovskite light-emitting diodes. ACS Applied Materials & Interfaces，2016，8(40)：27006-27011.

第十二章 量子点产业化发展及专利布局

12.1 引 言

量子点是可溶液加工、具有量子尺寸效应的无机半导体纳米晶,其尺寸大小在
1～100 nm。量子点具有发射波长可调、色纯度高、发光稳定性好、荧光量子产率高、
寿命长等优异的发光特性而被广泛地应用在固体照明、显示、太阳能电池、生物-医学
标记、光催化等领域,拥有极大的发展潜力和市场价值。现阶段,量子点材料的主要
应用场景是显示领域,主要有量子点光致发光和量子点电致发光两个技术发展路线。
量子点光致发光显示产品(量子点背光源,QD-LCD)已经走入消费者市场,终端年销
售额在 1000 亿元左右,而自 2014 年起量子点电致发光(AM-QLED)技术发展迅速,
被认为是下一代显示技术的有力竞争者。目前,量子点材料和量子点显示技术处于
中、韩、美三强竞争的格局,而且我国在 AM-QLED 显示技术上已经积累了一定的先
发优势,重点发展 AM-QLED 显示技术是我国实现显示产业"换道超车"的一个机遇。
鉴于新型显示产业的市场经济规模和重要性、上下游相关产业发展和升级的牵引作
用,量子点显示技术对我国正在追求产业转型和升级具有重大的战略意义。

为进一步巩固和提高我国在量子点显示领域的技术实力和优势,三星、京东方、
华星光电等领头的国内外企业及科研机构纷纷进行量子点在显示领域的专利布局。
这些专利所覆盖的范围十分广泛,包括胶体量子点的合成方法、表面修饰以及量子点
发光器件设计和制备的创新方法。本章通过免费开源的专利检索、分析网站 www.
lens. org 和国家知识产权局网站 http://pss-system. cnipa. gov. cn/来检索数据库中
的相关专利,分析当前量子点产业化的发展趋势以及专利布局情况,以供政府相关政
策制定者、企业和科研人员参考。

12.2　量子点产业化发展及专利布局

图 12.1 展示的是量子点材料及器件相关领域在 1970—2019 年的全球专利申请数量。从全球专利申请数量来看,该领域的发展大致经过了三个阶段:1970—2000年,该领域经历了早期缓慢的发展和技术沉淀,每年的全球专利申请数量不足 250个;2000—2015 年,全球专利申请数量开始快速增长,每年的全球专利申请数量平均比上一年多 250 个左右,这表明量子点领域越来越受到关注;而在 2015—2019 年期间,全球专利申请数量开始急速攀升,大概每年比上一年多 1000 个专利左右,说明量子点的产业化发展在快速进行,这与下游的显示面板巨头三星、京东方、华星光电等企业押宝量子点显示产业以及投入大量的研发经费和研究人员积极推进量子点显示产业化密切相关。浙江大学化学系教授、纳晶科技股份有限公司(以下简称"纳晶科技")董事长彭笑刚认为,量子点有可能是人类有史以来发现的最优秀的发光材料。量子点可以做到 100% 的色域,还原我们所能感知的所有颜色。而色域的提高,不仅仅是颜色变多,画面的质感、立体感也有巨大的提升,量子点显示技术有着天然的优势[1]。

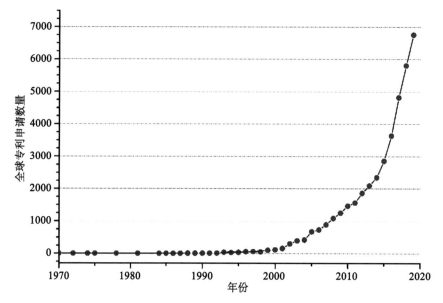

图 12.1　量子点材料及器件相关领域在全球的专利申请数量

在显示领域,量子点显示技术有四个发展方向:QD-LCD、QD-OLED、AM-QLED 和量子点增强的 Micro LED。其中,QD-LCD 是应用量子点光致发光技术结合传统液晶显示技术,被称为量子点背光源技术,也被称为第一代量子点显示技术。这条技术路线已经大规模用于液晶电视产业。据统计,2017 年和 2018 年三星所有高

端彩电全部采用 QD-LCD 产品[2]。在国内,纳晶科技目前主导着市场上的 QD-LCD
产品,已经稳定向下游 TCL、海信、冠捷、飞利浦等知名显示面板制造商供货[3]。三
星、TCL、华为等公司都已经在市场上推出采用 QD-LCD 光致发光显示技术的大尺
寸 4K 超高清量子点电视机,并受到了一部分消费者的喜欢和关注[4,5]。第二种是将
OLED 显示和量子点相结合的技术,简称 QD-OLED 技术。其本质上还是 OLED 技
术,但由于在发光材料上使用了量子点技术,使得它在色彩部分的效果甚至比纯
OLED 更强,而且还能避免烧屏问题的发生,可以看成是一种增强版的 OLED 技术。
目前该技术被三星企业掌握并已确认在 2021 年量产应用 QD-OLED 技术的 OLED
面板[6]。第三种是 AM-QLED 显示技术,是电致发光技术,被认为是一种可以与
AM-OLED 媲美的第二代量子点显示技术。目前该技术还在研发过程中,尚未实现
产业化。第四种是量子点增强的 Micro LED 显示技术。目前,任何形式的 Micro
LED 显示技术都还没有达到量产化。作为小型显示器的一个技术发展方向,Micro
LED 能够在小面积上提供非常高的像素密度和超高的亮度,从而可满足一些特殊的
显示需求,并引起业界的关注。然而,要在小面积上实现高密度三基色 LED 阵列目
前来看技术难度还非常大。另外,外延半导体蓝光、绿光、红光 Micro LED 的稳定性
差异非常大,所得的三基色 LED 阵列存在着色差控制的难题。一个可能的技术解决
方案是在蓝光 Micro LED 形成的三维阵列上覆盖绿光和红光的量子点薄膜。目前来
看,量子点增强的 Micro LED 是 Micro LED 技术中希望最大的一个方向,在一定程
度上类似于 QD-LCD 显示技术。另外,由于 Micro LED 受自身的技术和成本限制,
只能在小型显示器上发挥潜力,不太可能成为下一代显示技术的主流产品。

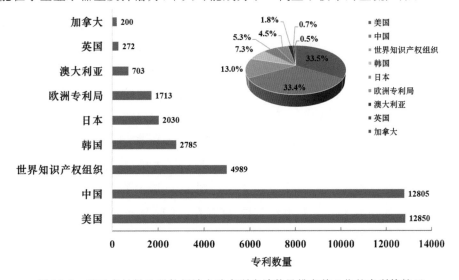

图 12.2　量子点材料及器件领域全球专利申请数量排名前 9 位的专利管辖区

从图 12.2 展示的量子点材料及器件领域全球专利申请数量排名前 9 位的专利管辖区分布情况来看,美国、中国、世界知识产权组织、韩国所管辖的专利数量远高于其他国家、地区或组织。在全球专利申请数量排名前 9 位的专利管辖区中,美国、中国、韩国拥有的专利数量占比超过 72%,这表明美国、中国、韩国在量子点材料及器件领域投入了大量的研发经费,并且掌握了大量的核心专利技术。图 12.3 展示了量子点材料及器件领域全球专利申请数量排名前 10 位的发明人,其中华人科学家占 4位,这表明华人科学家在量子点产业化发展的过程中扮演着举足轻重的角色。

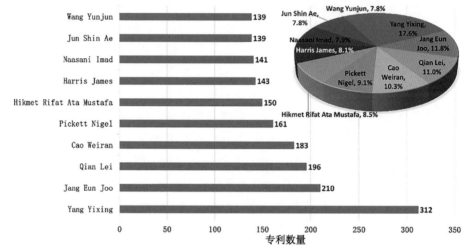

图 12.3 量子点材料及器件领域全球专利申请数量排名前 10 位的发明人

图 12.4 展示了量子点显示产业链的主要构成情况。下面我们选取有代表性的上游量子点材料研发公司、中游光学膜及模组、下游终端消费者产品来具体分析量子点显示产业链的专利布局情况。量子点材料的设计和制备是整个量子点显示产业链中技术难度高、价值量最大的环节,目前拥有显示用量子点材料核心专利的企业主要有美国的 Nanosys 和 QD Vision、英国的 Nanoco 和中国的纳晶科技。中游光学膜及模组主要包括 QD-LCD 和 QLED,这一领域的企业主要有三星、Nanosys、华星光电和纳晶科技。下游终端消费者产品主要是各种应用于手机、电视的显示面板,这一领域的代表性企业主要有三星、京东方和 TCL。图 12.5 展示了量子点显示产业链上八家代表性企业拥有的专利数量,其中三星、京东方、TCL、华星光电分别占这八家企业拥有的专利总数量的 40.5%、18.6%、17.5% 和 13.3%,表明这四家企业在量子点材料及器件领域拥有非常雄厚的技术实力,尤其在 QD-LCD、QLED 和显示面板这三个领域。新创公司 Nanosys、纳晶科技、Nanoco 和 QD Vision 则因公司规模较小、研发

经费有限,而专注于量子点材料的研发,分别占这八家企业拥有的专利总数量的
3.2%、3.0%、2.7%和1.3%。

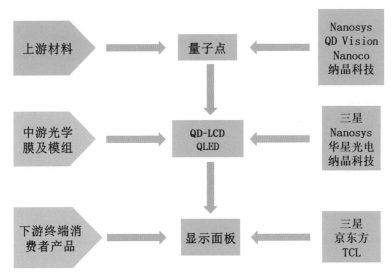

图 12.4　量子点显示产业链的主要构成情况

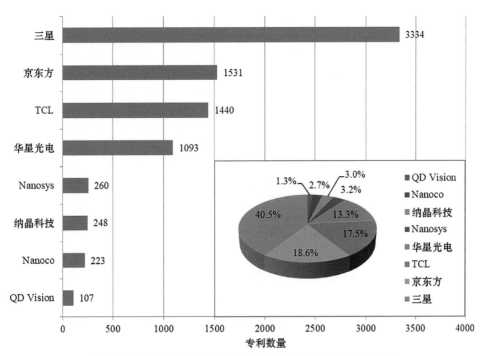

图 12.5　量子点显示产业链上各代表性企业拥有的专利数量

12.2.1 Nanosys 公司的专利布局

Nanosys 公司成立于 2001 年,拥有 260 项量子点领域的发明专利,是目前全球量子点材料的领军企业。Nanosys 在 2012 年初推出了和 3M 合作开发的量子点薄膜。量子点薄膜技术不仅可以将色域由 70% 扩大到 100%,而且用液晶面板亮度与背照灯功率之比表示的发光效率也提高了约 50%。虽然采用量子点薄膜技术的工艺制造成本较高,但是随着量子点显示技术向量子点薄膜路线转变,量子点薄膜技术开始受追捧。目前该公司拥有世界最大的量子点浓缩液生产基地,年产量超过 50 t,公司与三星、夏普、LG 等知名显示面板厂商建立了紧密合作关系[7]。

在蓝光量子点材料方面,专利 US2019390109A1 公开了一种制备无镉 $ZnSe_{1-x}Te_x$/ZnSe/ZnS 核壳结构量子点及其 QLED 的方法[8]。其 QLED 的荧光发射峰位于 455.9 nm,荧光半高宽为 30 nm,外量子产率为 2.0%,CIE 色坐标为 (0.145,0.065)。在绿光量子点材料方面,专利 WO2019084135A1 公开了一种制备无镉 InP/ZnSe/ZnS 核壳结构量子点的方法[9]。通过调整量子点 InP 核的大小和壳层的厚度,其荧光发射峰可在 535~550 nm 调节,荧光量子产率最大可达 81%。在红光量子点材料方面,专利 US2018155623A1 公开了一种制备无镉 InP/ZnSeS/ZnS 核壳结构量子点的方法[10]。通过调整量子点 InP 核的大小和壳层的厚度,其荧光发射峰位于 636 nm,荧光量子产率最大可达 65%。为提高量子点在硫醇树脂薄膜中的稳定性,专利 WO2018226925A1 公开了一种通过巯基修饰量子点表面的方案[11]。

QD-LCD 方面,Nanosys 也进行了一些专利布局。专利 US20160363713A1 公开了一种可用作光源、滤光器和一次光降频转换器的量子点薄膜[12]。该量子点薄膜滤光器可允许某些波长或一定波长范围通过,同时吸收或过滤其他波长。同时,该量子点薄膜为降频转换器,薄膜中的量子点吸收一次光(来自一次光源)的一部分并将其重新发射为具有比该一次光更低的能量或更长的波长的二次光。专利 EP2946411B1 公开了一种量子点薄膜的制备方法[13]。量子点层将该量子点薄膜的第一阻挡膜与第二阻挡膜分开,该量子点层包括分散在聚合物材料中的量子点,该聚合物材料包括甲基丙烯酸酯聚合物、环氧聚合物和光引发剂,其中甲基丙烯酸酯聚合物占量子点质量的 5%~25%。甲基丙烯酸酯聚合物是通过甲基丙烯酸酯聚合物前驱体的辐射聚合形成的,环氧聚合物是通过环氧聚合物前驱体的热聚合形成的。专利 US2020168673A1 公开了一种显示装置的设计方案[14]。显示装置包括第一和第二子像素。第一子像素包括具有多层堆叠的第一光源和被配置为支撑第一光源的第一基板。多层堆叠包括发射具有第一峰值波长的第一光源的有机磷光体膜或基于量子点的磷光膜。第一基板包括独立地控制第一光源的第一控制电路。第二子像素包括第二光源和被配置为支撑第二光源的第二基板。第二光源被配置为发射具有第二峰值波长(不同于第一峰值波长)的 Micro LED。第二峰值波长可以在可见光谱的蓝光波长区域。第二基板包括第二控制电路,该第二控制电路独立地控制第二光源。专利 US2020098951A1 描述了一种涂覆有阻挡层的量子点的显示装置及其制造方法[15]。每个涂覆有阻挡层的量子点具有核壳结构和设置在核壳结构上的疏水性阻挡层。疏水性阻挡层提供相邻核壳结构量子点的间隔距离。制备涂覆有阻挡层的量子点的方法包括使用表面活性剂形成反向微胶束并将量子点掺入反向微胶束中。进一步用该方法将阻挡层单独涂覆于所结合的量子点上,并用设置在该阻挡层上的反向微胶束的表面活性剂隔离涂覆有该阻挡层的量子点。专利 WO2020023583A1 提供了一种显示装置,该显示装置具有在背光单元的表面或基板上直接形成的量子点,而无须中间层在上面形成透光层[16]。该设计方案提供了可同时实现多重光学特征的量子点膜,以减少在该显示装置中使用其他功能性的薄膜,例如单独的光学膜。这些光学特征通过嵌入微球体来实现不同的光学性能或者改善量子点膜的厚度均匀性,或者同时实现这两个功能。该量子点膜也可以具有其他光学特征,例如反射、折射、棱镜、凹槽、带槽棱镜、双凸透镜、微透镜、微球体等。因此,该显示装置可以实现从整个装置结构中省略单独的光学膜。

12.2.2　QD Vision 公司的专利布局

QD Vision 公司成立于 2004 年,拥有 107 项量子点领域的发明专利,在彩电领域有着非常高的地位,其第一个通过使用量子点管显示技术方案打开量子点显示市场,因此被称为"量子点显示之父"。QD Vision 于 2013 年发布了自己研发的 Color IQ 技术,索尼、三星等企业先后跟进并推出基于 Color IQ 技术的电视机、显示器等电子消费品。然而随着量子点管显示技术路线被整个显示行业放弃,QD Vision 开始没落,于 2016 年被三星电子用 7000 万美元收购,成为三星的全资子公司。

在量子点材料方面,QD Vision 公司进行了一系列的技术创新和专利布局。为探索提高量子点的荧光量子产率和化学稳定性,专利 WO2013078242A1 公开了一种在量子点上提供一个或多个涂层或壳的方法[17]。可以设置涂层或壳的量子点被称为核量子点。对核量子点进行高温处理时,可以在核量子点上形成涂层或壳以产生核壳量子点。在核量子点上提供涂层或壳之前,游离、未结合的膦酸或金属膦酸酯物质在核量子点中不存在或基本不存在。专利 WO2013078252A1 公开了一种包括量子点和发射稳定剂的组合物,以及改善或增强量子点发射稳定性的方法[18]。与在其他方面都相同的组合物相比,包含发射稳定剂的组合物可以改善或增强组合物中量子点的至少一种发射性能的稳定性。为解决量子点纳米晶的固态光致发光外量子效率在使用过程中因受到环境温度变化所产生的不利影响,专利 CN104205368B 公开了一种组合物,该组合物包含多种半导体纳米晶[19]。其中一种半导体纳米晶具有至少 0.5 eV 的多个 LO 光子辅助的电荷热逃逸活化能,同时在 90℃ 或更高温度下的外量子效率是在 25℃ 下的 95％ 以上。第一种半导体纳米晶能够发射荧光发射峰位于 590～650 nm 的光,吸收光谱在 325 nm 与在 450 nm 的光学密度的比值大于 5.5。第二种半导体纳米晶能够发射荧光发射峰位于 545～590 nm 的光,吸收光谱在 325 nm 与在 450 nm 的光学密度的比值大于 7。第三种半导体纳米晶能够发射荧光发射峰位于 495～545 nm 的光,吸收光谱在 325 nm 与在 450 nm 的光学密度的比值大于 10。

12.2.3　Nanoco 公司的专利布局

英国的 Nanoco 公司(纳米技术有限公司)成立于 2001 年,总部设在曼彻斯特,是一家世界领先的无镉量子点及其他纳米材料的生产商,拥有 223 项量子点领域的发明专利,主要产品包括无镉量子点和无镉量子点膜。Nanoco 公司的量子点材料以无镉技术为主,但是目前无镉量子点材料的荧光半高宽、荧光量子产率和化学稳定性远远不及含镉 CdSe 量子点材料。但因欧盟禁止含镉有毒材料的使用,发展无镉量子点成为量子点领域产业化的一个重点。

对于下一代发光器件的商业应用,要求量子点材料在结合到 LED 封装材料中后能够尽可能地保持完全单分散且没有荧光量子产率的显著损失。由于 LED 封装剂的特性,目前各种现有的方法都存在一些问题。当配制成 LED 封装剂时,量子点可能会聚集,降低了量子点的光学性能。此外,当量子点结合到 LED 封装剂中后,氧气可以经由该封装剂迁移至量子点的表面,这可能会导致光氧化,从而使荧光量子产率下降。解决氧气迁移至量子点的一种方式是将量子点结合到具有低氧透过性的介质如聚合物中。结合量子点的聚合物可以用来制备膜或珠并结合到发光器件中。然而,量子点与大部分聚合物体系都不相容,尤其是无镉量子点难以与相容的聚合物体系匹配。例如,不相容的聚合物体系可以与量子点发生反应,导致量子点的荧光量子产率下降。迄今,基于丙烯酸酯单体如甲基丙烯酸酯的聚合物是与量子点最相容的。然而,大多数丙烯酸酯体系对氧是略微可透过的,而且丙烯酸酯聚合物在高温、紫外线照射和氧化下可以降解。为解决该问题,专利 CN106103647A 公开了一种含硅、表面改性的配体,并用其制备与聚硅氧烷更相容的量子点[20]。实例中,量子点表面的聚硅氧烷膜与使用甲基丙烯酸月桂酯(LMA)作为单体和三羟甲基丙烷三甲基丙烯酸酯(TMPTM)作为交联剂制备的膜一样柔韧,并且该聚硅氧烷膜的基质对热、紫外线、腐蚀和氧化作用更加稳定。与由甲基丙烯酸酯和聚氨酯获得的传统聚合物材料相比,聚硅氧烷具有高固体含量、低挥发有机物和低毒性,所以存在很少的环境和健康相关的问题。可以用保护性有机基团对量子点纳米晶"裸露"的表面原子进行封端或钝化来部分克服表面未配位的悬键带来的不稳定性问题。量子点表面的封端或钝化不仅可以防止量子点聚集,还可保护量子点不受周围化学环境影响并为量子点提供电子稳定性(钝化)。封端剂通常是与量子点最外无机层的表面金属原子结合(如与核壳量子点的最外壳结合)的路易斯碱化合物或其他给电子化合物。当在给电子溶剂如三辛基膦/三辛基氧化膦中进行量子点壳合成时,封端剂可以仅为结合在量子点表面的溶剂分子。当使用非给电子溶剂时,可以将富含电子的封端剂加入壳合成中。给电子封端配体提供一些稳定性和表面钝化,但这些配体仅弱黏附到量子点纳米晶的表面。封端配体的脱附在表面上留下了空隙,这可能会导致聚集、沉淀,并且降低量子点的荧光量子产率。一种解决弱结合封端配体问题的方式是使用含有对量子点表面原子具有特异性亲和力的官能团的封端配体。例如,硫醇化合物的硫对于通常为量子点壳半导体材料(如ZnS和ZnSe)组分的许多金属原子(如Zn)具有亲和力。因此,已经广泛将硫醇用作量子点的封端配体。但是硫醇封端配体也可能脱附,在量子点表面上留下空隙。硫醇封端配体脱附的一种可能机制是在量子点表面上相邻硫醇之间二硫键的形成及随后的二硫化物的脱附。硫醇封端配体的另一个问题是在一些情况下空间位阻可能会阻碍完整的表面覆盖。因此,为了尽可能提高量子点材料的性能和稳定性,需要研发一种用于量子点封端更有效的配体。为满足该需求,专利CN110003883A公开了一种二硫代配体[21]。该二硫代配体的实例包括二硫代氨基甲酸酯或盐配体。该强结合的配体能够配位至纳米颗粒表面上的阳离子和阴离子。该配体是二齿的,因此它们不像单齿配体接近量子点表面时会造成空间位阻,从而完全钝化量子点表面。在无镉绿光量子点方面,专利CN105899640B提供了一种量子点纳米晶,该量子点纳米晶包含由以下各项(至少一种)组成的量子点核:Zn离子、Mg离子、Ca离子和Al离子[22]。该量子点核还可以包含InP、Se和/或S。此外,该量子点纳米晶还可以包含至少一个壳,布置在量子点核上。该量子点壳层是由另一种半导体材料组成,含有以下各项(至少一种)组成的元素:Zn、S、Se、Fe和O。量子点核与量子点壳之间的边界处是两者的合金材料。为满足Ⅲ-Ⅴ族量子点光致发光器件的商业化应用,专利CN105051153B公开了一种用于合成Ⅲ-Ⅴ族/ZnX(X=

硫属元素)量子点的规模化合成方法[23]。其中乙酸锌和硫醇或硒醇化合物反应,原位形成 ZnS 系或 ZnSe 系"分子晶种",用作Ⅲ-Ⅴ族半导体晶核的生长模板。锌和硫属元素加入上述反应溶液中导致 ZnX(X=硫属元素)在 InP 核量子点中一定程度的合金化,从而导致相对于纯 InP 核量子点,其具有较大的纳米颗粒尺寸,同时维持较小的荧光发射峰。在实例中,使用 ZnS 簇与额外的锌盐和硫醇的组合来生长量子点核相对于仅利用簇制造的那些量子点核有蓝移的发射峰。量子点核的合金化性质有利于增加电磁光谱蓝光区的吸收。该合成方法的反应溶液比现有合成方法中的溶液明显更浓,有助于通过该合成反应实现 InP 量子点的商业化规模生产。

12.2.4 纳晶科技股份有限公司的专利布局

纳晶科技股份有限公司成立于 2009 年,总部位于浙江杭州,是一家以量子点新材料为核心技术的国家级高新技术企业,拥有 248 项量子点领域的各类专利,主要业务是高性能的量子点材料,在量子点材料的设计、合成及表面修饰领域的研发实力居于全球第一技术梯队。公司创始人兼董事长为浙江大学化学系教授彭笑刚。彭教授发明的量子点纳米晶合成方法成为目前学术界和工业界的标准技术,相关专利奠定了量子点材料应用的基础。纳晶科技非常重视通过化学合成途径来精确地调控量子点的激子态并研究其荧光发射性质,对于蓝光、绿光、红光、白光量子点及其光学性能的优化都有相关的专利布局。此外纳晶科技在氧化物电子传输层、量子点后处理、QD-LCD 和 QLED 领域也有相关的专利布局,取得了一些创新性的成果。下面将简要介绍和分析纳晶科技的一些比较核心的发明专利。

在量子点材料方面,专利 CN111117595A 公开了一种蓝光核壳量子点的制备方法及应用[24]。该蓝光核壳量子点包括量子点核及包覆在量子点核外的第一壳层,量子点核为 Cu 掺杂的Ⅱ-Ⅱ-Ⅵ族三元合金量子点或 Cu 掺杂的Ⅱ-Ⅱ-Ⅵ-Ⅵ族四元合金量子点,第一壳层的材料为Ⅱ-Ⅱ-Ⅵ族合金材料。该蓝光核壳量子点可应用于 QLED,可以显著提高 QLED 的使用寿命,从而得到可满足商业化要求的蓝光 QLED。其中,实例制备的蓝光 CdZnSe/ZnSeS/CdZnS 核壳量子点用于 QLED 的性能参数如下:荧光发射峰位于 478 nm,荧光半高宽为 18 nm,外量子效率达 12.6%,测试寿命 T_{50} 高达 19200 h。专利 CN107522723B 公开了一种纳米晶-配体复合物的制备方法及应用[25]。该纳米晶-配体复合物包括纳米晶及至少两种与纳米晶形成表面配位的配体,配体为一元或多元羧酸,至少两种配体的碳链骨架具有链长度差。纳米晶表面具有至少两种配体,不同配体之间的相互作用减小,即减少分子链交错、类晶体的堆砌,增大了旋转熵/弯曲熵,配体的 C—C σ 构象自由度得到充分释放,产生巨大的溶解熵,从而增大纳米晶的溶解度,且由于一元或多元羧酸配体的成本较支链羧酸配体的成本低,因此,实现了低成本提高纳米晶溶解度的目的。同时,基于一元羧酸的化学稳定性和较好的溶解性,使得纳米晶-配体复合物具有较高的荧光量子产率。专利 CN106701059B 公开了一种 InP 量子点及其制备方法[26]。该 InP 量子点包括金属盐修饰的 InP 核及包裹在核上的壳层,壳层为 ZnSe/ZnS 或 ZnSe$_x$S$_{1-x}$,其中 $0 < x \leqslant 1$,InP 量子点荧光发射峰的半高宽小于或等于 50 nm,荧光量子产率大于或等于 70%。由于金属盐的修饰作用使得 InP 表面的悬键消除,能够减少能量以非光学形式损耗,提高了具有该金属盐修饰的 InP 量子点的荧光量子产率。另外,InP 和 ZnSe 的晶格常数差距较小,因此使具有 S 和 Se 的壳层可以较为容易地包覆在 InP 量子点核的表面,进而使得该 InP 量子点具有较高的荧光量子产率和稳定性。同时,由于 InP 量子点的荧光半高宽小于或等于 50 nm,可以得出该量子点的粒径分布较为均一。为了缩小非镉量子点的荧光半高宽、提升稳定性和荧光量子产率,专利 CN106479481A 公开了一种 ZnSe/Ⅲ-Ⅴ族/ZnSe$_x$S$_{1-x}$ 或者 ZnSe/Ⅲ-Ⅴ族/ZnSe/ ZnS 量子点及其合成方法[27]。反应的过程主要包括多种溶液的混合、ZnSe 核及其外部壳层在此过程中的逐步形成,专利中涵盖了所有能够应用于该体系的原料及反应条件。对于量子点的 InP/ZnS 结构,有研究表明二者的晶格参数不匹配,导致量子点晶体的不规则结构与大小不一的量子点粒径。专利 CN106701059A 提供了一种通过使用金属盐修饰 InP 量子点表面的方法来解决这一问题[26]。这种方法可以消除表面悬键,并且相应大小的金属离子无法进入量子点的内核结构中。该专利涵盖了能够对 InP 核进行修饰的多种金属(铊、锡、镓、锆)盐及相关的修饰方法。专利 CN106497546A 提出了一种白光量子点组合物及其制备方法,以解决现有技术中白光二极管使用寿命低的问题[28]。白光量子点的光色通过调整 Zn/Cd 的比例及 Se 和 S 的添加量来决定。该发明中的白光量子点包含核和壳层,不同量子点具有不同的组成,其内核化学结构的通式为 Cd$_x$Zn$_{1-x}$Se$_y$S$_{1-y}$,壳层的通式为 Cd$_z$Zn$_{1-z}$S,二者相配合从而发出白光。同样,专利还涵盖了关于量子点的可能结构、组成及制备过程。专利 CN110317609A 公开了一种无镉绿光 InZnPS 量子点的制备方法及光电器件[29]。该Ⅱ-Ⅲ-Ⅴ-Ⅵ族量子点的制备方法包括:配制第一纳米簇、第二纳米簇及第三纳米簇,第一纳米簇为Ⅲ-Ⅴ族纳米簇,第二纳米簇为Ⅲ-Ⅱ-Ⅴ族纳米簇,第三纳米团簇为Ⅲ-Ⅱ-Ⅵ族纳米簇;将第一纳米簇与非配位溶剂混合形成第一量子点溶液;将第二纳米簇与第一量子点溶液混合加热形成第二量子点溶液;将第三纳米簇与第二

量子点溶液混合加热形成第三量子点溶液,第三量子点溶液中的第三量子点为Ⅱ-Ⅲ-Ⅴ-Ⅵ族量子点。将各纳米簇逐一混合加入能够有效掺杂、改善能带结构、减少表面缺陷及悬键,从而使组成结构可调控、量子点尺寸分布均一。其荧光发射峰位于520 nm,荧光半高宽为36 nm,荧光量子产率可达48%。专利 CN108841373A 公开了一种红光量子点的合成方法及 QLED[30]。该合成方法包括:提供含 CdSe 量子点核的溶液,然后在 CdSe 量子点核上外延生长多个 $Zn_xCd_{1-x}S$ 单层壳,在远离 CdSe 量子点核的方向上,各 $Zn_xCd_{1-x}S$ 单层壳的 x 由 0 逐渐增加且最大值取 $0.5\sim0.8$ 的数值,得到含 $CdSe/Zn_xCd_{1-x}S$ 量子点的体系;或者在 $CdSe/Zn_xCd_{1-x}S$ 量子点外面再继续包覆 ZnS 壳层。通过控制壳层中的成分由 CdS 逐渐过渡到 ZnCdS 或 ZnS,保证了较好的晶格匹配度,使量子点能够维持在单指数分散的水平,最终能够得到高光学质量、耐光漂白性、空气稳定性高的量子点。

在氧化物电子传输层方面,纳晶科技通过对 ZnO 纳米晶的改性以及掺杂 ZnO 纳米晶来提高电子传输层材料的电子性能、化学稳定性及分散稳定性。专利 CN109628082A 公开了一种 ZnOS/ZnO 纳米晶的制备方法[31]。该方法先通过对 ZnO 纳米晶进行一定程度的硫化,得到 ZnOS 核,然后在 ZnOS 核外生长 ZnO 壳层,得到尺寸较大的 ZnOS/ZnO 纳米晶。该 ZnOS/ZnO 纳米晶稳定性好,不易聚沉、熟化。此外,ZnOS 核中的 S 还可以起到调节能带的作用,从而更易获得宽禁带的纳米晶。专利 CN110144139A 公开了一种 ZnO 基纳米颗粒墨水的制备方法[32]。该 ZnO 基纳米颗粒墨水包括 ZnO 纳米颗粒和溶剂。其中溶剂包括至少一种第一溶剂和第二溶剂,第一溶剂为不包括苯环的醇类、醚类或醇醚类,第一溶剂的碳个数不超过 7,第二溶剂为包括苯环的醇类、醚类或醇醚类,第二溶剂的碳个数不低于 7。该 ZnO 基纳米颗粒墨水具有较好的分散稳定性,有利于避免墨滴咖啡印的形成,能够有效地提高膜厚的均匀性。专利 CN110484233A 公开了一种 ZnO 纳米晶的制备方法[33]。该 ZnO 纳米晶包括 ZnO 纳米晶主体和表面配体,该表面配体包括一种或多种巯基醇配体,巯基醇配体的结构式为—S—R—OH,其中,R 代表直链烷基链或支链烷基链。因为 S 元素与 Zn 元素的配位能力要强于 O 元素,选择巯基醇来对 ZnO 纳米晶表面 Zn 元素初始的羧酸根和氢氧根进行配体交换,最终形成表面为 Zn—S—ROH 的 ZnO 纳米晶。其能够有效解决由羧酸根和氢氧根容易脱落或配位不完全导致的表面缺陷发光,同时改进了 ZnO 纳米晶膜的电学性质,进而解决了电致发光器件中的延时发光问题。专利 CN111115679A 提供了一种 ZnO 纳米晶的制备方法[34]。该 ZnO 纳米晶的制备方法包括以下步骤:准备阳离子盐的第一溶液体系,阳离子盐包括有机 Zn 盐,有机 Zn 盐的碳链上包括醇溶性基团;向第一溶液体系中加入碱进行反应,制得含 ZnO 纳米晶的溶液。由于该制备方法采用了醇相溶解性好的 Zn 盐作为合成 ZnO 纳米晶的合成原料，成功提升了 ZnO 纳米晶溶液自身的放置稳定性，有利于 ZnO 纳米晶在工业化生产中的应用。专利 CN111326661A 公开了一种掺杂 ZnO 纳米晶的制备方法[35]。该制备方法包括以下步骤：将 Zn 前驱体、掺杂离子前驱体（包括 Mg 前驱体与 In 前驱体）、脂肪醇与溶剂混合得到第一混合液，将第一混合液的温度保持在 200～300℃进行反应，反应后得到掺杂 ZnO 纳米晶。该方法制得的掺杂 ZnO 纳米晶的微观形貌好，有利于形成致密的薄膜。电致发光器件验证了该掺杂 ZnO 纳米晶作为电子传输层，可以显著提高器件的发光效率。

在发光器件方面，纳晶科技主要在新型电致发光器件和光致发光中光转换薄膜器件的出光效率、使用寿命、散热、降低成本等方面进行了专利布局。为提高电致发光器件的出光效率（外耦合效率），专利 CN106058072A 提供了一种利用散射膜层达到最佳出光效果的技术方案[36]。该发明涉及的发光器件组成为第一电极、发光层、第二电极，在任一电极与发光层之间加入散射膜层。散射膜层的结构包括主体与金属/非金属半导体异质结颗粒，掺杂的颗粒使薄膜具有导电性，该专利涵盖了多种可以获得应用的电极材料、散射膜层的几种基体与异质结颗粒的结构。在 QLED 中，金属氧化物电子传输层与量子点直接接触会引入非辐射跃迁通道，导致量子点中的激子淬灭，降低器件的效率。专利 CN111326664A 公开了一种 QLED[37]。该 QLED 包括依次相邻设置的阳极、空穴传输层、量子点发光层、电子传输层和阴极，同时还包括界面层，该界面层设置在量子点发光层与电子传输层之间，形成界面层的材料为导电金属螯合物。设置导电金属螯合物界面层不仅可以避免处于电子传输层和发光层界面的激子淬灭，而且具有良好的电子传输特性，进而使 QLED 保持应有的发光效率，使其外量子效率得到提升，同时降低了能耗。为实现显示基板的导热构件便于对像素界定层进行有效导热，减少咖啡环效应，有利于形成均匀膜层、降低器件温度，提高器件使用寿命和稳定性，专利 CN111354869A 公开了一种显示基板及显示装置的制作方法[38]。该显示基板包括衬底基板、像素界定层、导热构件及平缓部。像素界定层包括多个像素隔离结构，像素隔离结构之间形成多个相互隔离的子像素区域。导热构件设置于衬底基板和像素界定层之间，包括主导热部和次导热部，次导热部连接各个主导热部，主导热部向上的投影位于子像素区域的内周，次导热部向上的投影位于子像素区域的外周，主导热部在子像素区域的投影面积大于次导热部在子像素区域的投影面积。平缓部绝缘地设置于导热构件的上方，像素界定层位于平缓部的上表面。该设计方案不仅有利于在干燥过程中减少咖啡环效应，便于形成均匀膜层，还有利于增大器件的散热区域。为解决现有技术中利用黄光工艺制作的像素隔离结构工艺复杂且造价昂贵的问题,专利 CN106158916A 公开了一种量子点膜的制作方法及其显示器件[39]。该量子点膜的制作方法包括在透光基板的第一表面上形成亲水区域和疏水区域,然后将具有多个镂空部的表面改性掩模板设置于第一表面上,并使表面改性掩模板中的镂空部对应亲水区域或疏水区域。表面改性掩模板具有第一改性表面和第二改性表面,且第一改性表面和第二改性表面分别具有亲水性和疏水性。其中,第一改性表面为疏水性表面,使疏水性的量子点墨水通过镂空部进入疏水区域,或第一改性表面为亲水性表面,使亲水性的量子点墨水通过镂空部进入亲水区域,最后将亲水区域或疏水区域中的量子点墨水干燥。该制作方法能够有效降低量子点膜的制作成本。液态量子点胶在未固化前具有一定的流动性,若覆盖第二阻隔膜时施力不均,容易造成量子点层分布不均匀,进而造成色差偏大而影响显示效果,且大尺寸产品制作良率低。此外,当通过紫外线进行光固化时,由于液态量子点胶中的引发剂往往与量子点之间的相容性较差,容易导致量子点在量子点胶中的分散性差。为解决上述问题,专利 CN110518112A 提供了一种气凝胶量子点膜的制备方法及其显示器件[40]。该量子点膜的制备方法包括以下步骤:将像素隔离结构设置于第一阻隔膜的一侧表面上,以此界定多个发光区域,发光区域包括第一子像素区域、第二子像素区域和第三子像素区域;将湿凝胶或气凝胶浆料设置于内,后干燥处理得到气凝胶层;将量子点墨水置于发光区域的至少两种子像素区域中的气凝胶层表面,因毛细现象量子点墨水会渗入并吸附于气凝胶层的孔洞内;最后,在气凝胶层上设置水氧阻隔层。与现有技术相比,该发明提供的气凝胶量子点膜的制备方法可以容易地控制每个发光区域中量子点的数量并保证量子点发光层的厚度均匀性。此外,通过提高气凝胶层中储存的量子点的密度并降低该气凝胶层的厚度,该气凝胶量子点膜与 LED 背光源或电致发光背光源结合使用,可有效降低背光源的亮度,从而提高背光源的使用寿命。为有效降低量子点膜中的蓝光危害,专利 CN109616577A 公开了一种量子点膜及其制备方法[41]。该量子点膜包含:第一量子点封装结构,其包括被封装的红光量子点和绿光量子点;设置在第一量子点封装结构一侧的第二量子点封装结构,其包括第二封装材料及间隔地设置在第二封装材料中的多个量子点部,各量子点部之间的间隙允许光线从第二量子点封装结构的一侧直接射向另一侧,量子点部包括第三封装材料及分散于第三封装材料中的蓝光量子点。该发明通过设置可转化有害蓝光的量子点部,从而降低蓝光危害。为降低现有技术中量子点薄膜的制作成本,专利 CN107680900A 公开了一种量子点膜的制作方法及量子点器件[42]。该制作方法包括以下步骤:准备盖板和多个微胶囊,将各微胶囊设置于盖板一侧表面上,各微胶囊包括囊壁和位于囊壁中的能发出第一光的量子点分散液;将盖板具有微胶囊的一侧朝向基底,基底包括第一像素区域,且第一像素区域包括多个第一子像素区域,使至少一个微胶囊对应一个第一子像素区域,使囊壁与基底表面接触;在盖板远离微胶囊的一侧施加预设条件,使囊壁破裂且释放量子点分散液于第一子像素区域对应的基底表面上;移走具有破裂囊壁的盖板,固化被释放的量子点分散液,得到第一量子点膜。该技术方案通过施加预设条件使设置于盖板的多个微胶囊破裂并释放量子点分散液于第一子像素区域,操作简单,设备要求低,无须复杂光刻工艺和昂贵光刻设备,解决了量子点膜的制作成本较高的问题,大大降低了量子点膜的制作成本。另外,微胶囊中的量子点分散液精准投放,相比于光刻方法中的物料浪费,该技术方案可以明显提高物料的利用率。

12.2.5 苏州星烁纳米科技有限公司的专利布局

苏州星烁纳米科技有限公司(简称"苏州星烁")成立于 2012 年,位于苏州纳米城,是一家聚焦量子点材料、量子点显示器件、生物医学标记等领域的国家高新技术企业。苏州星烁拥有相关专利技术和保密工艺 400 余件,通过 ISO9001、ISO14001 体系认证,承担和参与各类科技部、省、市科技项目。公司创始人王允军先生入选"国家级重大人才引进工程""省双创人才""姑苏领军人才"等计划。

在量子点材料方面,苏州星烁重点对无镉量子点 InP 进行了相关专利布局。专利 CN112280557A 公开了 InP 纳米晶的制备方法[43]。InP 纳米晶的制备方法包括以下步骤:采用新型磷前驱体 $(TMS)_3P_7$ 作为反应前驱体之一,其中 TMS 为四甲基硅烷,其在空气中稳定,安全且方便取用,反应活性适中,能够制备得到发光性能优良的 InP 纳米晶。该 InP 纳米晶的制备工艺简单,操作安全且反应可控,适合规模化生产。专利 CN111826158A 也公开了一种 InP 纳米晶的制备方法[44]。该 InP 纳米晶的制备方法包括以下步骤:采用 $M-(O-C\equiv P)_n$ 作为反应前驱体之一,其中 M 为金属元素,n 为 1、2 或 3。由于 M 与 P 元素来自同一反应前驱体,从而能制备出含有 In、P 和金属元素 M 的纳米晶核的纳米晶。此外,M 与 P 元素的比例固定,更易控制所制备的纳米晶中元素的构成,所制备得到的 InP 纳米晶的发光性能优良。专利 CN107098324A 公开了一种 InP 量子点的制备方法[45]。该制备方法包括以下步骤:将铟前驱体、酸配体和非配位溶剂混合,制备均匀的铟前驱体溶液;在 $100\sim130℃$ 下加入磷化氢,再升温到第二温度,保持一段时间;最后,将上述溶液调节到第三温度,加入合成壳所需的前驱体物质,得到具有壳包覆的 InP 量子点。该发明采用"低温成核-升温熟化-高温包壳"的方法合成核壳结构的 InP 量子点。低温可以控制 InP 纳米晶核的成核和生长过程,使合成的量子点尺寸分布均匀,同时,低温还可以有效降低

InP 纳米晶核表面被氧化的风险,在一定程度上提升 InP 量子点的光学性能。专利 CN106433640A 公开了一种 InP 量子点及其制备方法[46]。该制备方法包括以下步骤:在第一温度下,向含有铟前驱体、第一配体和第一有机溶剂的混合体系中加入 PH_3,得到纳米晶核;降温至第二温度,加入第二配体,得到具有第二配体修饰的纳米晶核;再升温至第三温度,加入合成壳层所需前驱体,得到具有壳层包覆的 InP 量子点。该方法以 PH_3 为磷源,制备的 InP 量子点具有波长范围在 500~570 nm 的发射峰,对于 InP 量子点的潜在应用具有极大的意义。

在发光显示器件方面,苏州星烁也进行了一些专利布局。专利 CN112216802A 公开了一种电致发光器件及其制备方法、显示装置和照明装置[47]。该发明提供了一种电致发光器件,包括叠置的至少两个发光结构和透明的黏合剂,至少两个发光结构分别用于发射至少两种颜色的光,黏合剂用于黏结相邻的发光结构。其中,该发光结构中位于出光方向上的电极为透明电极,透明电极包含金属纳米线,使电致发光器件结构稳固,灵活调控发光结构发出不同颜色的光,不同颜色的光混合出各种光色。该电致发光器件的制备方法简单易行,其既可以有效调节光色,又能提高分辨率,可用于显示装置和照明装置。专利 CN111354861A 公开了一种显示面板及其制备方法、显示装置[48]。该显示面板包括基板、第一载流子层(设置在基板上)、像素界定层(设置在第一载流子层上)。其中,像素界定层设置有像素坑,像素坑露出至少部分第一载流子层。通过在像素界定层之前形成第一载流子层,可有效避免现有技术中第一载流子层爬坡至像素界定层顶部平台上形成漏电。专利 CN111403442A 公开了一种显示基板及其制备方法、显示装置[49]。该显示基板包括:衬底;形成在衬底上的像素界定层,用于界定出子像素发光区域,像素界定层包括顶部平台,顶部平台设置有凹槽结构;形成于顶部平台上的第一载流子传输层,第一载流子传输层位于顶部平台靠近子像素发光区域的边缘区域;形成于凹槽结构上的绝缘材料层,绝缘材料层延伸覆盖第一载流子传输层。专利 CN110957434A 公开了一种电致发光元件、透明显示装置和电致发光元件的制作方法[50]。该电致发光元件包括底电极、第一功能层、电致发光层、第二功能层和顶电极。第一功能层设置于底电极上;电致发光层设置于第一功能层上;第二功能层设置于电致发光层上;顶电极设置于第二功能层上。其中,顶电极为透明导电电极,且为金属纳米线网络状结构,从而使得电致发光元件能够实现顶出光,顶电极完全由金属纳米线构成,整个顶电极的面电阻非常小,并且顶电极制作简便,降低了电致发光元件的生产制造成本。专利 CN110473951A 公开了一种微型显示单元、显示面板、像素单元及其制作方法[51]。该微型显示单元包括微型发光单元、折射层和量子点层。微型发光单元设置于一衬底上;折射层覆盖在微型发光单元上,折射层将微型发光单元的光进行扩散;量子点层设置于折射层上,量子点层将微型发光单元的光进行转换。在微型发光单元上直接覆盖一层折射层,该折射层将发射的光进行折射扩散,从而使得微型发光单元所发射的光折射到整个量子点层中,与现有技术相比,这样的结构能够很好地提高量子点层的利用率。专利CN110379928A公开了一种量子点发光器件、背光光源及照明装置[52]。该量子点发光器件包括至少两层量子点发光层和间隔层。间隔层设置于相邻的量子点发光层之间,且为具有两极性电荷传输特性的有机导电材料。该发明提供的量子点发光器件为多发光层结构,使用有机导电材料作为相邻量子点发光层之间的间隔层,避免了量子点发光层之间相互影响、膜层被破坏的问题,同时保证电子与空穴可以在各量子点层复合,提高了载流子的平衡注入,实现所有量子点层的发光,混色后观察到白光。器件结构较为简单,便于产业化。

12.2.6　深圳扑浪创新科技有限公司的专利布局

深圳扑浪创新科技有限公司(以下简称"扑浪创新科技")成立于2016年10月,注册资本6666万元,是一家由国家高层次人才专家创办的高科技企业。扑浪创新科技致力于半导体量子点发光材料、新型量子点显示和半导体薄膜工艺设备的研发、生产与销售,产品可广泛应用于光电子、微电子、新型显示、第三代半导体、传感器、生命科学、材料科学、先进制造等领域。公司为客户提供技术支持和产品保障服务,并愿与客户共同合作开发定制化和差异化的技术与产品。公司主要产品包括面向半导体显示应用的量子点荧光材料、QLED显示模组及半导体薄膜沉积装备。公司建有专门的研发中心,研发团队在高稳定性量子点的表面包覆、QLED、量子点与 Micro LED 显示集成等领域开展了深入系统的研究,取得了若干有创新性的研究成果,目前申请国内外发明专利100多项。

在量子点材料方面,扑浪创新科技进行了相关专利布局。专利 CN109575913A 公开了一种具有核壳结构的 InP 量子点及其制备方法[53]。通过在 InP 量子点表面包覆一层杂原子掺杂的 ZnS 壳层,形成具有核壳结构的 InP 量子点。其中,核心为 InP 量子点核,壳层含有 $ZnMnS$、$ZnMgS$ 或 $ZnSeS$ 等化合物。该结构使得量子点在核壳界面处的晶格失配度合适且具有较宽的禁带宽度。在激发状态下,该量子点核心处产生的激子完全被限制在核心,难以跃迁至量子点表面并在表面缺陷态处发生非辐射复合,进而使得量子点的荧光量子产率显著提高。该量子点具有高达93%的荧光量子产率且发射波长在可见光范围可调,具有很高的作为传统半导体量子点替代产品的应用潜力。专利 CN112608752A 公开了一种 $InP/ZnSe/ZnS$ 核壳量子点的制备方法[54]。该制备方法包括以下步骤：混合硒粉与第一溶剂至硒粉完全溶解或均匀分散，得到硒前驱体；混合铟源、第一锌源、磷源与第二溶剂，制备得到第一体系；混合第二锌源、第三溶剂与所得第一体系，得到第二体系；混合硫源、所得硒前驱体与所得第二体系，反应得到 InP/ZnSe/ZnS 核壳量子点。其中，第一溶剂、第二溶剂与第三溶剂分别独立地为十八烯和/或油胺。该发明相较于现有技术，制得的硒前驱体的活性更高，操作更简便，且所用溶剂更环保，有助于 ZnSe 过渡层成功包覆在 InP 核心表面。专利 CN110041911A 公开了一种 CdSe/CdS 量子棒的制备方法[55]。制备方法包括以下步骤：将 CdSe 量子点分散于三正辛基膦中，得到 CdSe 前驱体溶液，然后向 CdSe 前驱体溶液中加入硫前驱体溶液，得到混合溶液；将 CdO、正己基膦酸、长链膦酸配体和三正辛基氧膦混合，加热溶解得到混合溶液；将前面两步得到的混合溶液加热反应得到 CdSe/CdS 量子棒。该制备方法得到的 CdSe/CdS 量子棒的荧光量子产率可达到 75%，在显示技术中具有广阔的应用前景。专利 CN112592713A 提供了一种量子点材料及其制备方法与应用[56]。该量子点材料为核壳结构，依次包括核心、过渡层和壳层。其中，过渡层的材料包括稀土元素硫化物、MnS、MgS、Al$_2$S$_3$ 中的任意一种，壳层的材料包括 ZnS；或过渡层的材料包括 ZnSe，壳层的材料包括稀土元素硫化物、稀土元素硒化物、稀土元素碲化物、MnS、MgS、Al$_2$S$_3$ 中的任意一种。该量子点材料通过对过渡层和壳层材料进行选择，找到了与核心材料失配度较低且禁带宽的过渡层和壳层材料，使得量子点材料的各层材料之间匹配度高，具有发光效率高、合成工艺简单、成本低等优点，适合工业化生产。

在显示器件方面，扑浪创新科技也积极进行了相关专利布局。专利 CN112510076A 提供了一种量子点显示装置及其应用[57]。该量子点显示装置包括依次叠层设置的驱动电路、紫外光背光源与量子点沉积层。其中，驱动电路用于控制紫外光背光源的开关及亮度调节；量子点沉积层包括量子点沉积基板、均匀设置于量子点沉积基板上的至少 2 个显示组件和设置于相邻 2 个显示组件之间的像素挡板；紫外光背光源为显示组件提供激发紫外光；显示组件由至少 3 个像素单元组成；像素单元包括至少 1 个红光量子点沉积单元、至少 1 个绿光量子点沉积单元与至少 1 个蓝光量子点沉积单元。该发明提供的量子点显示装置可实现像素级量子点排布，且制备工艺简单、产品合格率高、制造成本低、产品可靠性好。专利 CN112635532A 提供了一种量子点显示装置及其应用[58]。该量子点显示装置包括叠层设置的蓝光背光源与量子点沉积层。其中，量子点沉积层包括量子点沉积基板和均匀设置于量子点沉积基板上的至少 2 个像素单元；量子点沉积基板与蓝光背光源连接；蓝光背光源为像素单元提供激发蓝光；像素单元包括至少 1 个红光量子点沉积单元、至少 1 个绿光量子点沉积单元、至少 1 个蓝光透射单元与至少 1 个红绿光双色量子点沉积单元。该量子点显示装置可实现像素级量子点排布,且制备工艺简单、产品合格率高、制造成本低、产品可靠性好。专利 CN112687726A 公开了一种量子点显示面板及其制备方法、显示装置[59]。该显示面板包括背光模组;量子点彩膜结构,位于背光模组出光面的一侧;量子点彩膜结构至少包括红光量子点彩膜单元、绿光量子点彩膜单元和复合量子点彩膜单元,复合量子点彩膜单元至少包括红光量子点和绿光量子点;红光量子点彩膜单元和绿光量子点彩膜单元叠层设置,红光量子点彩膜单元位于靠近背光模组的一侧,且红光量子点彩膜单元、绿光量子点彩膜单元和复合量子点彩膜单元两两互不交叠;第一反射层,设置于量子点彩膜结构背离背光模组的一侧;第二反射层,设置于背光模组背离量子点彩膜结构一侧。该技术方案提高了显示面板的发光效率和显示亮度。专利 CN109782486A 公开了一种背光显示器件及其制备方法[60]。所述器件包括由蓝光背光光源依次叠层设置的红色量子点层和绿色纳米片层。背光显示器件采用了结合绿光纳米片薄膜、红光量子点和蓝光 LED 的方法,提供了一条现实可行的超越 REC.2020 色域范围的背光显示技术,也突破了纳米片器件低亮度的局限性。专利 CN112701234A 公开了一种量子点显示面板及其制备方法[61]。该发明通过一种利用紫外光激发不同颜色的图案化量子点光固化胶层的显示装置,沿显示屏幕由外向内依次叠层安装水氧阻隔层、紫外光反射层、蓝光量子点凝胶层、绿光量子点凝胶层、红光量子点凝胶层及紫外光背光模组。由紫外光背光模组发出紫外光,激发多层量子点凝胶层上的红光、绿光、蓝光量子点,实现全彩显示,提高了发光效率,避免了红光、绿光、蓝光量子点相互干扰,提高了对多种背光源的兼容性。专利 CN112635695A 公开了一种量子点发光层及其制备方法与应用[62]。该制备方法包括以下步骤:将核心量子点溶液与硅烷偶联剂反应,得到中间产物,将中间产物与有机盐反应,得到带电荷的核心量子点沉积溶液;将基板置于得到的带电荷的核心量子点沉积溶液中进行电沉积,得到核心量子点沉积基板;将核心量子点沉积基板进行反应,得到量子点发光层。该制备方法整体工艺简单、制造成本低,得到的量子点发光层可实现像素级量子点排布,具有显示分辨率高、光转换效率高和发光效率高等优点,可以实现批量化生产。专利 CN112802877A 公开了一种复合量子点、量子点彩膜的制备方法及量子点显示器件[63]。该复合量子点包括内核、包裹内核的包覆层和连接在包覆层外表面的配体。该量子点彩膜包括绝缘透明基板和位于绝缘透明基板一侧表面的多条相互间隔的像素条带,每一条像素条带的区域包含多个像素点区域,像素条带为透明导电条带或透明导电条带和复合量子点条带的叠层。该量子点显示器件包括相叠合的像素级背光源组件和量子点彩膜。该发明提供的量子点彩膜配合像素级背光源,实现了像素级发光,量子点彩膜中无滤光片,有助于提升光通过率和显示光效,降低器件整体功耗。专利 CN112652649A 公开了一种量子点显示装置及其制备方法与应用[64]。该量子点显示装置包括依次叠层设置的驱动电路、蓝光光源与量子点沉积层。制备方法包括以下步骤:配制量子点电沉积溶液;制备量子点沉积基板;将制得的量子点沉积基板浸没于制得的量子点电沉积溶液中进行电沉积反应,制备量子点沉积层;将驱动电路、蓝光光源与制得的量子点沉积层依次叠层组装成一体,得到量子点显示装置。该量子点显示装置可用于各类显示器件,且应用兼容性良好,同时简化了量子点彩膜生产工艺并降低了生产成本,实现了像素级量子点排布,从而提升了显示装置的成像品质。

12.2.7　三星的专利布局

三星集团,总部位于韩国京畿道,其旗下的三星电子株式会社和三星显示有限公司在量子点领域拥有相关专利 3334 项,主要布局在量子点显示装置和 QLED 领域。在量子点显示装置方面,三星围绕提高显示品质、简化显示设备结构等方面进行了探索。为简化背光源显示装置的制备过程,专利 CN109507831A 公开了一种设计方案[65]。该显示装置包括显示面板和向显示面板供应光的背光源。其中,背光源包括光源,设置在显示面板后侧、将光源发射的光向显示面板引导的导光板,以及设置在导光板与显示面板之间的多个光学片。这些光学片附接到导光板的前表面,可以包括量子点片,可增加颜色再现性;棱镜片,附接到量子点片的前表面。其中,量子点片和棱镜片通过黏合剂彼此间隔,使得量子点片与棱镜片之间具有空气层。为去除、降低或最小化在显示屏幕上生成的色斑缺陷,专利 CN106353921A 公开了一种反射板、背光单元及使用该背光单元的显示设备[66]。该显示设备包括:一个或多个光源;反射板,从一个或多个光源发射的光入射到反射板上,反射板具有反射入射光的反射面;一个或多个选择性吸光部,设置在反射面上,并可选择性吸收入射光的一部分;量子点片,未被选择性吸光部吸收而发射的光和从光源辐射的光中的一部分入射到量子点片中。为改善显示面板的亮度和减少由量子点颜色转换而引起的损耗,专利 CN111048556A 提供了一种显示面板及显示装置[67]。显示面板包括发射蓝光的光源和量子点滤色器层。量子点滤色器层包括:红光转换器,将蓝光转换成红光的红色量子点颗粒;绿光转换器,将蓝光转换成绿光的绿色量子点颗粒;光透射部分,被配置成透射蓝光;白光发生器,包括第一区域和第二区域,第一区域包括将蓝光转换成黄光的多个黄色量子点颗粒,第二区域透射蓝光。为改善背光源显示装置的色彩再现性和聚光力,专利 CN110687718A 公开了一种显示装置[68]。该显示装置包括:光源;量子点片,反射区域和量子点区域交替地设置在量子点片上,反射区域反射从光源发射的光,量子点区域散射从光源发射光的量子点;显示面板,使用从量子点片提供的光显示图像。为提高图像的色彩再现性及发光效率,专利 CN108628036A 公开了一种光致发光器件及其制造方法和显示设备[69]。该光致发光器件包括:第一基底基板;蓝光阻挡图案,设置在第一基底基板上的第一颜色像素区域、第二颜色像素区域及第一颜色像素区域与第二颜色像素区域之间的第一光阻挡区域中;蓝色滤色器,设置在第一基底基板上的蓝色像素区域、第一光阻挡区域及位于蓝色像素区域与第二颜色像素区域之间的第二光阻挡区域中;第一颜色转换图案,设置在蓝光阻挡图案上、第一颜色像素区域中;第二颜色转换图案,设置在蓝光阻挡图案上、第二颜色像素区域中。其中,第一颜色转换图案可以是绿色转换图案,第二颜色转换图案可以是红色转换图案,反之亦可。绿色转换图案包括绿色量子点颗粒或绿色荧光粉,红色转换图案包括红色量子点颗粒或红色荧光粉。为减少显示设备的颜色渗色,专利 CN111435206A 公开了一种显示设备[70]。该显示设备包括:发光单元,其作用是产生并发射第一颜色光;光学构件,从发光单元入射的第一颜色光在光学构件中被颜色转换,并且颜色转换光从光学构件中发射;显示面板,从光学构件发射的颜色转换光被提供到显示面板。光学构件包括:量子点构件,其作用是透射第一颜色光的一部分并将第一颜色光的部分颜色转换成第二颜色光和第三颜色光;滤光器构件,位于发光单元与量子点构件之间,滤光器构件包括胆固醇液晶层,其作用是反射从量子点构件入射到滤光器构件的第二颜色光或第三颜色光。

QLED 方面,三星也积极进行了专利布局。为保证量子点单元的散热及发光效率,专利 US10424691 提供了一种显示装置及其制造方法[71]。该显示装置包括能够提高散热性能的量子点单元或量子点片。在量子点单元或量子点片中提供具有高导热系数的线,并且该线连接到显示装置的底架以消散在量子点中产生的热量。为改善器件中发光层的空穴传输能力和表面特性从而提高其发光性能,专利 CN110890471A 公开了一种电致发光器件及其显示装置的设计方案[72]。该电致发光器件包括:彼此相对的第一电极和第二电极;设置在第一电极和第二电极之间,且包括量子点和具有连接至骨架结构的取代或未取代 C4～C20 烷基的第一空穴传输材料的发光层;设置在发光层和第一电极之间,且包括第二空穴传输材料的空穴传输层;设置在发光层和第二电极之间的电子传输层。为开发出既具有良好的发光性质又不含重金属(如 Cd、Hg、Pb 或其组合)的环境友好的量子点,专利 CN110875433A 公开了一种量子点及其电致发光器件[73]。该电致发光器件包括彼此相对的第一电极和第二电极,以及设置在第一电极和第二电极之间且包括量子点的发光层。该量子点包括 InP 纳米晶核层,以及设置在核层上的第一个壳层 ZnSe 纳米晶和第二个壳层 ZnS 纳米晶。该器件具有不小于 9% 的外量子效率和不小于 $10000\ \mathrm{cd/m^2}$ 的最大亮度。为防止器件漏电流、使其具有良好的性能,专利 CN110277501A 提供了一种电致发光器件及其显示装置[74]。该电致发光器件包括:彼此相对的第一电极和第二电极;设置在第一电极和第二电极之间且包括发光颗粒的发光层;设置在第一电极和发光层之间的电子传输层;设置在第二电极和发光层之间的空穴传输层。其中,电子传输层包括无机氧化物颗粒和金属有机化合物,金属有机化合物或金属有机化合物的热分解产物可溶于非极性溶剂中。为改善发光层的电荷载流子平衡和光提取效率,同时将泄漏电流最小化,专利 CN110265555A 公开了一种电致发光器件及其显示装置[75]。该电致发光器件包括彼此相对的第一电极和第二电极、设置在第一电极和第二电极之间且包括多个发光颗粒的发光层、空穴传输层和电子传输层。其中,电子传输层包括设置在发光层上且包含多个无机纳米颗粒的无机层,直接设置在无机层、在与发光层相反的侧上表面的至少一部分有机层,该有机层的功函数高于无机层的功函数。为降低驱动电压和泄漏电流且将激子有效地限制在发光层中,专利 CN110010776A 公开了一种电致发光器件及其显示器件[76]。该电致发光器件包括:第一电极;设置在第一电极上且包括具有共轭结构的第一有机材料的空穴传输层;直接设置在空穴传输层上且包括多个发光颗粒的发光层;设置在发光层上的电子传输层;设置在电子传输层上的第二电极。其中,发光颗粒包括中心颗粒和附着在中心颗粒表面的亲水性配体。为改善量子点发光器件发光层中的电子-空穴平衡及提升空穴传输性能和外量子效率,专利 CN108110144A 公开了一种量子点的发光器件和显示器件[77]。该发光器件包括彼此相对的第一电极和第二电极,以及设置在第一电极和第二电极之间且包括量子点的发光层。其中,量子点包括半导体纳米晶和结合至半导体纳米晶的表面配体,配体包括有机硫醇配体或其盐和多价金属化合物。

12.2.8 华星光电的专利布局

华星光电在量子点领域拥有相关专利 1093 项,主要布局在背光模组和显示面板领域。背光模组领域,华星光电以高性能背光模组的设计和制造工艺进行专利布局。为实现屏幕控制量子点自然光的通断,专利 CN111338124A 公开了一种量子点显示面板、量子点显示装置及其制备方法[78]。该量子点显示面板包括阵列基板、彩膜基板及设置于阵列基板与彩膜基板之间的液晶层。其中,彩膜基板包括盖板、截光层、量子点像素层、阻绝层、反射层、涂覆层、内置偏光层、隔离柱和聚酰亚胺层。通过外置偏光片、内置偏光层和液晶层的相互配合，可以让屏幕控制量子点自然光的通断。同时，通过在盒内直接涂布偏光溶液，制备内置偏光层，可以简化制造工艺并节约生产成本。为提高对比度和显示均匀性，专利 CN111338129A 公开了一种背光模组及显示装置[79]。该背光模组包括若干背光单元，背光单元包括背板、发光部、反射透镜、量子点薄膜和封装边框。背板具有相对设置的第一面和第二面，发光部设置在第一面，反射透镜设置在第一面上，且与发光部对应。反射透镜用于反射发光部的光线，量子点薄膜设置在反射透镜远离背板的一侧。封装边框将背板、发光部、反射透镜和量子点薄膜封装在封装边框内。该背光模组有多个独立背光单元，每一个独立的背光单元可以形成背光源，通过独立地控制背光单元，可以消除相邻单元之间的背光串扰。为解决现有封装方式下高透水率和高透氧率达不到量子点的工作要求，以及散热不好导致量子点发光效率低的问题，专利 CN108281530A 提供了一种 QLED、背光模块及显示装置[80]。该 QLED 包括支架、LED 芯片、至少一层光纤层及封装层。其中，LED 芯片固定在支架上且与支架连接。光纤层设置在 LED 芯片上方，由密闭封装量子点的光纤组成。封装层将至少一层光纤层和 LED 芯片封装在支架上。该设计方案通过采用低透氧率、低透水率且高热导的二氧化硅光纤对量子点进行封装，保证了量子点在该情况下高的发光效率。为改善显示装置大视角色偏的问题，专利 CN108303821B 提供了一种背光模组的设计方案[81]。该背光模组包括依次叠层设置的背光源、导光板和量子点层。量子点层包括相对设置的第一面和第二面，第二面贴合至导光板。量子点层设有形成于第一面与第二面之间的多个第一区域和多个第二区域，各第一区域设置在相邻的两个第二区域之间，以形成第一区域和第二区域交替排布。第一区域中的量子点浓度小于第二区域中的量子点浓度，形成第一区域的第一面包括第一曲面，其中第一曲面用于对通过第一区域的光线进行散射处理。为提高量子点层光致发光利用率和背光亮度并避免背光颜色偏蓝，专利 CN107688255A 公开了一种量子点膜片的制作方法及背光模组[82]。该量子点膜片包括量子点层和将量子点层夹设于其中的上下两层保护层，上层的保护层为内部具有气泡的微孔结构。通过在量子点层的其中一层保护层内形成气泡，光线从量子点层进入保护层内的气泡后，会发生全反射而重新进入量子点层，从而提高光致发光效率和背光亮度。为避免量子点材料受水汽和氧气的影响，专利 CN107193077A 公布了一种利用玻璃平板来密封封装量子点材料，从而有利于液晶显示器显示的背光模块[83]。该背光模块包括：透明导光体，具有入光侧面和密封的收容腔；若干量子点，收容于收容腔内；光源，邻近于入光侧面设置。

在显示面板领域,华星光电主要在提高显示面板的发光效率、色域、色纯度等方面进行相关专利布局。为解决现有技术中由 RGB 色阻不能够完全吸收其他波长的光导致液晶显示器件色纯度降低、色域降低,影响视觉效果的问题,专利 CN111290162A 公开了一种量子点材料结构及液晶显示装置[84]。该量子点材料结构应用于液晶显示装置,由内而外依次包括量子点核、量子点壳和量子点配体层。量子点核包括砷化镉纳米簇,用于吸收预定波长的绿光。量子点壳用于保护量子点核。量子点配体层用于促进量子点材料结构分散。为提升色域,专利 CN111077698A 提供了一种背光模组和液晶显示装置的设计方案[85]。背光模组包括背板、光源、量子点膜和光纯化膜。背板包括容纳腔和光源固定构件。光源通过光源固定构件固定在容纳腔内。量子点膜面对光源设置。光纯化膜面对量子点膜设置,且设置有用于吸收特定色光频段的色光吸收因子。该设计方案通过设置光纯化膜来吸收量子点膜输出的黄橙光和青绿光,可以实现色域的进一步提升。为解决量子点层直接贴合于偏光片及导光板所造成的光学亮度损失和亮度不均匀现象,专利 CN110888254A 公开了一种量子点基板、液晶显示面板及双面液晶显示面板[86]。该量子点基板包括衬底、量子点层和框胶,其中量子点层形成于衬底上,框胶涂布于量子点层及其周围,用来支撑膜层以形成空气层。为减少光致发光过程中产生的光损失,提高光的利用率,专利 CN110992841A 提供了一种显示装置及其制作方法[87]。显示装置包括阵列基板和微发光二极管。微发光二极管阵列排布于阵列基板上。阵列基板一侧的表面设有多个向微发光二极管内部凹陷的微腔结构,通过将设置于微发光二极管上的量子点膜层填充进微腔结构,将量子点分散到微发光二极管表面上的各个微腔结构中,防止量子点的聚集,同时又将量子点限制在微发光二极管内部,包含量子点的多个微腔结构可以增强微发光二极管与量子点之间的能量转移效应。量子点显示面板在暗态显示时,为阻止环境光对量子点的激发,并消除背光源中的金属电极反射环境光,专利 CN110911456A 提供了一种包括叠层设置的像素层、彩色滤光片层、反射式滤光片层、圆偏光片的量子点显示面板设计方案[88]。像素层中每三个子像素的其中两个填充红色量子点及绿色量子点。彩色滤光片层包括彩色滤光片、对应红色量子点的红色滤光片及对应绿色量子点的绿色滤光片。反射式滤光片层包括反射式滤光片、至少一个第一薄膜及至少一个第二薄膜。为有效地提高显示面板的对比度和穿透率,专利 CN110780488A 公开了一种显示面板及显示装置的设计方案[89]。其中,该显示面板包括第一显示面板、量子点层和第二显示面板。第一显示面板与第二显示面板相对设置,量子点层设置于第一显示面板朝向第二显示面板的一侧上。设置第一显示面板和第二显示面板,并使其中一个实现动态背光,另一个显示画面,且在两个显示面板之间设置量子点层,从而使显示面板具有高色域、广视角、高对比度、高穿透率的特性。

在量子点墨水和喷墨打印方面,华星光电积极地进行了相关专利布局。为抑制量子点墨水在喷墨打印过程中出现咖啡环效应,专利 CN111040514A 提供了一种量子点墨水及显示面板的制作方法[90]。其中量子点墨水包括有机溶剂及分散于有机溶剂中的量子点。量子点包括发光型量子点和阻挡型量子点。通过在量子点墨水中添加阻挡型量子点,可以抑制量子点墨水在喷墨打印过程中的扩散作用,提高了量子点膜面的平整性和均一性,使显示面板表现出优异的显示品质。为避免量子点墨水打印时对薄膜的导电性及发光性能产生影响,专利 CN105670388B 提供了一种量子点墨水的制作方法[91]。该量子点墨水的制作方法是通过第一溶剂与第二溶剂的混合,将量子点墨水的黏度调整至预期范围,之后通过第三溶剂与第一、第二溶剂的混合,在保持量子点墨水具有预期范围内黏度的同时,将量子点墨水的表面张力调整至预期范围。此外,通过在量子点墨水中添加第四溶剂,可将其蒸气压调节至合理范围。通过以上多种溶剂的混合,可以配制出黏度、表面张力、干燥条件等性能指标适合喷墨打印的量子点墨水,从而避免在墨水中添加表面活性剂,实现量子点墨水对薄膜的导电性及发光性能不产生影响的目标。为提高量子点薄膜的折射率,进而提高显示面板的发光效率,专利 CN111286232A 公开了一种量子点墨水及显示面板[92]。该量子点墨水包括量子点材料和含硫光敏性单体。含硫光敏性单体包括第一类含硫光敏性单体和第二类含硫光敏性单体;第一类含硫光敏性单体中含有巯基,第二类含硫光敏性单体中含有丙烯基。通过将具有含硫光敏性单体的量子点墨水应用于显示面板发光层或色转换层的制备,可以实现显示面板发光效率的提升。

12.2.9 京东方的专利布局

京东方在量子点领域的专利有 1531 项,主要集中在高性能 QLED、显示面板结构的设计。为减少量子点核和量子点壳的界面之间的无辐射跃迁,提高量子点的发光能力,专利 CN110137363A 公开了一种量子点及其制作方法、QLED 和显示面板[93]。其中,量子点包括量子点核、包覆在量子点核外部的电荷过渡层及包覆在电荷过渡层外部的量子点壳。电荷过渡层的主体材料内掺杂金属离子,金属离子为电荷价态可变金属离子,金属离子的电荷价态包括量子点核中阳离子的电荷价态和量子点壳中阳离子的电荷价态。现有技术中量子点彩色滤光层包括多个量子点层,为提高出光效率同时降低显示面板的厚度,专利 CN110596950A 提供了一种量子点彩色滤光层及其制作方法、显示面板和装置[94]。量子点彩色滤光层被划分为间隔设置的多个滤光区,滤光区中设置有量子点功能层,量子点功能层在蓝光的激发下发光。量子点功能层中有微小图案,微小图案为镂空图案。当蓝光照射到量子点功能层时,可以通过镂空图案的空隙照射到量子点功能层镂空处的侧面,因而能够增加蓝光与量子点功能层的接触面积,提高蓝光对量子点的激发率,从而能够提升量子点功能层的发光效率。为有效解决现有量子点膜存在的使用寿命短的问题,专利CN110703498A 提供了一种量子点膜及其制备方法、背光源和显示装置[95]。该量子点膜包括相对设置的第一基底和第二基底,以及位于第一基底和第二基底之间的量子点层,第一基底或第二基底的材料包括热触发自修复材料。通过热触发自修复材料的基底吸收 LED 工作过程和量子点光转换过程中产生的热量,不但降低了量子点的工作温度,而且能够修复基底的老化或损伤,最大限度地提高了量子点膜的性能和使用寿命。为解决量子点显示器件发光效率低的问题,专利 CN110646977A 提供了一种量子点显示面板及显示装置[96]。该量子点显示面板具有多个亚像素。量子点显示面板包括量子点阵列、第一透镜阵列和调光层。量子点阵列包括多个间隔设置的量子点发光层,一个量子点发光层位于一个亚像素内。第一透镜阵列位于量子点阵列的出光侧,包括多个间隔设置的第一透镜。一个透镜位于一个亚像素内,第一透镜用于出射平行光。调光层位于第一透镜阵列的出光侧,且具有多个透过率可调的调光区,一个调光区位于一个亚像素内。为避免在蓝光 Mini Led 模组点灯状态下会呈现四周发蓝的不良现象,专利 CN109765726A 公开了一种量子点膜及其制备方法、背光模组、驱动方法和显示装置[97]。通过将量子点结构设置在隔离结构的各网格内,使得每一量子点结构均被隔离结构包围,因此在使用该量子点膜的过程中,例如将该量子点膜进行裁剪应用到背光模组中时,裁剪后的量子点膜由于隔离结构的保护作用,周围环境中的水分和氧气不易进入被该隔离结构包围的中间量子点结构中,从而中间的量子点结构不会被周围环境中的水分和氧气破坏,仅仅在裁剪四周的一小部分量子点结构被破坏,不影响该量子点膜的使用效果。为能够有效提高量子点层的发光效率和发射强度,专利 CN109148673A 公开了一种量子点薄膜、量子点发光组件及显示装置[98]。量子点薄膜包括量子点层和导电层。其中,导电层位于量子点层沿厚度方向的至少一侧,包括多个纳米级金属颗粒,其中一部分的纳米级金属颗粒在电磁辐射作用下产生表面等离子体共振。为防止量子点产生团簇失效问题,最大限度减少 LED 芯片工作温度对量子点的影响,保持量子点的高效率,从而提高 LED 光源的显色性和饱和性,拓宽色域,改善照明和显示效果,专利 CN109301056B 公开了一种 LED 光源、背光源及显示装置[99]。其中,LED 光源包括 LED 芯片和叠层设置于 LED 芯片出光面上的至少两层量子点激发层。其中,远离 LED 芯片的量子点激发层中的量子点浓度大于靠近 LED 芯片的量子点激发层中的量子点浓度。为降低荧光淬灭现象,提高发光效率,专利 CN107634133A 提供了一种量子点增强膜[100]。量子点增强膜包括基体层和功能层。其中,功能层形成在基体层上,基体层的厚度方向的至少一侧设置有功能层。功能层包括沿量子点增强膜的厚度方向上交替叠层设置的限位层和量子点材料层,限位层包括水滑石材料或类水滑石材料,量子点材料层包括量子点。为提升量子点显示器件的显示质量,同时降低相关的制造成本和工艺难度,专利 CN106226943A 公开了一种制造量子点显示器件的方法[101]。该方法包括:提供彼此相对的阵列基板和对合基板;将含有量子点材料的配向溶液印刷到阵列基板面向对合基板的一侧上,然后移除配向溶液中的溶剂,在移除溶剂之后,加热阵列基板,以及在阵列基板背离对合基板的一侧上提供背光模组。为一定程度上拓宽色域,改善大视角色偏的问题,专利 CN104950518A 公开了一种量子点膜及其背光模组[102]。量子点膜包括量子点层和光波导层。量子点层覆盖在光波导层上,光波导层为若干子层构成的层叠结构,层叠结构中从靠近量子点层的子层开始,若干子层的折射率逐层变大。量子点膜制备方法包括:制备光波导层;提供量子点层,并将量子点层与光波导层贴合在一起,得到量子点膜。背光模组包括导光板、量子点膜和棱镜膜。量子点膜夹设于导光板和棱镜膜之间,量子点层位于光波导层与棱镜膜之间。

在 QLED 方面,京东方也在相关领域进行了专利布局。为提高电子注入能力,从而提高器件的发光效率和寿命,专利 CN111341926A 公开了一种 QLED 及其制作方法、显示面板和显示装置[103]。该器件包括量子点发光层及设置在量子点发光层一侧的电子传输层。量子点发光层包含量子点材料,电子传输层包含异质多聚体。利用异质多聚体的导带位置差异来构建多能级梯度,在电子跃迁时,可降低电子注入势垒。异质多聚体为至少包括第一电子传输材料与第二电子传输材料的纳米颗粒,第一电子传输材料与第二电子传输材料通过范德华力连接,第一电子传输材料的导带能级低于量子点材料的导带能级,第二电子传输材料的导带能级高于第一电子传输材料的导带能级。为明显提高量子点器件背板中量子点层的附着力,使其结合牢固,不易脱落,保证良好的显示效果,且提高加工良率和降低成本,专利 CN110635057A 公开了一种量子点器件背板及其制作方法[104]。该量子点器件背板包括:基板;阴极,设置在基板的第一表面上;电子传输层,设置在阴极远离基板的表面上;连接层,设置在电子传输层远离基板的表面上,且与电子传输层之间通过化学键键合;量子点层,设置在连接层远离基板的表面上,且与连接层之间通过化学键键合。为有效促进电子-空穴注入平衡,提高器件的效率与寿命,专利 CN110085757A 公开了一种量子点及其制备方法和量子点发光器件[105]。该专利提供的量子点最外侧壳层为空穴传输材料,该结构的量子点可应用于器件的制备中,一方面可以将该量子点的最外层空穴传输材料作为器件中的空穴传输层,减少单独制作一层空穴传输层的工艺,有效简化器件结构与工艺制程;另一方面将该量子点的最外层空穴传输材料与器件中的电子传输层相接触,作为电子阻挡层,能够阻挡部分电子传输,解决现有技术中由电子传输更为高效导致电子在器件中成为多子的问题。为改善现有技术制造的量子点发光器件会存在电压升高到一定程度后,电压再升高时,发光效率下降的问题,专利 CN110323347A 公开了一种量子点电致发光器件、显示面板及显示装置[106]。量子点电致发光器件包括叠层设置的阳极层、复合发光层和阴极层。其中,复合发光层包括堆叠的至少两层量子点发光层,每相邻两层量子点发光层之间具有中间层,中间层被用于传输空穴、阻挡电子。为解决电子和空穴形成的激子容易在发光层和电子传输层的界面被淬灭的问题,提升 QLED 的性能,专利 CN110098343A 提供了一种量子点复合物及其制备方法、发光器件及其制备方法[107]。通过在部分核壳量子点的外侧形成电子传输层,部分核壳量子点被包裹,而另一部分核壳量子点暴露。该量子点复合物用于形成位于发光层与电子传输层之间的界面层,能够解决电子和空穴形成的激子容易在发光层和电子传输层的界面被淬灭的问题,使发光层和电子传输层的界面形成非异质结构,从而延长 QLED 的使用寿命并提高其性能。

12.2.10 TCL 的专利布局

TCL 在量子点领域拥有相关专利 1440 项,主要集中在高性能 QLED 和 QLED 显示面板。在 QLED 领域,TCL 主要围绕提高器件发光效率和寿命进行相关专利布局。为解决现有 QLED 载流子迁移率低而影响器件发光效率、量子点发光层厚度薄而影响器件使用寿命的问题,专利 CN106328822A 提供了一种 QLED 结构设计方案[108]。该器件依次包括设置的第一电极、空穴注入层、空穴传输层、发光层、电子传输层和第二电极。其中,发光层由量子点发光材料和混合传输材料制成。混合传输材料为空穴传输材料和电子传输材料,且空穴传输材料和电子传输材料在发光层中形成双连续网络结构,而量子点发光材料分散在双连续网络结构中并形成发光系统。以双连续网络代替量子点作为注入载流子的传输媒介,从电极注入的空穴可以在空穴传输材料的网络中传输,电子可以在电子传输材料的网络中传输。空穴传输材料和电子传输材料分别针对空穴和电子的传输进行优化,因此双连续网络结构可以显著提高并平衡电子和空穴在发光层中的迁移率,从而提高 QLED 的发光效率。随着载流子迁移率和电导率的提高,驱动电压降低,发光层厚度可以增加,从而为优化出光效率提供新的维度。而器件厚度的增加可以降低发光层的有效电场,降低激子分裂的概率,降低每个量子点承受的电流负荷,从而提高 QLED 的使用寿命。此外,空穴传输材料和电子传输材料形成的双连续网络结构,使得量子点发光材料之间不再紧密排列,可以降低激子因浓度引起的淬灭和载流子引起的俄歇复合,最终提高发光单元器件的发光效率和亮度。目前在 QLED 中,金属氧化物被广泛用于电子传输层和空穴传输层。与有机化合物相比较,金属氧化物具有高的载流子迁移率、可调的能级结构和优良的稳定性。然而大多数金属氧化物都是在空气中合成制备,因此其表面就包含大量的羟基基团,该基团可以作为激子淬灭的基团,导致器件的性能减弱。为解决现有的金属氧化物表面处理方法使得器件结构复杂、金属氧化物不能大规模应用在器件中的问题,专利 CN106450042A 公开了一种金属氧化物、QLED 及其制备方法[109]。该金属氧化物的制备方法包括以下步骤:将金属氧化物的前驱体溶解于溶剂中,与聚乙烯吡咯烷酮混合,再在 100~300℃ 条件下反应 30 min 到 2 h,得到聚乙烯吡咯烷酮包覆的金属氧化物;或者将金属氧化物的前驱体溶解于溶剂中,在 100~300℃ 条件下反应 30 min 到 2 h,然后与聚乙烯吡咯烷酮混合,得到聚乙烯吡咯烷酮包覆的金属氧化物;或者将金属氧化物的纳米颗粒溶液与聚乙烯吡咯烷酮混合,得到聚乙烯吡咯烷酮包覆的金属氧化物。通过在金属氧化物表面包覆聚乙烯吡咯烷酮,可以降低金属氧化物表面的缺陷,钝化金属氧化物,从而有效覆盖金属氧化物表面可能产生的缺陷及激子复合中心,进而提高激子复合的比例,提高器件的外量子效率。该方法过程简单、易实施,可大规模应用于器件制备。在 QLED 中,量子点发光层背光一侧的光往往无法有效利用,金属电极虽然有一定的反射作用,但是也有较大的吸收损耗,所以现有的 QLED 的发光效率还有待提高。为提高现有技术制造的 QLED 的发光效率,专利 CN106206976A 公开了一种基于光子晶体结构的 QLED 及其制备方法[110]。该器件从下至上依次包括基板、电子传输层、量子点发光层、空穴传输层、空穴注入层和顶电极。其中,空穴注入层具有光子晶体结构。通过在空穴注入层中制作光子晶体结构,利用光子晶体的表面效应,即全反射作用和量子点发射光与光子晶体表面状态的耦合作用,从而有效利用量子点射向金属电极一侧的光,提高 QLED 的出光效率。QLED 中本征电子易注入、空穴难注入,导致载流子注入不平衡,最终造成 QLED 性能低的问题,为解决这一问题,专利 CN105280829A 提供了一种 QLED 的设计方案及其制备方法[111]。该器件包括依次叠层设置的阴极、量子点发光层、空穴传输层和阳极。其中,空穴传输层由深蓝光主体材料制成。采用具有较深 HOMO 能级和较高 T1(三线态)能级的深蓝光主体材料作为该器件的空穴传输层材料。一方面,较深的 HOMO 能级(7 eV 左右)能有效降低空穴传输层与量子点发光层之间的空穴注入势垒,同时,该深蓝光主体材料具有良好的空穴传输性能,从而保证了空穴的有效传输。另一方面,较高的 T1 能级能有效防止激子在空穴传输层界面处因能量反转引起的淬灭,从而有效提高器件性能。目前的 QLED 在低电流区域都有很大的漏电流,导致载流子的复合效率很低,因而器件效率不高、寿命很短。漏电流产生的原因主要是量子点薄膜不致密,即使密堆积的量子点薄膜也还有空隙,而在下一层薄膜制备的过程中,这些空隙就会形成短路。为解决上述问题,专利CN106450013A 提供了一种 QLED 的设计方案[112]。一方面,该器件没有单独的量子点层,从而避免了量子点薄膜的引入对器件发光效率和使用寿命的影响。同时,将量子点掺杂到传输材料中形成空穴传输层、电子传输层,使得该器件只有一个不同功能层界面之间的异质结结构,可以改善器件的电学特性,提高器件的稳定性,有利于提高发光效率。另一方面,该器件采用绝缘材料作为量子点掺杂的空穴传输层或电子传输层的载体,从而可以更好地限制电子和空穴,有利于形成量子势阱。绝缘材料可以更好地保护量子点,填充量子点之间的空隙,减小漏电流的发生,从而提高器件的发光效率并延长其使用寿命。

在量子点显示面板方面,TCL 也进行了一些专利布局。量子点应用于量子点显示面板,只能通过湿法制备,因此需要制作像素 bank 层,在像素 bank 层制作完成后,像素电极表面会残留一层很薄的 bank 薄膜,无法被显影掉。现有方法去除残留像素bank 层会影响后期器件性能,且去除残留像素 bank 层的工艺会增加制作成本且易于混色,为解决这些问题,专利 CN106601922A 公开了一种量子点显示面板及其制作方法[113]。量子点显示面板从下至上依次包括基板、位于基板像素电极图案区的像素电极、像素电极周边区域的像素 bank 层、像素电极上残留的像素 bank 层、电子传输层、量子点发光层、空穴传输层、空穴注入层及阳极层。该发明以像素 bank 层制作时残留在像素电极上的 bank 薄膜为电子阻挡层制作倒置结构的 QLED,由于 bank 薄膜的绝缘特性,会降低像素电极到器件中的电荷注入,从而平衡器件中电子和空穴的注入,提高器件性能,同时还能避免去除残留 bank 层的工艺及该工艺导致的易于混色的问题,降低制作成本,提高良率。合理的 QLED 驱动方案是一种可以减缓器件光强衰减、延长器件使用寿命的方法。QLED 一般是由第一电极、空穴传输层、量子点发光层、电子传输层及第二电极构成。由于每层的能级不同,即存在能级差,在器件工作过程中,电荷会聚集在有能级差的界面,特别是与量子点发光层接触的界面,这会很大程度地影响量子点的发光特性,从而降低发光强度,这些缺陷也会限制载流子。随着 QLED 工作时间的增加,越来越多的电荷限制在界面中,成为淬灭光子的中心,从而极大地降低了发光强度,也缩短了器件的使用寿命。量子点显示面板在驱动过程中,同样存在由于电荷长时间聚集在量子点界面层中,从而影响量子点显示面板的使用寿命及发光强度的问题。为解决上述问题,专利 CN108932927A 公开了一种量子点显示面板的驱动方案,其中包括以下步骤:预先在驱动像素点点亮的驱动电路中添加反向触发信号;当反向触发信号被激发时,对像素点施加反向驱动信号,从而消除限制在像素点中的电荷。该反向驱动信号改变了缺陷势阱的势垒,消除了限制和聚集于势阱中的电荷,减小了限制电荷的密度,从而延长了量子点显示面板的使用寿命并提高了其显示亮度[114]。

12.3　总结与展望

量子点材料是下一代新型显示技术中的核心材料,直接决定着量子点显示器件性能的高低。目前,我国在量子点显示产业领域位于第一梯队,具有先发优势。无论是在量子点材料领域,还是在量子点发光器件领域,我国企业都有自己的专利布局和产业定位。在上游的量子点材料领域,纳晶科技与浙江大学彭笑刚教授团队深度合作,在胶体量子点合成领域处于世界领先地位。通过控制胶体量子点的生长过程,来调控量子点的激子态性质和光学性质,纳晶科技已经开发出了一系列高性能量子点材料。在中游的 QD-LCD 和 QLED 领域,纳晶科技和华星光电主要对发光器件的出光效率、使用寿命、散热、发光效率、色域、色纯度等方面进行了一系列技术创新和专利布局。在下游的显示面板领域,京东方和 TCL 主要围绕显示面板结构设计和制备工艺的技术创新来展开专利布局,从而实现降低显示面板制造成本、提高显示效果和发光效率等量子点显示技术产业化发展的目标。

目前,红光和绿光 QLED 的各项性能指标都已接近商业化的要求,蓝光 QLED 在发光效率和使用寿命方面的突破是 QLED 显示技术产业化的关键所在。

参 考 文 献

[1] 权威化学家彭笑刚:量子点是目前最优秀的电视发光材料. (2016-07-26)[2022-01-01]. http://www.techweb.com.cn/news/2016-07-26/2365701.shtml.

[2] 量子点显示:现状与挑战. (2019-04-29)[2022-01-01]. http://www.miitestc.org.cn/show-27-74-1.html.

［3］国际显示博览会 UDE2019，我们来了！（2019-06-22）［2022-01-01］．http：//www. najingtech. com/about-news-detail. aspx? newsId＝527.

［4］Qiu W，Xiao Z，Roh K，et al. Mixed lead-tin halide perovskites for efficient and wavelength-tunable near-infrared light-emitting diodes. Advanced Materials，2019，31（3）：1806105.

［5］Ishii A，Miyasaka T. Sensitized Yb^{3+} luminescence in $CsPbCl_3$ film for highly efficient near-infrared light-emitting diodes. Advanced Science，2020，7（4）：1903142.

［6］三星明年生产基于量子点技术的 OLED 大型面板．（2020-07-07）［2022-01-01］．https：//picture. iczhiku. com/weixin/message1594102241938. html.

［7］Nanosys Who-We-Are. ［2022-01-01］．https：//www. nanosysinc. com/who-we-are.

［8］Ippen C，Truskier J，Manders J. Method for synthesizing blue light-emitting $ZnSe_{1-x}Te_x$ alloy nanocrystals：US2019390109A1. 2019-05-24.

［9］Ippen C，Plante I J L，Kan S，et al. Stable inp quantum dots with thick shell coating and method of producing the same：WO2019084135A1. 2018-10-24.

［10］Guo W，Chen J，Dubrow R，et al. Highly luminescent nanostructures and methods of producing same：US2018155623A1. 2017-12-22.

［11］Plante I J L，Wang C. Thiolated hydrophilic ligands for improving the reliability of quantum dots in resin films：WO2018226925A1. 2018-06-07.

［12］Dubrow R S，Freeman W P，Furuta E L. Quantum dot films, lighting devices, and lighting methods：US20160363713A1. 2016-08-23.

［13］Nelson E W，Eckert K L，Kolb W B，et al. Quantum dot film：EP2946411B1. 2014-01-16.

［14］Manders J R，Berkeley B H. Display devices with different light sources in pixel structures：US2020168673A1. 2019-10-23.

［15］Hartlove J，Hardev V，Kan S，et al. Quantum dot based color conversion layer in display devices：US10985296B2. 2019-11-27.

［16］Lee E C W. Methods of improving efficiency of displays using quantum dots with integrated optical elements：WO2020023583A1. 2019-07-24.

［17］Breen C，Liu W. Methods for coating semiconductor nanocrystals：WO2013078242A1. 2012-11-20.

［18］Nick R J，Breen C. Quantum dot-containing compositions including an emission stabilizer, products including same, and method：WO 2013078252A1. 2012-11-20.

［19］Liu W，Breen C，Coe-Sullivan S. Semiconductor nanocrystals，methods for making same, compositions，and products：US10553750B2. 2019-02-27.

［20］Narrainen A P，Vo C D，Nguyen K D Q，et al. Quantum dot compositions：US9663710B2. 2015-03-18.

［21］Daniels S，Narayanaswamy A. Quantum dot nanoparticles having enhanced stability and luminescence efficiency：US10468559B2．2017-04-25．

[22] Glarvey P A，Harris J，Daniels S，et al．Cadmium-free quantum dot nanoparticles：WO2015101779A1．2014-12-19．

[23] Daniels S，Harris J，Glarvey P，et al．Group Ⅲ-Ⅴ/Zinc chalcogenide alloyed semiconductor quantum dots：US10351767B2．2016-09-26．

[24] 胡保忠，毛雁宏．蓝光核壳量子点、其制备方法以及应用：CN111117595A．2019-11-21．

[25] 彭笑刚，周健海，苏叶华．纳米晶-配体复合物、其制备方法及其应用：CN107522723A．2017-08-09．

[26] 高静，汪均，陈昌磊，等．InP 量子点及其制备方法：CN106701059B．2016-11-11．

[27] 谢松均，汪均，涂丽眉，等．ZnSe/Ⅲ-Ⅴ族/ZnSe$_x$S$_{1-x}$ 或 ZnSe/Ⅲ-Ⅴ族/ZnSe/ZnS 量子点及其制备方法：CN106479481A．2016-09-20．

[28] 陈小朋，苏叶华．白光量子点组合物及其制备方法：CN106497546A．2016-09-22．

[29] 乔培胜，吴洪剑，高静．量子点、其制备方法及光电器件：CN110317609A．2019-08-06．

[30] 陈小朋，邵蕾，谢阳腊．一种红光量子点、其合成方法及量子点发光二极管：CN108841373A．2018-05-25．

[31] 高远，谢松均．一种 ZnOS/ZnO 纳米晶及其制备方法、发光器件：CN109628082A．2018-11-01．

[32] 彭军军，郭海涛．一种氧化锌基纳米颗粒墨水以及光电器件：CN110144139A．2019-04-15．

[33] 金一政，张振星，陈小朋．氧化锌纳米晶体、氧化锌纳米晶体组合物、其制备方法和电致发光器件：CN110484233A．2018-04-03．

[34] 张振星．氧化锌纳米晶的制备方法、光电器件：CN111115679A．2019-12-05．

[35] 张振星．掺杂氧化锌纳米晶及其制备方法、量子点发光器件及其制备方法：CN111326661A．2018-12-13．

[36] 陈超，甄常刮．电致发光器件、具有其的显示装置与照明装置：CN106058072A．2016-06-30．

[37] 金一政，李逸飞．量子点发光二极管器件及用于制作其的墨水：CN111326664A．2018-12-14．

[38] 胡兵．一种显示基板及其制作方法、显示装置：CN111354869A．2020-02-25．

[39] 顾辛艳，甄常刮．量子点膜、其制作方法及显示器件：CN106158916A．2016-08-26．

[40] 王兵．一种气凝胶量子点膜、制备方法和包含其的显示器件：CN110518112A．2019-08-26．

[41] 金国君．一种量子点膜及其制备方法：CN109616577A．2018-10-26．

[42] 杜勇．量子点膜及其制作方法、量子点器件：CN107680900A．2017-09-22．

[43] 单玉亮，曹越峰，邝青霞，等．磷化铟纳米晶的制备方法及由其制备的磷化铟纳米晶：CN112280557A．2019-07-25．

[44] 单玉亮，邝青霞，刘东强，等．磷化铟纳米晶的制备方法：CN111826158A．2019-04-18．

[45] 张卫，王允军．一种磷化铟量子点的制备方法：CN107098324A．2017-05-08．

[46] 张卫，张超，王允军．一种 InP 量子点及其制备方法：CN106433640A．2016-09-07．

[47] 孙佳, 王红琴, 史横舟, 等. 一种电致发光器件及其制备方法、显示装置及照明装置: CN112216802A. 2020-09-15.

[48] 王红琴, 孙佳, 史横舟, 等. 一种显示面板及其制备方法、显示装置: CN111354861A. 2020-03-23.

[49] 王红琴, 孙佳, 史横舟, 等. 一种显示基板及其制备方法、显示装置: CN111403442A. 2020-03-23.

[50] 王红琴, 孙佳, 史横舟, 等. 一种电致发光元件、透明显示装置和电致发光元件的制作方法: CN110957434A. 2019-12-12.

[51] 王允军, 方龙, 宋尚太. 微型显示单元、显示面板、像素单元及其制作方法: CN110473951A. 2019-08-30.

[52] 孙佳, 王红琴, 史横舟, 等. 量子点发光器件、背光光源及照明装置: CN110379928A. 2019-06-26.

[53] 孙小卫, 张文达, 王恺. 一种具有核壳结构的磷化铟量子点及其制备方法和用途: CN109575913A. 2019-01-22.

[54] 张志宽, 李祥, 徐冰, 等. 一种核壳 InP/ZnSe/ZnS 量子点及其制备方法: CN112608752A. 2020-12-21.

[55] 王恺, 孙小卫, 刘皓宸, 等. 一种 CdSe/CdS 量子棒的制备方法: CN110041911A. 2019-05-30.

[56] 孙小卫, 张文达, 王恺. 一种量子点材料及其制备方法和应用: CN112592713A. 2020-12-22.

[57] 杨丽敏, 张志宽, 高丹鹏, 等. 一种量子点显示装置及其应用: CN112510076A. 2020-12-21.

[58] 高丹鹏, 张志宽, 杨丽敏, 等. 一种量子点显示装置及其应用: CN112635532A. 2020-12-21.

[59] 张志宽, 高丹鹏, 杨丽敏, 等. 一种量子点显示面板及其制备方法、显示装置: CN112687726A. 2020-12-25.

[60] 孙小卫, 王恺, 徐冰, 等. 一种背光显示器件及其制备方法: CN109782486A. 2019-02-13.

[61] 张志宽, 高丹鹏, 杨丽敏, 等. 一种量子点显示面板及其制备方法: CN112701234A. 2020-12-25.

[62] 张志宽, 高丹鹏, 杨丽敏, 等. 一种量子点发光层及其制备方法和应用: CN112635695A. 2020-12-21.

[63] 杨丽敏, 张志宽, 高丹鹏, 等. 复合量子点、量子点彩膜、其制备方法及量子点显示器件: CN112802877A. 2020-12-21.

[64] 张志宽, 高丹鹏, 杨丽敏, 等. 一种量子点显示装置及其制备方法与应用: CN112652649A. 2020-12-21.

[65] 柳俊模, 安埈奭, 李启薰. 显示装置: CN109507831A. 2018-09-14.

[66] 朴天淳, 李迎铁, 蔡昇勳, 等. 反射板、背光单元以及显示设备: CN106353921A. 2015-12-03.

[67] 李启薰. 显示面板和具有显示面板的显示装置: CN111048556A. 2019-10-10.

[68] 曹秉辰, 李迎铁, 卢南锡, 等. 显示装置: CN110687718A. 2019-07-05.

[69] 朴基秀,金泳敏,朴海日,等. 光致发光器件、其制造方法及具有该器件的显示设备：CN108628036A. 2018-03-21.

[70] 李相吉,朴镇浩,孙东一,等. 显示设备：CN111435206A. 2019-12-31.

[71] Jang N W，Hur J，Park T S, et al. Display apparatus having quantum dot unit or quantum dot sheet and method for manufacturing quantum dot unit：US10424691. 2017-09-21.

[72] 韩文奎,丁大荣,金光熙,等. 电致发光器件和包括其的显示装置：CN110890471A. 2019-09-06.

[73] 元裕镐,权河一,张银珠,等. 量子点和包括其的电致发光器件：CN110875433A. 2019-08-30.

[74] 金星祐,金璨秀,金泰豪,等. 电致发光器件、其形成方法和包括其的显示装置：CN110277501A. 2019-03-14.

[75] 金泰豪,金星祐,张银珠,等. 电致发光器件和包括其的显示装置：CN110265555A. 2019-03-12.

[76] 丁大荣,韩文奎,金泰亨,等. 电致发光器件和包括其的显示器件：CN110010776A. 2018-12-03.

[77] 曹欧,安珠娅,张银珠,等. 包括量子点的发光器件和显示器件：CN108110144A. 2017-11-22.

[78] 杨超群,黄长治,石岩昌,等. 一种量子点显示面板、量子点显示装置及其制备方法：CN111338124A. 2020-04-13.

[79] 向昌明. 一种背光模组及显示装置：CN111338129A. 2020-04-13.

[80] 樊勇. 一种量子点 LED、背光模块及显示装置：CN108281530A. 2018-01-31.

[81] 常建宇,李泳锐,萧宇均,等. 背光模组及显示装置：CN108303821B. 2018-01-16.

[82] 何小宇,付琳琳. 一种背光模组、量子点膜片及其制作方法：CN107688255A. 2017-09-11.

[83] 韩梅,郭庆. 背光模块及液晶显示器：CN107193077A. 2017-07-24.

[84] 周森. 量子点材料结构、液晶显示装置、电子设备：CN111290162A. 2020-03-27.

[85] 查宝,唐敏,陈孝贤. 一种背光模组及液晶显示装置：CN111077698A. 2019-12-17.

[86] 周森. 量子点基板、液晶显示面板以及双面液晶显示面板：CN110888254A. 2019-11-15.

[87] 胡智萍. 显示装置及显示装置的制作方法：CN110992841A. 2019-11-06.

[88] 潘甦. 量子点显示面板滤光片：CN110911456A. 2019-11-08.

[89] 周森,陈黎暄. 一种显示面板及显示装置：CN110780488A. 2019-11-13.

[90] 张树仁. 量子点墨水、显示面板制作方法及显示面板：CN111040514A. 2019-12-06.

[91] 刘亚伟. 量子点打印墨水的制作方法及制得的量子点打印墨水：CN105670388B. 2016-03-24.

[92] 吴永伟. 一种量子点墨水、显示面板：CN111286232A. 2020-04-10.

[93] 禹钢,张爱迪. 一种量子点及其制作方法、QLED 和显示面板：CN110137363A. 2019-05-14.

[94] 石戈,祝明,方正,等. 一种量子点彩色滤光层及其制作方法、显示面板及装置：CN110596950A. 2019-10-29.

[95] 张卿彦,周俊丽,李强,等. 量子点膜及其制备方法、背光源、显示装置：CN110703498A. 2019-

10-21.

[96] 杨松,祝明,刘玉杰,等. 一种量子点显示面板、显示装置：CN110646977A. 2019-09-27.

[97] 曾文宇,张冰,李虎,等. 量子点膜、制备方法、背光模组、驱动方法及显示装置：CN109765726A. 2019-03-27.

[98] 朱维,李哲,李晓吉,等. 量子点薄膜、量子点发光组件及显示装置：CN109148673A. 2018-08-31.

[99] 曲连杰,尤杨,杨瑞智,等. 一种 LED 光源及其制备方法、背光源、显示装置：CN109301056B. 2018-09-30.

[100] 范国凌. 量子点增强膜及其制备方法、背光源和显示装置：CN107634133A. 2017-09-30.

[101] 邢伟强,王永茂,邓金阳,等. 用于制造量子点显示器件的方法以及对应的量子点显示器件：CN106226943A. 2016-10-11.

[102] 王博,马占洁,玄明花. 量子点膜、量子点膜的制备方法及背光模组：CN104950518A. 2015-07-21.

[103] 冯靖雯. QLED 器件及其制作方法、显示面板、显示装置：CN111341926A. 2020-03-09.

[104] 张爱迪. 量子点器件背板及其制作方法和量子点器件：CN110635057A. 2019-09-26.

[105] 冯靖雯. 量子点及其制备方法、量子点发光器件、相关装置：CN110085757A. 2019-05-22.

[106] Kristal B. 一种量子点电致发光器件、显示面板及显示装置：WO2020224334A1. 2020-03-18.

[107] 梅文海. 量子点复合物及其制备方法、发光器件及其制备方法：CN110098343A. 2019-05-20.

[108] 陈崧,钱磊,杨一行,等. QLED 及其制备方法：CN106328822A. 2016-11-01.

[109] 王宇,曹蔚然. 一种金属氧化物、QLED 及制备方法：CN106450042A. 2016-09-26.

[110] 李龙基,曹蔚然,钱磊. 一种基于光子晶体结构的 QLED 及制备方法：CN106206976A. 2016-09-30.

[111] 陈亚文,付东,闫晓林. QLED 及其制备方法：CN105280829A. 2015-09-17.

[112] 向超宇,钱磊,杨一行,等. QLED 器件：CN106450013A. 2016-10-11.

[113] 陈亚文. 一种量子点显示面板及其制作方法：CN106601922A. 2016-12-15.

[114] 向超宇,李乐,钱磊,等. 一种量子点显示面板的驱动方法：CN108932927A. 2017-05-23.

附录 A　主要符号参数

a	晶格常数
A	吸光度
d	厚度
c	光速;溶液浓度
E_g	能带间隙
E_F	费米能级
h	普朗克常数
l	厚度
m_0	电子惯性质量
m_n	电子有效质量
m_p	空穴有效质量
$m_{p,l}$	轻空穴有效质量
$m_{p,h}$	重空穴有效质量
m_l	纵向有效质量
m_t	横向有效质量
t	时间
T	温度
V	电压
ε	摩尔吸光系数

附录 B 常用物理常数

电子惯性质量 m_0 9.109×10^{-31} kg

光速 c 2.998×10^8 m/s

普朗克常数 h 6.626×10^{-34} J·s

阿伏伽德罗常数 N_A 6.022×10^{23} mol^{-1}

附录 C　部分半导体材料物理性质表

性质		ZnO 纤锌矿	ZnS 纤锌矿	ZnS 闪锌矿	ZnSe 纤锌矿	ZnSe 闪锌矿	ZnTe 闪锌矿	CdS 纤锌矿	CdS 闪锌矿
晶体结构		纤锌矿	纤锌矿	闪锌矿	纤锌矿	闪锌矿	闪锌矿	纤锌矿	闪锌矿
密度(g/cm³)		5.675	4.088	4.087		5.266	5.636	4.82	
晶格常数(nm)		$a=0.3249$ $c=0.5204$	$a=0.3822$ $c=0.6260$	$a=0.5405$	$a=0.4403$ $c=0.6540$	$a=0.5667$	$a=0.6088$	$a=0.4136$ $c=0.6714$	$a=0.5825$
折射率		2.2	2.4	2.4		2.89	3.56	2.5	
相对介电常数		7.9	9.6	8.0~9.0		7.6	9.67	8.9	
迁移率[cm²/(V·s)]	电子	200	100~800	165		400~600	330	300	
	空穴			5		28	900	6~48	
有效质量(m_0)	电子	0.24~0.28	>1(∥c) 0.5(⊥c)	0.34		0.13~0.17	0.13	0.20~0.25	0.14
	空穴	0.31(∥c) 0.55(⊥c)		$m_{p,l}$ 0.23 $m_{p,h}$ 1.76		0.57~0.75	0.6	5(∥c) 0.7(⊥c)	0.51
能带间隙 E_g(eV)		3.4	3.78	3.68	2.834	2.70	2.28	2.485	2.50~2.55

续表

性质		CdSe (纤锌矿)	CdSe (闪锌矿)	CdTe (闪锌矿)	PbS (NaCl 型)	PbSe (NaCl 型)	PbTe (NaCl 型)	InP (闪锌矿)	GaAs (闪锌矿)
晶体结构		纤锌矿	闪锌矿	闪锌矿	NaCl 型	NaCl 型	NaCl 型	闪锌矿	闪锌矿
密度 (g/cm³)		5.81		5.87	7.60	8.26	8.219	4.81	5.318
晶格常数 (nm)		$a=0.4300$ $c=0.7011$	$a=0.6052$	$a=0.6482$	$a=0.5936$	$a=0.6117$	$a=0.6462$	$a=0.5869$	$a=0.5653$
折射率		2.5		2.75	4.19 (6 μm)	4.54 (6 μm)	5.48 (6 μm)	3.45 (0.59 μm)	4.025 (0.55 μm)
相对介电常数		10.6		10.2	169	210	414	12.56	12.9
迁移率 [cm²/(V·s)]	电子	450~950			700	300	1730	4200~5400	8000
	空穴	10~50		60	600	300	780	190	400
有效质量 (m_0)	电子	0.12	0.11	0.070	m_l 0.105 m_t 0.080	m_l 0.070 m_t 0.040	m_l 0.185 m_t 0.0223	0.073	0.063
	空穴	2.5(∥c) 0.4(⊥c)	0.44	$m_{p,l}$ 0.12 $m_{p,h}$ 0.81	m_l 0.105 m_t 0.075	m_l 0.068 m_t 0.034	m_l 0.236 m_t 0.0246	$m_{p,l}$ 0.12 $m_{p,h}$ 0.45	$m_{p,l}$ 0.076 $m_{p,h}$ 0.50
能带间隙 E_g (eV)		1.75	1.9	1.49	0.41	0.278	0.310	1.344	1.24